分析化学

主　编　梁伟夏　尹沾合
副主编　邬智高　赖　军
主　审　张立颖

北京理工大学出版社
BEIJING INSTITUTE OF TECHNOLOGY PRESS

内 容 提 要

本书内容主要包括化学分析和仪器分析两类：化学分析主要讲述几种滴定分析法、重量分析法、误差和分析数据的处理等内容；仪器分析主要介绍吸光光度法相关内容。具体包括酸碱滴定法、配位滴定法、氧化还原法、沉淀滴定法、重量分析法和吸光光度法六个项目，每个项目下包含几个具体任务，主要讲解常用标准溶液的制备和常见工业产品或药品的检测等内容。每个任务都配有任务分析、相关知识、任务准备、任务实施、技能总结和练一练等栏目，能满足学生理论学习和技能训练的需要。

本书主要作为高等院校制药技术类、生物类、化工类、环境类、医学类、农林类、食品类等相关专业的教材，也可供相关行业从业者使用参考。

版权专有　侵权必究

图书在版编目(CIP)数据

分析化学 / 梁伟夏，尹沽合主编. -- 北京：北京理工大学出版社，2023.7
　　ISBN 978-7-5763-2662-8

Ⅰ.①分…　Ⅱ.①梁…②尹…　Ⅲ.①分析化学　Ⅳ.①O65

中国国家版本馆CIP数据核字（2023）第142104号

责任编辑：阎少华	文案编辑：阎少华
责任校对：周瑞红	责任印制：王美丽

出版发行 / 北京理工大学出版社有限责任公司
社　　址 / 北京市丰台区四合庄路6号
邮　　编 / 100070
电　　话 / (010) 68914026（教材售后服务热线）
　　　　　 (010) 68944437（课件资源服务热线）
网　　址 / http://www.bitpress.com.cn
版 印 次 / 2023年7月第1版第1次印刷
印　　刷 / 河北鑫彩博图印刷有限公司
开　　本 / 787 mm×1092 mm　1/16
印　　张 / 16
字　　数 / 379千字
定　　价 / 75.00元

图书出现印装质量问题，请拨打售后服务热线，负责调换

前 言

随着现代职业教育的不断变化,高等职业教育专业改革和课程改革已经深入人心。分析化学根据高职高专教育专业人才培养目标要求及高职高专学生应有的知识与能力结构编写,也进行了相应的改革,与现有传统教材相比,本书主要具有以下特点。

(1) 编写内容以项目化为主线,不再以传统的分析化学学科内容分章节,即开始导入学习(工作)任务,由任务目标需要展开需要的知识内容。

(2) 强调知识与技能并进。每一次任务都提出知识要求和能力要求,并通过任务准备、任务实施等环节促进学生边学、边做、边思考,以促进知识提高和技能进步。

(3) 以项目导入,以任务驱动,不再区分理论教学与实践教学,而是将技能要求与知识要求统一,既突出了高职高专教学的应用性和实践性,又融入了知识要求,力争体现"知道怎么操作,也知道为什么这样操作"的教学要求。

(4) 选择内容包括化学分析(滴定分析和重量分析)和仪器分析的吸光光度法部分,不选择原子吸收、电位分析及色谱分析等。主要是考虑到有些专业会单独开设仪器分析课程,这将使内容重复;或有的专业培养方向要求不同,对仪器分析要求不高,有吸光光度法内容已经可以满足教学要求。

(5) 本书不需再配实验教材使用,因为技能要求(实验)与知识已经融为一体。

本书共分6个项目,19个任务,由长期在高职院校从事教学工作的教师和企业资深专家编写而成。编者主要有广西工业职业技术学院梁伟夏、尹沽合、邬智高及广西化工产品质量检验和环保监测站赖军。全书由广西工业职业技术学院张立颖主审。编写过程得到了广西工业职业技术学院钟彤、何帆老师,以及北京理工大学出版社和广西工业职业技术学院领导和同行们的大力支持与帮助,在此谨向他们深表谢意。

鉴于编者水平和能力所限,本书难免存在疏漏,欢迎大家批评指正。

编 者

目 录

项目1 酸碱滴定法 ………………… 1

    任务1 制备氢氧化钠标准溶液 ………………… 1

    任务2 制备盐酸标准溶液 ………………… 23

    任务3 测定工业硫酸的含量 ………………… 43

    任务4 测定工业烧碱中氢氧化钠和碳酸钠的含量 ………………… 57

    任务5 测定工业醋酸的含量 ………………… 71

项目2 配位滴定法 ………………… 78

    任务6 制备EDTA标准溶液 ………………… 78

    任务7 测定自来水中总硬度 ………………… 99

    任务8 测定工业硫酸铝的含量 ………………… 117

项目3 氧化还原法 ………………… 123

    任务9 制备高锰酸钾标准溶液 ………………… 123

    任务10 测定工业过氧化氢的含量 ………………… 136

    任务11 制备硫代硫酸钠标准溶液 ………………… 143

    任务12 测定工业硫酸铜的含量 ………………… 153

    任务13 测定工业硫酸亚铁的含量 ………………… 161

项目4 沉淀滴定法 ………………… 165

    任务14 制备硝酸银标准溶液 ………………… 165

    任务15 测定自来水中氯的含量 ………………… 175

项目5 重量分析法 ………………… 180

    任务16 测定氯化钡中结晶水的含量 ………………… 180

    任务17 测定工业氯化钡的含量 ………………… 191

项目6 吸光光度法 ………………… 198

    任务18 测定水中硝酸盐氮的含量 ………………… 198

    任务19 测定维生素B_1的含量 ………………… 210

附录一 ………………… 216

    2022年全国职业院校技能大赛化学实验技术赛项（高职）试题 ………………… 216

    2022年全国职业院校技能大赛化学实验技术赛项（高职）评分细则 ………………… 224

附录二 ………………… 235

    附表1 弱酸和弱碱的离解常数 ………………… 235

    附表2 标准电极电位 $\varphi^{\ominus}$（18 ℃～25 ℃）………………… 237

    附表3 条件电极电位 $\varphi^{\ominus}$ ………………… 239

    附表4 难溶化合物的溶度积常数（18 ℃）………………… 240

    附表5 常用的缓冲溶液配制 ………………… 241

    附表6 常用酸碱的相对密度和浓度 ………………… 242

    附表7 滴定分析常用指示剂 ………………… 242

    附表8 一些化合物的分子量 ………………… 247

参考文献 ………………… 250

项目1 酸碱滴定法

任务1 制备氢氧化钠标准溶液

任务分析

盐酸、硫酸、醋酸等工业产品的含量可以用氢氧化钠(NaOH)标准溶液滴定进行测定。固体 NaOH 具有很强的吸湿性,也容易吸收空气中的二氧化碳,因而常含有 Na_2CO_3,且还含有少量的硅酸盐、硫酸盐和氯化物等,因此不能使用直接法配制 NaOH 标准溶液,而只能使用间接法配制,即先配制成所需的近似浓度的溶液,然后用基准物标定其浓度。

配制不含 Na_2CO_3 的 NaOH 的标准溶液可采用以下任意一种方法。

方法一:用分析纯 NaOH 固体配制成饱和溶液(50%,即一份固体 NaOH 与一份水制成的溶液,约 16 mol/L)。在这样的浓碱溶液中,Na_2CO_3 几乎不溶解而沉降下来。使用时,用吸管或虹吸管吸取上层澄清液,然后用无二氧化碳的纯水稀释到所需的浓度。

方法二:用分析纯 NaOH 固体预先配制较浓的 NaOH 溶液(如 2 mol/L 等),在该溶液中加入 $Ba(OH)_2$ 或 $BaCl_2$,使 Na_2CO_3 生成 $BaCO_3$ 沉淀,放置澄清后,用吸管或虹吸管吸取上层澄清液,然后用无二氧化碳的纯水稀释到所需的浓度。

在对分析结果准确度要求不是很高的场合,NaOH 的标准溶液可以使用简便的方法配制,即直接快速称取比需要量稍多的分析纯 NaOH 固体,用无二氧化碳的纯水溶解并稀释即可。

NaOH 溶液易侵蚀玻璃,因此浓的 NaOH 溶液应储存在聚乙烯塑料瓶中。一般的滴定液、浓度稍稀的碱溶液如要久置,为了避免吸入空气中的 CO_2 和水,还要保存在带有橡皮塞和碱石灰吸收管(碱石灰是 NaOH 和 CaO 的混合物,有吸水性,能吸收空气中的水和酸性气体二氧化碳)的试剂瓶中。

标定 NaOH 溶液的基准物有邻苯二甲酸氢钾、草酸等。本实验选用邻苯二甲酸氢钾 ($KHC_8H_4O_4$,缩写为 KHP,$m_{KHP}=204.16$,$pK_{a_2}=5.14$)作为基准物质来标定 NaOH 溶液的浓度。KHP 的容易提纯、稳定、不吸水且具有较大的摩尔质量,是较理想的基准试剂。邻苯二甲酸氢钾在使用前应在 105 ℃~110 ℃状态下干燥 2 h,但当干燥温度超过 125 ℃时,则因脱水变为邻苯二甲酸酐,会使标定结果产生误差。标定反应为

$$KHP+NaOH=KNaP+H_2O$$

反应生成的邻苯二甲酸钾钠在水中显弱碱性（化学计量点 pH＝9.1），可选用酚酞（pH＝8～10）做指示剂，滴定至溶液呈粉红色 30 s 不褪为终点。

学习目标	知识目标	1. 了解氢氧化钠的性质特点； 2. 熟悉物质的量浓度； 3. 熟悉滴定分析的化学计量关系； 4. 掌握氢氧化钠标准溶液的浓度的计算
	能力目标	1. 会配制近似浓度的氢氧化钠标准溶液； 2. 会标定氢氧化钠标准溶液的浓度
	素质目标	1. 增强民族自豪感，坚定文化自信； 2. 树立节约资源意识和环境保护意识

相关知识

1.1 认识分析化学

想一想

①分析化学主要解决什么科学问题？②分析化学包括哪些基本方法？

1.1.1 分析化学的任务和作用

1. 分析化学的任务

分析化学是对物质进行组成分析和结构鉴定，研究获取物质化学信息的理论和方法。其任务包括鉴定物质的化学成分（定性分析）；测定各组分的含量（定量分析）；确定物质的结构（结构分析）。

2. 分析化学的作用

(1) 分析化学是科学技术的眼睛，是进行科学研究的基础。

(2) 分析化学在国民经济建设的各条战线上起着举足轻重的作用。例如，在工业生产中，从原料的选择、工艺流程的确定、生产过程中的"中控"到成品的质量检验，以及工业三废（废气、废水、废渣）的处理和综合利用等，在新产品、新工艺、新技术的开发研究和推广等方面，都离不开分析化学。

1.1.2 分析化学的发展概况

分析化学的起源可以追溯到古代的炼金术。当时的分析手段主要依靠感官和双手。16 世纪出现了第一个使用天平的试金实验室，到 19 世纪末，分析化学基本上由定性手段和定量技术组成，进入 20 世纪，现代科学的发展，相邻学科间的渗透，使分析化学经历了三次巨大的变革。

第一次变革时期：1920—1940年，利用当时物理化学中的溶液化学平衡理论、动力学理论，如沉淀的生成和共沉淀现象、指示剂作用原理、滴定曲线和终点误差、催化反应和诱导反应、缓冲作用原理，大大地丰富了分析化学的内容，并使分析化学向前迈进了一步。

第二次变革时期：1941—1970年，第二次世界大战前后，物理学和电子学的发展，促进了各种仪器分析方法的发展，改变了经典分析化学以化学分析为主的局面。

原子能技术发展，半导体技术的兴起，要求分析化学能提供各种灵敏、准确且快速的分析方法，如半导体材料，有的要求纯度达到99.999 999 9%以上，在新形势推动下，分析化学得到了迅速发展。最显著的特点是各种仪器分析方法和分离技术的广泛应用。

第三次变革时期：自20世纪70年代以来，以计算机应用为主要标志的信息时代的到来，促使分析化学进入第三次变革时期。由于生命科学、环境科学、新材料科学发展的需要，以及基础理论及测试手段的完善，现代分析化学完全可能为各种物质提供组成、含量、结构、分布、形态等全面的信息，使得微区分析、薄层分析、无损分析、瞬时追踪、在线监测及过程控制等过去的难题都迎刃而解。分析化学广泛吸取了当代科学技术的最新成就，成为当代最富活力的学科之一。

当前我国的化学分析检测机构遍布各地，有国家级分析测试中心、部级测试中心、省市测试中心、各种产品质量监督检验中心，以及各种从事环境监测、商品检测的第三方机构，有数十万庞大的分析队伍。

1.1.3 分析化学方法的分类

分析化学不仅应用广泛，它所采用的方法也多种多样。多年来，人们从不同的角度（如根据分析工作的目的、任务、对象方法和原理的不同）对分析方法进行了分类。

(1) 按目的或任务分类：结构分析、组成分析（定性分析、定量分析）。

(2) 按研究对象分类：无机分析、有机分析。

(3) 按试样用量和被测组分含量分类，分别见表1-1、表1-2。

表1-1　按试样用量分类

分析方法	试样用量/g	试液体积/mL
常量分析	>0.1	>10
半微量分析	0.01~0.1	1~10
微量分析	0.001~0.01	0.01~1
痕量分析	<0.0001	<0.01

表1-2　按组分含量分类

分析方法	被测组分的含量/%
常量组分分析	>1
微量组分分析	0.01~1
痕量组分分析	<0.01

(4)按分析原理分类：化学分析法和仪器分析法。具体如下。
1)化学分析法分为重量分析法和滴定法(酸碱滴定、配位滴定、沉淀滴定、氧化还原滴定)。
2)仪器分析法包括：光学分析法、电化学分析法、热分析法、色谱分析法。
(5)其他特殊命名的方法有仲裁分析、例行分析、微区分析、表面分析、在线分析等。

1.1.4 树立明确的"量"的概念

要用"量"的概念思考分析方法的原理、测定步骤、结果计算，提高试验中观察、分析和解决问题的能力，培养严格认真、实事求是的工作作风和科学态度。例如，0.1 g 是多还是少？损失 0.01 g 对结果影响会怎样？含量 99.9% 和 99.99% 差别有多大？怎么做得到？

举例：假设称取 0.1 g 样品进行分析，在样品处理过程中损失了 0.001 g，不计其他影响，仅此项操作引起的偏低达到了 1%。

1.1.5 定量分析结果的表示方法

根据分析试验数据所得的定量分析结果一般用下面方法来表示。

1. 待测组分的化学表示形式

分析结果通常以待测组分的实际存在形式的含量表示。例如，测得试样中的含磷量后，根据实际情况以 P、P_2O_5、PO_4^{3-}、HPO_4^{2-}、$H_2PO_4^-$ 等形式的含量来表示分析结果。电解质溶液的分析结果常以所存在的离子的含量表示。

2. 待测组分含量的表示方法

不同状态的试样，其待测组分含量的表示方法也有所不同。

(1)固体试样。固体试样中待测组分的含量通常以质量分数表示。若试样中待测组分的质量以 m_B 表示，试样质量以 $m_{样}$ 表示，它们的比称为物质 B 的质量分析，即计算结果可用小数表示，也可用百分数表示。例如，测得某水泥试样中 CaO 的质量分数 w_{CaO} = 0.598 2，也可以表示为 w_{CaO} = 59.82%。

若待测组分含量很低，可采用 μg/g(或 10^{-6})、ng/g(或 10^{-9})和 pg/g(或 10^{-12})来表示。

(2)液体试样。液体试样中待测组分的含量通常有如下表示方式。
1)物质的量浓度表示待测组分的物质的量除以试液的体积，常用单位为 mol/L。
2)质量分数表示待测组分的质量 m_B 除以试液的质量 m_S，以符号 w_B 表示。量纲为 1。
3)体积分数表示待测组分的体积 V_B 除以试液的体积 $V_{样}$，以符号 φ_B 表示。量纲为 1。
4)质量浓度表示单位体积试液中被测组分 B 的质量，以 mg/L、μg/L 或 μg/mL、ng/mL、pg/mL 等表示。

(3)气体试样。气体试样中的常量或微量组分的含量常以体积分数 φ_B 表示。

1.1.6 定量分析的一般程序

1. 试样的采集与制备

所谓试样(或样品)，就是工作中用于进行分析检测，以便得到代表总体物料特性量值的少量物质，可能是固体、液体或气体。就物料性质及均匀度来说，有些组成极不均匀，如煤炭、矿石原料等；有的则较为均匀，如部分化工产品、水样等；还有些分析对象的组成受到自然因素和人为因素的影响而随时间、地点不断地变化，如工业三废等。

在分析实验室中，用于分析的试样，其质量只占整个原始物料的很小部分。采集试样的目的就是从被检测的总体物料中取得具有代表性的样品，该样品在组成和含量上能够代表原始物料的平均组成。若由于采样方法的不合理，造成制得的样品不能很好地代表被分析对象总体的性质，这种样品的分析结果非但毫无意义，有时还会因提供了错误的分析数据而给实际工作带来不良的后果。因此，如何根据被分析对象的不同特性和均匀的程度，选用合理的采样处理步骤，就成为分析步骤中十分重要的环节。

(1)组成分布较为均匀的试样的采集。对于组成比较均匀的物料的采样一般较为方便，通常是从整体物料中各个不同部位按一定的规则采取少量的样品加以混合，即可配制成具有代表性的试样。

(2)组成分布不均匀的试样的采集。对于一些颗粒大小不同、组成极不均匀的试样(如矿石、煤炭等)，制备具有代表性的均匀试样是一项较为复杂的操作过程。在采样的过程中，应该按照一定的程序(采样标准)，根据物料大小及存放情况，从物料的不同部位采取一定数量、颗粒大小不同的样品。

采样点数目的多少与物料本身的不均匀程度及对分析方法准确度要求的高低有关，即与采取的试样的质量有关。若物料很不均匀或对于分析方法的准确度要求很高，则相应的采样点就要多一些。但是随着采样点的增加，制备试样的成本会成倍增加。因此，一味追求高的试样质量而忽视成本问题是不可取的，应在满足预期准确度的前提下选用最少的采样点。

试样的采集量与物料的粒度、易碎程度及均匀度有关，固体试样常常通过以下公式计算采样量：

$$m=Kd^2$$

式中，m 为采取试样的最低质量(kg)；d 为试样中最大颗粒的直径(mm)；K 为特征常数，其数值大小与样品性质、颗粒大小、品位、均匀程度等有关，一般为 0.05~1.0。从公式可以看出，试样的最大颗粒越小，采样量也越少。

(3)试样的制备。将采样得到的原始试样处理成待测性质既能代表总体物料特性，数量又能满足检测使用，且方便储存的最佳量的样品，这个过程称为试样的制备。

对于均匀样品，试样的制备过程较为简单，只需要充分混合均匀即可。但采得的原始试样量往往很大(数千克至数十千克)，且颗粒大小、形态等不均匀，一般需要通过多次的破碎、过筛、混匀、缩分等步骤，以制得少量有代表性的、均匀粉末的分析试样。

1)试样的破碎。用机械或人工方法把样品逐步破碎，大致可分为粗碎、中碎、细碎等阶段。

2)试样的缩分。

①在样品每次破碎后，用机械(分样器)或人工取出一部分的代表性的试样，继续加以破碎，这样，样品量就逐渐缩小，便于处理，这个过程称为"缩分"。

②常用的手工缩分法是"四分法"，即先将已破碎的样品充分混匀，堆成圆锥形，将它压成圆饼状，通过中心按十字形切为四等份，弃去任意对角的两份。由于样品中不同粒

度、不同比重的颗粒大体上分布均匀，留下样品的质量是原样的一半，仍能代表原样品的成分。

③缩分的次数不是随意的，在每次缩分时，试样的粒度与保留的试样量之间，都应符合切乔特公式。否则应进一步破碎后，再缩分。

一般送化验室进行化验的试样是200～500 g。试样最后的细度应便于溶样，对于有些较难溶解的试样，往往需要研磨能通过100目甚至200目的细筛。

将制备好的试样储存于具有磨口玻璃塞的广口瓶中，瓶外贴好标签，注明试样名称、来源、采样日期等。

2. 试样的分解

分解试样的目的是把固体试样转变成溶液，或将组成复杂的试样处理成为组成简单、便于分离和测定的形式，然后用于分析检测。选择合适的分解方法就显得十分重要。分解试样时应该注意以下问题：试样必须分解完全；分解过程中待测组分的量不能改变；不会干扰后续测定；分解试样最好是去除干扰测定元素。

(1)分解试样的一般要求。

1)所选用的试剂和分解条件，应使试样中的被测组分全部进入溶液。

2)所选用的试剂应不干扰以后的测定步骤，也不能引入待测组分。

3)不能使待测组分在分解过程中有所损失。如在测定钢铁中的磷时，不能单独用 HCl 和 H_2SO_4 分解试样，而应当用 $HCl+HNO_3$ 或 $H_2SO_4+HNO_3$ 的混合酸，避免部分磷生成挥发性的磷化氢(PH_3)而损失。测定硅酸盐中的硅时，不能用氢氟酸溶样，以免生成挥发性的四氟化硅(SiF_4)而影响测定。

4)如有可能，试样的分解过程最好能与干扰组分的分离结合起来，以便简化分析步骤。例如，在测定矿石中铬的含量时，用 Na_2O_2 熔融，熔块用水浸出，这时铬被氧化成铬酸根离子进入溶液，而试样中铁、锰等元素形成氢氧化物沉淀，从而达到分离的目的。

(2)常用的分解方法。常用的分解方法有溶解法、熔融法和半熔法(也称烧结法)。

1)溶解法。溶解法过程比较简单、快速，因此分解试样尽量采用此法。常用的方法有如下几种。

①酸溶解法。用酸做溶解试剂，除利用酸的氢离子外，不同的酸还具有不同的作用，如氧化还原作用、络合作用等。由于酸易于提纯，过量的酸(磷酸、硫酸除外)也易于除去；溶解过程操作简单，且不会引入除氢离子外的阳离子，故在分解试样时尽可能使用酸溶解法。酸溶解法的不足之处是对有些矿物的分解能力较差，对有些元素可能会引起挥发损失。常用的酸溶剂有下列几种。

a. 盐酸。最高沸点108 ℃，强酸性，活泼的金属，如铁、钴、镍、锌等，普通钢、高铬钢、多数金属氧化物等均易溶于盐酸，且大多数金属的氯化物(银、铅、亚汞除外)易溶于水。盐酸具有弱还原性，故为软锰矿(MnO_2)、赤铁矿(Fe_2O_3)的良好溶剂。为了提高盐酸的溶解能力，有时采用盐酸与其他酸或氧化剂、还原剂的混合溶剂。

b. 硝酸。最高沸点121 ℃，强酸性，浓酸具有强氧化性，能使铁、铝、铬、钛等金属表面钝化而不被溶解。绝大多数硝酸盐易溶于水。硫化物(除锑、锡、钨外)均溶于硝酸。如果试样中的有机物质干扰测定，加入浓硝酸并加热可使之氧化除去。但是用硝酸溶解试样后，生成的氮氧化物往往会干扰后面的测定，需借煮沸溶液以除去它们。

c. 硫酸。最高沸点338 ℃，强酸性，热的浓硫酸是强氧化剂，并有强脱水能力。硫酸可溶解铁、钴、镍、锌等金属及其合金和铝、锰等矿石。加热至冒 SO_3 白烟可除去磷酸外的其他低沸点的酸和挥发性组分。

d. 磷酸。最高沸点213 ℃，强酸性，并有一定的络合能力，热的浓磷酸能分解很难溶解的铬铁矿、金红石、钛铁矿等，尤其适用于钢铁试样的分解。

e. 高氯酸。最高沸点203 ℃（含 $HClO_4$ 72%），为已知酸中最强的酸，热的浓高氯酸是最强的氧化剂和脱水剂，能将组分氧化成高价态，如能把铬氧化成 $Cr_2O_7^{2-}$、钒氧化成 VO_3、硫氧化成 SO_4^{2-} 等。绝大多数的高氯酸盐溶于水。

f. 氢氟酸。最高沸点120 ℃，对硅、铝、铁等具有很强的络合能力，主要用于分解硅酸盐，分解时生成挥发性 SiF_4。在分解硅酸盐及含硅化合物时，它常与硫酸混合使用。分解应在铂皿或聚四氟乙烯器皿中进行（<250 ℃），也可在高压聚乙烯、聚丙烯器皿中进行（<135 ℃）。氢氟酸对人体有毒性，对皮肤有腐蚀性，使用时应注意勿与皮肤接触，以免灼伤。

g. 混合溶剂。在实际工作中常用混合溶剂。混合溶剂具有新的、更强的溶解能力。常用的混合溶剂有混合酸[王水（王水又称"王酸"，是一种腐蚀性非常强、冒黄色烟的液体，是硝酸和盐酸组成的混合物，其混合比例为1∶3，是少数几种能够溶解金和铂的物质之一，这也是它的名字的来源）、逆王水（逆王水也称勒福特王水，是三份硝酸与一份盐酸的混合物，可用来溶解黄铁矿等）、硫酸＋磷酸＋氢氟酸等]、酸＋氧化剂（浓硝酸＋过氧化氢、浓盐酸＋氯酸钾、浓硫酸＋高氯酸等）和酸＋还原剂（浓盐酸＋氯化亚锡）等。

②碱溶解法。

a. 20%~30%氢氧化钠溶液用于分解铝及其合金、锌及其合金，某些金属氧化物（如三氧化钨、三氧化钼）等。

b. 用氨水溶解三氧化钨、三氧化钼、氯化银等。

c. 在测定土样中有效氮、磷、钾时，可用稀的碳酸氢钠溶液溶解试样。

2) 熔融法。对于有些用酸或其他溶剂不能完全溶解的试样，可用熔融法加以分解。熔融法是将熔剂与试样相混后，在高温下熔融。利用酸性或碱性熔剂与试样在高温下进行复分解反应，使试样转变成易溶于水或酸的化合物。熔融时，反应物的浓度和温度都比溶解法高得多，故分解能力大大提高。常用的熔剂有下列几种。

①酸性熔剂。硫酸氢钾或焦硫酸钾（$K_2S_2O_7$）：硫酸氢钾加热脱水生成焦硫酸钾 $2KHSO_4 \rightarrow K_2S_2O_7 + H_2O \uparrow$，故两者为同一作用物。在用硫酸氢钾时，应先将其加热脱水后再加入试样，否则熔融时会发生迸溅损失。酸性是焦硫酸钾的主要性质，在熔融时它具有较强的氧化能力。当温度高于370 ℃时开始分解，放出 SO_3，故熔融温度不宜过高。

②碱性熔剂。

a. 碳酸钠（或碳酸钾）常用于酸性试样的分解。碳酸钾熔点高且吸水性比碳酸钠强，故多数情况下应用碳酸钠。为了降低熔融温度，可用碳酸钠和碳酸钾的混合物（1∶1）。碳酸钠中加入少量氧化剂（如 KNO_3 或 $KClO_3$）组成混合熔剂，常用于分解含 S、As、Cr、Sn 等氧化物、硫化物和合金试样。

b. 氢氧化钠（或氢氧化钾）为低熔点的强碱性熔剂，在高温下具有氧化能力，能使有机物迅速分解。在熔融过程中使试样转变成可溶性盐类，常用于分解硅酸盐、铝土矿、黏土等试样。

c. 氧化性熔剂，如过氧化钠，在高温下分解释放出氧气，是一种强氧化性的碱性熔剂，能分解众多的难溶物质，并能氧化目标元素至高价态。与有机物或硫化物反应剧烈，有爆炸危险，故在分解含有有机物、硫化物等试样时，应先灼烧再进行熔融。

3) 半熔法(烧结法)。半熔法是在低于熔剂熔点的温度下，使试样与最低量固体熔剂进行反应。所用的温度较低，熔剂用量也处于低水平，因此可以减轻熔融物对坩埚的侵蚀作用。例如，在测定矿石或煤中的硫含量时，用碳酸钠—氧化锌做熔剂在 800 ℃加热，这时碳酸钠起熔剂作用，氧化锌起疏松作用，使硫化物氧化成 SO_4^{2-}，并将硅酸盐转化成 $Zn-SiO_3$ 沉淀。用于半熔法的熔剂还有碳酸钙、氯化铵、碳酸钠、氧化镁等。

3. 试样的测定

对采集样品进行制备分解后，往往就要进行测定了。测定的方法一般不止一种，究竟选择哪一种方法更加合适，需要结合测定对象性质、测定准确度要求、测定快慢、组分的浓度范围、干扰组分影响情况及现有的试验条件等因素进行选择。

4. 数据处理

数据处理就是测定得到数据后，计算出待测组分含量，并对分析结果的可靠性进行分析评价，最终得出检验结论。

5. 分析检验记录与检验报告

(1)分析检验记录。分析检验记录是分析过程的第一真实材料，是出具检验报告的原始凭证与依据。记录应该有一定格式且要详尽、清楚、真实、完整，并应归档保存，不得泄露。

数据记录要尽量采用国家法定计量单位，并按照仪器的有效位数记录。更改记错的数据时，应在原始数据上画一条横线表示销去，再在其旁另写更正的数据，并由更改人签章。

(2)检验报告。检验报告是对原材料、中间品或产品(成品)等物料质量做出的技术鉴定，是具有法律效力的技术文件，一般包括以下内容：检验报告编号，送检单位(部门)名称，受检产品名称，样品说明(生产厂名、型号或规格、产品批号或出厂日期、取样地点及方法等)，检验依据的标准编号与名称，检验项目与结果，检验结论，检验报告责任人(主检、审定、签发)并加盖检测单位专用公章，检验报告批准日期等。

1.2 滴定分析基本知识

> **想一想**
>
> ①滴定分析的特点是什么？②滴定方式有哪些？

1.2.1 滴定分析简介

滴定分析法又称为容量分析法，是采用滴定的方式进行的，即将标准溶液滴加到被测物质的溶液中,直到所滴加的标准溶液与被测物质按一定的化学计量关系定量反应为止,然后根据标准溶液的浓度和用量,计算出被测物质的含量。滴定分析法是分析检测中重要的一种方法,其特点是快速、简便、准确度高,常用于测定含量≥1%的常量组分,广泛应用于生产实际和科学研究。

滴定分析法主要包括酸碱滴定法、配位滴定法、氧化还原滴定法、沉淀滴定法等。

1.2.2 滴定分析有关定义

(1)标准溶液:已知准确浓度的试剂溶液(一般达到四位有效数字)。
(2)滴定:用滴定管向待测溶液中滴加标准溶液的操作过程。
(3)化学计量点(Stoichiometric Point,SP):滴加的标准溶液与待测组分恰好反应完全的"点"。
(4)滴定终点(End Point,EP):指示剂变色,停止滴定的点。
(5)滴定误差(终点误差):滴定终点与化学计量点不符合所产生的误差。
(6)滴定分析法:滴定到终点后,根据标准溶液的浓度与所消耗的体积,按化学计量关系计算出待测组分的含量的方法。

1.2.3 滴定分析特点

(1)测定常量组分含量一般在1%以上。
(2)准确度较高,相对误差不大于0.1%。
(3)简便、快速,可测定多种元素。
(4)常作为标准分析方法应用。

1.2.4 滴定分析法对化学反应的要求

用于滴定分析的化学反应必须符合下列条件。
(1)反应必须定量地进行。这是定量计算的基础。它包含双重含义:一是反应必须具有确定的化学计量关系,即反应按一定的反应方程式进行;二是反应要进行到实际上完全,通常要求转化率达到99.9%以上。
(2)反应必须具有较快的反应速率。对于反应速率较慢的反应,有时可通过加热或加入催化剂来加速反应的进行。
(3)有适当的简便方法确定滴定终点。
(4)试液中若存在干扰主反应的杂质,要有合适的消除干扰的方法。

1.2.5 滴定的主要方式

1. 直接滴定法

只要滴定剂与被测物质的反应满足上述对化学反应的要求,就可以用标准溶液直接滴定被测物质溶液。直接滴定法操作简便、准确度高、分析结果的计算也较简单,是滴定分析法中最常用和最基本的滴定方法。

如果不具备滴定反应条件的反应,就需要采用下述的其他方式进行滴定。

2. 返滴定法

先往待测溶液中加入过量的已知浓度的滴定剂，待反应完全后，再用另一标准溶液滴定剩余的滴定剂，此过程也称回滴。返滴定法适用于待测物质与滴定剂反应很慢；滴定固体试样；无合适指示剂的滴定。

例如，测定氨基酸中的含氮量，就是将试样转化为简单的铵盐后，先往溶液中加入过量的 NaOH 溶液加热煮沸，蒸馏出的氨被过量的已知浓度的 HCl 标准溶液所吸收，再用 NaOH 标准溶液滴定剩余的 HCl，由计算得出含氮量。又如，Al^{3+} 与 EDTA 络合反应的速度很慢，不能用直接滴定法进行测定，可在 Al^{3+} 溶液中先加过量的 EDTA 标准溶液并加热，待 Al^{3+} 与 EDTA 反应完全后，用标准 Zn^{2+} 或 Cu^{2+} 溶液滴定剩余的 EDTA。

3. 置换滴定法

先用适当试剂与待测组分反应，使其定量地置换为另一种物质，再用标准溶液滴定这种物质，这种滴定方法称为置换滴定法。这种方法适用于待测组分所参与的反应不按一定的反应式进行或伴有副反应；反应的完全度不够高。

例如，$Na_2S_2O_3$ 标准溶液不能直接滴定含 $K_2Cr_2O_7$ 的试液，因为它们之间的反应无确定的化学计量关系，但是可以利用 $K_2Cr_2O_7$ 在酸性溶液中与 KI 的反应生成相应量的 I_2，而 I_2 与 $Na_2S_2O_3$ 在一定条件下的反应有确定的化学计量关系。因此，通过 $Na_2S_2O_3$ 标准溶液滴定被 $K_2Cr_2O_7$ 置换出来的 I_2，可测得 $K_2Cr_2O_7$ 的含量。

4. 间接滴定法

当被测物质不能直接与滴定剂发生化学反应时，可以通过其他反应以间接的方式测定被测物质的含量。

例如，Ca^{2+} 不能与 $KMnO_4$ 发生氧化还原反应，可以先使 Ca^{2+} 与 $C_2O_4^{2-}$ 定量沉淀为 CaC_2O_4，经操作，用酸溶解 CaC_2O_4 后，再以 $KMnO_4$ 标准溶液滴定 $C_2O_4^{2-}$。利用 Ca^{2+} 与 $C_2O_4^{2-}$、$C_2O_4^{2-}$ 与 $KMnO_4$ 的化学计量关系，间接求出 Ca^{2+} 的含量。

1.3 标准溶液

①工业产品与化学试剂有何区别？②什么是物质的量和物质的量浓度？

1.3.1 化学试剂等级

化学分析试验离不开化学试剂。化学试剂的等级标准是根据不同的纯度来确定的。在使用时，可根据试验的不同要求，选用不同等级标准的化学试剂。

化学试剂的等级和性质一般在瓶签上用符号及不同颜色的标签加以注明。目前，按其用途、纯度或性质，化学试剂可分为以下几类。

(1)保证纯(优级纯或一级纯)试剂：纯度很高，杂质极少，可用作基准物质，用于精密分析和科学研究。常以 GR 代表，标签颜色为绿色。

(2)分析纯(或二级纯)试剂：纯度比一级纯略差，适用于一般分析试验和一般性研究工作。常以 AR 代表，标签颜色为红色。

(3)化学纯(或三级纯)试剂：纯度与二级纯相差较多，适用于工厂、学校一般性的化学试验。常以 CP 代表，标签颜色为蓝色。

(4)试验纯试剂：纯度比三级纯更差，只用于一般试验，不能用于分析试验。常以 LR 代表，标签颜色为棕色或其他颜色。

另外，还有基准试剂、色谱纯试剂、光谱纯试剂等。基准试剂的纯度相当于或高于优级纯试剂；色谱纯试剂是在最高灵敏度下以 10^{-10} g 下无杂质峰来表示的；光谱纯试剂专门用于光谱分析，它是以光谱分析时出现的干扰谱线的数目及强度来衡量的，即其杂质含量用光谱分析法已测量不出或其杂质含量低于某限度。

1.3.2 标准溶液

1. 基准物质

用于直接配制标准溶液或标定溶液浓度的物质称为基准物质。作为基准物质必须符合以下要求。

(1)物质的组成与化学式相符。若含结晶水，如 $H_2C_2O_4 \cdot 2H_2O$、$Na_2B_4O_7 \cdot 10H_2O$ 等，其结晶水的含量也应与化学式相符。

(2)试剂的纯度足够高(99.9% 以上)。

(3)试剂性质稳定，不易吸收空气中的水分和 CO_2，以及不易被空气所氧化等。

(4)试剂最好有较大的摩尔质量，以减小称量时的相对误差。

常用的基准物质的干燥条件和应用范围列于表 1-3 中。

表 1-3　常用的基准物质的干燥条件和应用范围

基准物质		干燥后的组成	干燥条件	标定对象
名称	化学式			
无水碳酸钠	Na_2CO_3	Na_2CO_3	270 ℃～300 ℃	酸
硼砂	$Na_2B_4O_7 \cdot 10H_2O$	$Na_2B_4O_7 \cdot 10H_2O$	置于盛有 NaCl、蔗糖饱和溶液的密闭器皿中	酸
邻苯二甲酸氢钾	$KHC_8H_4O_4$	$KHC_8H_4O_4$	110 ℃～120 ℃	碱
二水合草酸	$H_2C_2O_4 \cdot 2H_2O$	$H_2C_2O_4 \cdot 2H_2O$	室温空气干燥	碱，$KMnO_4$
三氧化二砷	As_2O_3	As_2O_3	室温干燥器中保存	氧化剂
草酸钠	$Na_2C_2O_4$	$Na_2C_2O_4$	130 ℃	氧化剂
重铬酸钾	$K_2Cr_2O_7$	$K_2Cr_2O_7$	140 ℃～150 ℃	还原剂
溴酸钾	$KBrO_3$	$KBrO_3$	130 ℃	还原剂
碘酸钾	KIO_3	KIO_3	130 ℃	还原剂

续表

基准物质		干燥后的组成	干燥条件	标定对象
名称	化学式			
铜	Cu	Cu	室温干燥器中保存	还原剂
碳酸钙	$CaCO_3$	$CaCO_3$	110 ℃	EDTA
锌	Zn	Zn	室温干燥器中保存	EDTA
氧化锌	ZnO	ZnO	900 ℃～1 000 ℃	EDTA
氯化钠	NaCl	NaCl	500 ℃～600 ℃	$AgNO_3$

2. 标准溶液的配制

(1)直接配制法。直接称取一定量的基准物质，溶解，再移入容量瓶，稀释至刻度，可计算出准确浓度。

(2)标定法(间接法)。

1)定义：用基准物质或已知准确浓度的溶液来确定标准溶液准确浓度的操作过程。

2)实例：如欲配制 0.1 mol/L NaOH 标准溶液，先配制约为 0.1 mol/L NaOH 的溶液，然后用该溶液滴定经准确称量的邻苯二甲酸氢钾的溶液，根据两者完全作用时 NaOH 溶液的用量和邻苯二甲酸氢钾的质量，即可计算出 NaOH 溶液的准确浓度。

1.3.3 标准溶液的浓度表示方法

1. 物质的量浓度

(1)定义：简称浓度，单位体积溶液含溶质的物质的量 n(相当于摩尔数)。

(2)表达式：

$$c_B = n_B/V$$
$$c(\text{mol/L}) = n(\text{mol})/V(\text{L})$$

式中，n_B 表示溶液中溶质 B 的物质的量，单位为 mol 或 mmol；V 为溶液的体积，单位为 L 或 mL；浓度 c_B 的常用单位为 mol/L。如 $c(\text{HCl}) = 0.101\ 2$ mol/L。

(3)物质的量和质量的关系：

$$n_B = m_B/M_B$$
$$n(\text{mol}) = m(\text{g})/M(\text{g/mol})$$

式中，M_B 为物质 B 的摩尔质量。

(4)基本单元与物质的量浓度。物质的量 n_B 的数值取决于基本单元的选择，因此表示物质的量浓度时，要指明基本单元，如 $c(1/5\text{KMnO}_4) = 0.100\ 0$ mol/L。

基本单元可以是分子、原子、离子、电子及其他粒子，或这些粒子的特定组合。特定组合可以是已知客观存在的，也可以是根据需要拟定的独立单元或非整数粒子的组合，如 H_2、H、H_2SO_4、$1/2H_2SO_4$、$1/5KMnO_4$，分别记为 $n(H_2)$、$n(H)$、$n(H_2SO_4)$、$n(1/2H_2SO_4)$、$n(1/5KMnO_4)$。

$$n\left(\frac{b}{a}B\right) = \frac{a}{b}n(B) \qquad c\left(\frac{b}{a}B\right) = \frac{a}{b}c(B)$$

例如，某 H_2SO_4 溶液的浓度，当选择 H_2SO_4 为基本单元时，其浓度 $c(H_2SO_4) =$

0.1 mol/L；当选择 $1/2H_2SO_4$ 为基本单元时，则其浓度应为 $c(1/2H_2SO_4)=0.2$ mol/L。

2. 滴定度

在生产单位的例行分析中，为了简化计算，常用滴定度（T）表示标准溶液的浓度。滴定度是指每毫升滴定剂溶液相当于被测物质的质量（g 或 mg）或质量分数。

例如，$T(Fe/K_2Cr_2O_7)=0.005\ 000$ g/mL，即表示每毫升 $K_2Cr_2O_7$ 溶液恰好能与 $0.005\ 000$ g Fe^{2+} 反应。如果在滴定中消耗 $K_2Cr_2O_7$ 标准溶液 23.50 mL，则被滴定溶液中铁的质量为

$$m(Fe)=0.005\ 000\ g/mL \times 23.50\ mL = 0.117\ 5\ g$$

滴定度与物质的量浓度可以换算。上例中 $K_2Cr_2O_7$ 的物质的量浓度为

$$c(K_2Cr_2O_7)=\frac{T(Fe/K_2Cr_2O_7)\times 10^3\ mL/L}{M(Fe)\times 6}=0.014\ 92\ mol/L$$

如果固定试样用量，滴定度也可直接表示 1 mL 滴定剂溶液相当于被测物质的质量分数，如 $T\{w(Fe)/K_2Cr_2O_7\}=5.00\%/mL$，表示固定试样用量为某一质量时，1 mL $K_2Cr_2O_7$ 标准溶液相当于试样中铁的含量为 5.00%，这对批量样品及例行分析的计算很方便。

3. 质量浓度

质量浓度可以表示为溶液中溶质 B 的总质量与溶液的体积之比，即

$$\rho(B)=m(B)/V$$

例如，浓度为 0.100 0 g/L 的铜标准溶液，可表示为 $\rho(Cu^{2+})=0.100\ 0$ g/L。

类似地，还可以用 mg/g、μg/g 等表示。

1.4 有关滴定反应的计算

想一想

①化学反应方程式为什么要配平？②物质的量与物质质量之间如何换算？③滴定分析对化学反应有何要求？

1.4.1 被测物质的量 n_A 与滴定剂的物质的量 n_B 的关系

$$aA + bB = cC + dD$$

当达到化学计量点时 a mol A 恰好与 b mol B 作用完全

$$n_A : n_B = a : b$$

故

$$n_A = \frac{a}{b}n_B, \quad n_B = \frac{b}{a}n_A$$

【**例 1-1**】 用 Na_2CO_3 做基准物质标定 HCl 溶液的浓度。

$$2HCl + Na_2CO_3 = 2NaCl + H_2CO_3$$

则 $n(HCl) = 2n(Na_2CO_3)$ $a/b = 2/1 = 2$

当达到化学计量点时 $c(HCl)V(HCl) = a/b \cdot c(Na_2CO_3)V(Na_2CO_3)$

$$c(HCl) = a/b \cdot c(Na_2CO_3)V(Na_2CO_3)/V(HCl)$$

【例 1-2】 用已知浓度的 NaOH 标准溶液测(标)定 H_2SO_4 溶液浓度。

$$H_2SO_4 + 2NaOH = Na_2SO_4 + 2H_2O \quad a/b = 1/2$$

$$n(H_2SO_4) = 1/2 n(NaOH)$$

化学计量点时 $c(H_2SO_4) \cdot V(H_2SO_4) = 1/2 c(NaOH) \cdot V(NaOH)$

$$c(H_2SO_4) = c(NaOH) \cdot V(NaOH)/[2V(H_2SO_4)]$$

【例 1-3】 称取基准物质 $H_2C_2O_4 \cdot 2H_2O$($M_r = 126.07$)0.125 8 g，用 NaOH 溶液滴定至终点消耗 19.85 mL。计算 $c(NaOH)$。

解：
$$H_2C_2O_4 + 2NaOH = Na_2C_2O_4 + 2H_2O$$

$$c(NaOH) = \frac{n(NaOH)}{V(NaOH)} = \frac{2n(H_2C_2O_4 \cdot 2H_2O)}{V(NaOH)}$$

$$= \frac{2m(H_2C_2O_4 \cdot 2H_2O)}{M(H_2C_2O_4 \cdot 2H_2O) \times V(NaOH)}$$

$$= \frac{2 \times 0.125\ 8\ g}{126.07\ g/mol \times 19.85 \times 10^{-3}\ L} = 0.100\ 5\ mol/L$$

【例 1-4】 选用邻苯二甲酸氢钾做基准物质，标定 0.2 mol/L NaOH 溶液的准确浓度。今欲把用去的 NaOH 溶液体积控制在 25 mL 左右，应称取基准物多少克？如改用草酸($H_2C_2O_4 \cdot 2H_2O$)做基准物质，应称取多少克？

解：以邻苯二甲酸氢钾($KHC_8H_4O_4$)为基准物质时，其滴定反应式为

$$KHC_8H_4O_4 + OH^- = KC_8H_4O_4^- + H_2O$$

所以
$$n(NaOH) = n(KHC_8H_4O_4)$$

$$= \frac{m(KHC_8H_4O_4)}{M(KHC_8H_4O_4)}$$

$$m(KHC_8H_4O_4) = c(NaOH) \cdot V(NaOH) \cdot M(KHC_8H_4O_4)$$

$$= 0.2 \times 25 \times 10^{-3} \times 204.2 \approx 1(g)$$

若以 $H_2C_2O_4 \cdot 2H_2O$ 做基准物质，滴定反应如下：

$$H_2C_2O_4 + 2OH^- = C_2O_4^{2-} + 2H_2O$$

因此
$$n(NaOH) = 2n(H_2C_2O_4 \cdot 2H_2O)$$

$$c(NaOH)V(NaOH) = \frac{2m(H_2C_2O_4 \cdot 2H_2O)}{M(H_2C_2O_4 \cdot 2H_2O)}$$

$$m(H_2C_2O_4 \cdot 2H_2O) = \frac{c(NaOH) \times V(NaOH) M(H_2C_2O_4 \cdot 2H_2O)}{2}$$

$$= \frac{0.2\ mol/L \times 25 \times 10^{-3} \times 126.1}{2}$$

$$= 0.315\ 2\ g \approx 0.3\ g$$

显然，如果选择 $H_2C_2O_4 \cdot 2H_2O$ 作为基准物质，称样量小多了，相对来说，称样时的误差就会大些。

1.4.2 被测物质含量的计算

如果称取试样的质量为 m,测得被测组分 A 的质量为 m_A,则试样中被测组分 A 的质量分数为

$$w_A = \frac{m_A}{m} \times 100\%$$

对于直接滴定法,被测组分 A 的物质的量可以由滴定剂的浓度 c_B,滴定时所消耗的体积 V_B 及 A 和 B 反应的化学定量关系求得,即

$$n_A = \frac{a}{b}n_B = \frac{a}{b}c_B \cdot V_B$$

因此

$$m_A = \frac{a}{b}c_B V_B M_A$$

于是

$$w_A = \frac{\frac{a}{b} \times c_B V_B M_A}{m} \times 100\% \tag{1-1}$$

式(1-1)就是滴定分析中计算被测组分质量分数的一般通式。

【例 1-5】 测定工业用纯碱中 Na_2CO_3 的含量时,称取 0.264 8 g 试样,用 $c(HCl) = 0.197\ 0\ mol/L$ 的盐酸标准溶液滴定,以甲基橙指示终点,用 HCl 标准溶液 24.45 mL。计算纯碱中 Na_2CO_3 的质量分数。

解: 此滴定反应式:

$$2HCl + Na_2CO_3 = 2NaCl + H_2CO_3$$

因此

$$n(Na_2CO_3) = \frac{1}{2}n(HCl)$$

$$w(Na_2CO_3) = \frac{\frac{1}{2}c(HCl)V(HCl)M(Na_2CO_3)}{m} \times 100\%$$

$$= \frac{\frac{1}{2} \times 0.197\ 0 \times 24.45 \times 10^{-3} \times 106.0}{0.264\ 8} \times 100\%$$

$$= 0.964\ 1 \times 100\% = 96.41\%$$

任务准备

1. 明确试验步骤

(1)领取或配制试剂。

1)NaOH 固体(分析纯)。

2)邻苯二甲酸氢钾(基准试剂)。

3)1%酚酞乙醇溶液。

4)无二氧化碳水:将水注入烧瓶,煮沸 10 min,立即用装有钠石灰管的胶塞塞紧,放置冷却。

(2)0.1 mol/L NaOH 溶液的配制。在普通天平上用 500 mL 烧杯或表面皿称取 2~2.3 g 固体 NaOH(分析纯),用少量新煮沸并冷却的纯水

NaOH 溶液配制

溶解，稀释至 500 mL，搅拌均匀，冷却，移入容量为 500 mL 的细口试剂瓶。NaOH 易吸收空气中的 CO_2 生成 Na_2CO_3，所以配制好的 NaOH 溶液不要长时间暴露在空气中，瓶口要用塞塞紧。贴上标签，备用。

(3)0.1 mol/L NaOH 溶液的标定。准确称取两份在 105 ℃～110 ℃ 烘干至恒重的基准物质邻苯二甲酸氢钾，每份质量约为 0.5 g，称准至 0.000 1 g，分别置于已编号的 250 mL 锥形瓶中，各加入约 50 mL 无二氧化碳纯水，溶解。加两滴 1% 酚酞指示剂，用欲标定的 NaOH 溶液滴定至溶液呈微红色 30 s 不褪色即终点。记录消耗的 NaOH 溶液的体积。用同样方法滴定第二份溶液，同时做空白试验。

NaOH 标准溶液的标定

2. 列出任务要素

(1)检测对象＿＿＿＿＿＿＿＿＿＿＿＿＿＿＿＿＿＿＿＿＿＿＿＿

(2)检测项目＿＿＿＿＿＿＿＿＿＿＿＿＿＿＿＿＿＿＿＿＿＿＿＿

(3)依据标准＿＿＿＿＿＿＿＿＿＿＿＿＿＿＿＿＿＿＿＿＿＿＿＿

3. 制订试验计划

(1)填写药品领取单(一般溶液需自己配制，标准滴定溶液可直接领取)。

序号	药品名称	等级或浓度	个人用量 /g 或 mL	小组用量 /g 或 mL	使用安全注意事项

(2)填写仪器清单(个人)。

序号	仪器名称	规格	数量

任务实施

1. 领取药品，组内分工配制溶液

序号	溶液名称及浓度	体积/mL	配制方法	负责人

2. 领取仪器，各人负责清洗干净

清洗后，玻璃仪器内壁：□都不挂水珠　□部分挂水珠　□都挂水珠

3. 独立完成试验，填写数据记录

试验日期：　　年　　月　　日　　　　水温：　　℃

内容	测定次数	1	2	3
	称量瓶＋邻苯二甲酸氢钾(第一次读数)			
	称量瓶＋邻苯二甲酸氢钾(第二次读数)			
	邻苯二甲酸氢钾的质量 m/g			
测定试验	滴定管初读数/mL			
	滴定管终读数/mL			
	滴定消耗 NaOH 溶液的体积 V_1/mL			
空白试验	滴定管初读数/mL			
	滴定管终读数/mL			
	滴定消耗 NaOH 溶液的体积 V_0/mL			
	NaOH 的浓度/(mol·L^{-1})			
	测定结果平均值/(mol·L^{-1})			

NaOH 溶液的浓度按下式计算：

$$c(\text{NaOH}) = \frac{m}{0.204\ 2 \times (V_1 - V_0)}$$

式中，$c(\text{NaOH})$ 为氢氧化钠标准溶液的物质的量浓度(mol/L)；m 为邻苯二甲酸氢钾的质量(g)；V_1 为标定消耗氢氧化钠溶液的量(mL)；V_0 为空白试验消耗氢氧化钠溶液的量(mL)；0.204 2 为与 1.00 mL 氢氧化钠标准溶液[$c(\text{NaOH})=1.000$ mol/L]相当的以克表示的邻苯二甲酸氢钾的质量。

4. 检查评价

根据以上试验操作和数据计算结果，进行自评、小组内互评，教师考核评价，完成任务考核评价表的填写。

项目	评分标准	分值	自评/30%	互评/30%	师评/40%	合计
称量	称量范围±10%以内；有洒落，0分	20				
滴定管使用	按照洗涤—润洗—装液顺序使用，滴定速度为 4~6 mL/min	30				
颜色变化观察	能控制终点溶液颜色为浅红色	15				
量筒使用	能熟练量取 50 mL 水	5				
结果计算	能根据公式正确计算出结果	30				
最后得分						

技能总结

1. 普通天平的使用：开机预热 20 min，调零，放容器（如小烧杯），去皮，放药品，读数。

2. 量筒的使用：选择合适量程的量筒，装水或其他液体至相应刻度，平视读数。

普通天平的使用

3. 试剂瓶的使用：用干净的试剂瓶装配好的溶液，如果试剂瓶不干，则先用待装的溶液进行润洗再装溶液，然后贴上标签。

4. 分析天平的使用：准备 1 只 250 mL 锥形瓶或烧杯→把天平罩整齐叠放在天平顶上→清洁及检查水平→开启天平调零→把被称物（称量瓶及无水碳酸钠）放在称盘上→读取称量瓶及无水碳酸钠质量（m_1）→将 0.15 g 左右的无水碳酸钠从称量瓶倾入锥形瓶→再准确称取称量瓶及剩下的无水碳酸钠质量（m_2）→m_1-m_2＝倾入锥形瓶的无水碳酸钠质量→如此反复练习→取出被称物→关门→核对零点→盖好天平罩→填写天平使用记录→将座凳放回原处→称量结束。

分析天平的使用

5. 滴定管的使用：

(1) 洗涤。

1) 无明显油污、不太脏的滴定管，可直接用自来水冲洗；或者用肥皂水或洗衣粉水刷洗，但不可用去污粉刷洗，以免划伤内壁，影响体积的准确测量。

滴定管的洗涤

2) 若有油污不易洗净，可用铬酸洗液洗涤。洗涤时将酸式滴定管内的水尽量除去，关闭活塞，倒入 10～15 mL 洗液于滴定管中，两手端正滴定管，边转动边向管口倾斜，直到洗液布满全部管壁为止，立起后打开活塞，将洗液放回原瓶中。如果滴定管油污较严重，需用较多洗液充满滴定管浸泡十几分钟或更长时间，甚至用温热洗液浸泡一段时间。倒出铬酸洗液后，先用自来水清洗，再用蒸馏水清洗 2～3 次。

3) 碱式滴定管的洗涤方法与酸式滴定管基本相同，但要注意铬酸洗液不能直接接触胶管，否则胶管会变硬损坏。

(2) 涂油。

1) 酸式滴定管活塞与塞套应密合不漏水，并且转动要灵活。为此，应在活塞上涂一层薄薄的凡士林（或真空油脂）。方法是：将活塞取下，用干净的纸或布把活塞和塞套内壁擦干，用手指蘸取少量凡士林在活塞的两头涂上薄薄一圈，在紧靠活塞孔两旁不涂凡士林。涂完后把活塞放回套内，向同一方向旋转活塞几次，使凡士林分布均匀呈透明状态，然后用橡皮圈套住，防止活塞滑出。

滴定管的涂油

2) 碱式滴定管不涂油，只要将洗净的胶管、尖嘴和滴定管主体部分连接好即可。

(3) 试漏。

1) 酸式滴定管：关闭活塞，装满蒸馏水至零刻度线以上，直立滴定管约 2 min，仔细观察刻度线上的液面是否下降，滴定管下端有无水滴滴

滴定管的试漏

下,以及活塞隙缝中有无水渗出(可以用滤纸片检查),然后将活塞转动 180°后等待 2 min 观察,如有漏水现象应重新擦干涂油。

2)碱式滴定管:装满蒸馏水至零刻度线以上,直立滴定管约 2 min,仔细观察刻度线上的液面是否下降,或滴定管下端的尖嘴上有无水滴滴下,如有漏水(可以用滤纸片检查),则应调换胶管中玻璃珠,选择一个大小合适、比较圆滑的玻璃珠配上再试。

(4)装溶液和赶气泡。

1)装溶液之前应将瓶中标准溶液摇匀,使凝结在瓶内壁的水混入溶液。装标准溶液时应从盛标准溶液的容器内直接将标准溶液放入滴定管,尽量不用小烧杯或漏斗等其他容器协助,以免浓度改变。为了除去滴定管内残留的水分,确保标准溶液浓度不变,要先用此标准溶液淋洗滴定管 2~3 次,每次用 10 mL 左右。

装溶液和赶气泡

2)酸式滴定管:装入标准溶液后,从下口放出少量(约 1/3)以洗涤尖嘴部分,然后关闭活塞横持滴定管并慢慢转动,使溶液与管内壁充分接触,最后从管口处倒出溶液,但不能打开活塞。如此洗涤 2~3 次后即可装入标准溶液至"0"刻度线以上,然后转动活塞使溶液迅速冲下排出下端存留的气泡,再调节液面在 0.00 mL 处即可。

3)碱式滴定管:装入标准溶液后,将胶管向上弯曲,用力捏挤玻璃珠使溶液从尖嘴喷出,以排除气泡,碱式滴定管的气泡一般是藏在玻璃珠附近,必须对光检查胶管内气泡是否完全赶尽。把气泡赶尽后再调节液面至 0.00 mL 处即可。

(5)滴定。

1)酸式滴定管的操作:左手的拇指在管前,食指和中指在管后,手指略微弯曲,轻轻向内扣住活塞,手心空握,以免活塞松动或可能顶出活塞使溶液从活塞隙缝中渗出。滴定时转动活塞,控制溶液流出速度,要求做到。

滴定管的操作

①逐滴放出。
②只放出 1 滴。
③使溶液成悬而未滴的状态(练习滴加半滴溶液的技术)。

2)碱式滴定管的操作:左手的拇指在前,食指在后,捏住胶管中玻璃珠所在部位稍上处,捏挤胶管使其与玻璃珠之间形成一条缝隙,溶液即可流出。注意不能捏挤玻璃珠下方的胶管,否则空气进入而形成气泡。

3)滴定操作:滴定时应使滴定管尖嘴部分插入锥形瓶口(或烧杯口)下 1~2 cm 处。滴定速度不能太快,以每秒 3~4 滴为宜,切不可放开左手任溶液自流而形成液柱流下,并且要边滴边摇动锥形瓶。摇动锥形瓶时,应向同一方向做圆周旋转而不应前后振动,那样会溅出溶液。临近终点时,应逐滴或半滴地加入,并用洗瓶吹入少量水冲洗锥形瓶内壁,使附着在锥形瓶内壁的溶液全部流下,然后摇动锥形瓶,观察终点是否已达到,如终点未达到,继续滴定,直到准确到达终点为止。

(6)读数。滴定开始前和滴定结束都要读取数值,读数时应将滴定管从管夹上取下,用右手或左手拇指和食指捏住滴定管液面上的部位,使滴定管自然下垂,然后读数。为了正确读数,应遵守下列规则:

1)注入溶液或放出溶液后,需等待 30 s~1 min 后才能读数(使附着在内壁上的溶液流下)。

2)对于无色溶液或浅色溶液,应读弯月面下缘实线的最低点;而有色溶液应读液面两侧的最高点的数据。

3)有一种蓝线衬背的滴定管,它的读数方法(对无色溶液)与上述不同,无色溶液有两个弯月面相交于滴定管蓝线的某一点,读数时视线应与此点在同一水平面上,对有色溶液读数方法与上述普通滴定管相同。

4)滴定时最好每次都从 0.00 mL 开始,这样可固定在某一段体积范围内滴定,减小测量误差,读数必须准确到 0.00 mL。

(7)使用注意事项。

1)滴定管使用完毕后,倒去管内剩余溶液,用水洗净,装入蒸馏水至刻度以上,用大试管套在管口上。或洗净后倒置夹在滴定管夹上。

2)酸式滴定管长期不使用时,活塞部分应垫上纸;碱式滴定管不使用时胶管应拔下,蘸些滑石粉保存。

3)标称容量越小,相对容量允差越大,但其绝对容量允差越来越小。因此,在滴定时,如果操作溶液的用量为 15~20 mL,最好选用标称容量为 25 mL 的滴定管;如果用量超过了 20 mL,则应选用 50 mL 的滴定管。

拓展阅读

古代分析化学

在古代,人们已开始从事分析检验的实践活动。这一实践活动源于生产和生活的需要,如神农尝百草鉴定中药,春秋战国成熟的炼铜工艺,战国时期的炼丹术等。

人们最初用感官鉴别事物,相传神农采摘各种草根、树皮、种子、果实;捕捉各种飞禽走兽、鱼鳖虾虫;挖掘各种石头矿物,一样一样地亲口尝。观察体会各是何性,各治何病。为了冶炼各种金属,需要鉴别它们。这些鉴别是一个由表及里的过程,古人首先关注的当然是它们的外部特征。如硫化汞名为"朱砂""丹砂",水银又名"流珠"等都是抓住它们的外部特征。人们最初用感官对各种事物的现象和本质加以鉴别,就是原始的分析化学。

后来人们对矿物的认识逐步深化,便能进一步通过它们的一些其他物理特性和化学变化作为鉴别的依据。如《本草经集注》记载鉴别硝石(KNO_3)和朴硝(Na_2SO_4):"以火烧之,紫青烟起,乃真硝石也"。该方法是利用焰色反应来辨别真假硝石。

随着商品生产和交换的发展,很自然地就会产生控制、检验商品的质量和纯度的需求,于是产生了早期的商品检验。在古代主要是用简单的比重法来确定一些溶液的浓度,可用比重法衡量酒、醋、牛奶、蜂蜜和食油的质量。商品交换的发展又促进了货币的流通,于是出现了货币的检验,当时最重要的是试金技术。在我国古代,按"七青八黄九五赤""黄白带赤对半金"谚语来识别黄金的成色。

……

这些通过实践出来的原始分析化学,是我国古代劳动人民智慧和汗水的结晶,形成了我国古代灿烂文明的一部分,也为分析化学的确立奠定了基础。

练一练

1. 化学试剂的一级品又称为(　　)试剂。
   A. 光谱纯　　　　　B. 优级纯　　　　　C. 分析纯　　　　　D. 化学纯

2. 各种试剂按纯度从高到低的代号顺序是(　　)。
   A. AR＞CP＞GR　　　　　　　　　　B. GR＞CP＞AR
   C. GR＞AR＞CP　　　　　　　　　　D. CP＞AR＞GR

3. 下列不是滴定分析对所用基准试剂要求的是(　　)。
   A. 在一般条件下性质稳定　　　　　B. 主体成分含量≥99.9%
   C. 实际组成与化学式相符　　　　　D. 杂质含量≤0.5%

4. 为提高滴定分析的准确度，不要求标准溶液必须做到(　　)。
   A. 正确地配制　　　　　　　　　　B. 准确地标定
   C. 对有些标准溶液必须当天配、当天标、当天用
   D. 所有标准溶液必须计算至小数点后第四位

5. 配制一定物质的量浓度的溶液时，所用容量瓶未干燥则导致所配制的溶液浓度偏低。(　　)
   A. 正确　　　　　　　　　　　　　B. 错误

6. 1 L、1 mol/L 的 NaCl 溶液和 1 L、1 mol/L 的蔗糖溶液，所含溶质的物质的量相等。(　　)
   A. 正确　　　　　　　　　　　　　B. 错误

7. 将 4 g NaOH 溶解在 10 mL 水中，稀释至 1 L 后取出 10 mL，其物质的量浓度是(　　)mol/L。
   A. 1　　　　　　　　　　　　　　B. 0.1
   C. 0.01　　　　　　　　　　　　　D. 10

8. 将浓度为 5 mol/L NaOH 溶液 100 mL 加水稀释至 500 mL，则稀释后的溶液浓度为(　　)mol/L。
   A. 1　　　　　B. 2　　　　　C. 3　　　　　D. 4

9. 配制好的 NaOH 标准溶液储存于(　　)中。
   A. 棕色橡胶塞试剂瓶　　　　　　　B. 试剂瓶
   C. 白色磨口塞试剂瓶　　　　　　　D. 白色橡胶塞试剂瓶

10. 准确称取分析纯的固体 NaOH，就可直接配制标准溶液。(　　)
    A. 正确　　　　　　　　　　　　　B. 错误

11. 在以酚酞为指示剂、用 NaOH 为标准滴定溶液分析酸的含量时，临近终点时应剧烈摇动。(　　)
    A. 正确　　　　　　　　　　　　　B. 错误

12. 在测定烧碱中 NaOH 的含量时，为减少测定误差，应注意称样速度要快，溶解试样应用无 CO_2 的蒸馏水，在滴定过程中应注意轻摇快滴。(　　)
    A. 正确　　　　　　　　　　　　　B. 错误

13. 准确称取 0.202 3 g KHP 基准物质，溶解于 30 mL 水中，标定 NaOH 标准溶液的浓度，到达化学计量点时，消耗 NaOH 溶液的体积为 20.00 mL，NaOH 溶液浓度为（　　）mol/L(KHP 的摩尔质量为 204.22 g/moL)。

A. 0.024 76　　　　　　　　　　B. 0.074 29
C. 0.049 53　　　　　　　　　　D. 0.099 06

任务2 制备盐酸标准溶液

任务分析

化学分析中最常用的酸标准滴定溶液是盐酸标准溶液,但当需要加热或在浓度较高的情况下使用时,宜采用硫酸标准溶液。硫酸标准溶液的稳定性较好,但它的二步电离常数较小,因此滴定突跃相应地要小些,指示剂终点变色的敏锐性稍差,并能与某些阳离子生成硫酸盐沉淀。HNO_3 具有氧化性,即使较稀时也含有 HNO_2,本身稳定性较差,并能破坏某些指示剂,所以应用较少,除非 HCl、H_2SO_4 不能使用时才用到它。$HClO_4$ 是很好的标准溶液,但其价格高,一般不使用,但在非水滴定中常使用 $HClO_4$ 标准溶液。

配制酸标准溶液一般不采用直接法,而采用间接法,把浓酸稀释成所需要的近似浓度的溶液,然后标定。配制 HCl 标准溶液时,通常将分析纯的 HCl(密度为 1.19 g/mL,含 HCl 约为 37%,物质的量浓度约为 12 mol/L)稀释成所需的近似浓度,然后用基准物质进行标定,以获得准确浓度。

标定酸标准溶液的基准物质有无水碳酸钠(Na_2CO_3)及硼砂($Na_2B_4O_7 \cdot 10H_2O$)等。无水碳酸钠极易吸潮,使用前应在 270 ℃~300 ℃ 灼烧至恒重,然后放在干燥器中冷却备用;滴定反应产生大量的 CO_2 溶解在溶液中,使滴定终点提前到达,所以临近终点时应将溶液煮沸,驱除溶解的 CO_2,然后继续滴定到终点。硼砂的摩尔质量比碳酸钠大得多,可以减小称量误差;它不易吸潮,容易精制,但它含有结晶水,当湿度低于 39% 时会部分风化而失水,形成含 5 分子结晶水的物质,从而影响标定结果的准确度,所以,作为标定用的硼砂应保存在相对湿度为 60%~70% 的恒湿容器中(配制 NaCl 和蔗糖的饱和溶液可达到相对湿度 60%)。本任务选用无水 Na_2CO_3 标定盐酸溶液浓度。标定反应分以下两步进行:

$$Na_2CO_3 + HCl = NaHCO_3 + NaCl$$
$$NaHCO_3 + HCl = NaCl + H_2O + CO_2 \uparrow$$

滴定反应完全时溶液的 pH 值的突跃范围是 5.3~3.5(化学计量点时,溶液的 pH 值约为 3.89),可用溴甲酚绿—甲基红混合指示剂(变色点为 pH=5.1)指示终点。当用 HCl 滴定至溶液由绿色刚变为暗红色时,将溶液煮沸,驱除 CO_2,溶液又变为绿色。溶液冷却后,再用少量的 HCl 滴定至溶液由绿色变为暗红色为终点。

学习目标	知识目标	1. 了解盐酸试剂的性质特点; 2. 写出并配平盐酸与碱反应方程式; 3. 熟悉盐酸标准溶液制备的方法; 4. 掌握盐酸标准溶液的浓度的计算

学习目标	能力目标	1. 会把浓酸稀释成所需要的近似浓度的溶液； 2. 会标定盐酸标准溶液的浓度
	素质目标	1. 具有严谨、规范、求真务实的科学态度； 2. 养成普遍联系、对立统一的哲学思维习惯

相关知识

2.1 分析误差

①定量分析任务是什么？最后的结果该如何表示？②什么是平行测定？如何判断谁的测定结果更加可靠？

在实际测定中，由于受分析方法、仪器、试剂、操作技术等限制，测定结果不可能与真实值完全一致。同一分析人员用同一方法对同一试样在相同条件下进行多次测定，测定结果也总不能完全一致，分析结果在一定范围内波动。由此说明：客观上误差是经常存在的。因此，作为分析人员，不仅要通过试验得到试样中待测组分含量，还要能对测定结果做出评价，判断它的可靠程度，查出产生误差的原因，并采取措施减小误差，提高分析结果的准确度，以满足工作的需要。

2.1.1 真实值与平均值

1. 真实值

物质中各组分的实际含量称为真实值。真实值是未知的、客观存在的量，不可能准确地知道。因此，人们通常所说的真实值并不是指绝对的真实值，而是指相对意义上的真实值。所谓相对意义上的真实值，是指国际会议和标准化组织或国际上公认的量值（如标准相对原子质量），以及国家标准样品的标称值等；也可根据测量的误差范围来确定一个量的真实值。例如，用不同级别的天平称量一块金属，称量结果随着仪器精密度的提高，测量误差越来越小，所得数值也就越接近真实值。为此可取高一级天平称量值作为真实值去衡量低一级天平称量值的误差。而在实际分析工作中，只能对被测物质做几次平行测定，所计算出的算术平均值作为真实值。

2. 平均值

（1）总体与样本。总体（或母体）是指随机变量 x_i 的全体；样本（或子样）是指从总体中随机抽出的一组数据。

(2)总体平均值与样本平均值。在日常分析工作中,总是对某试样平行测定数次,取算术平均值作为分析结果,若以 $x_1, x_2, \cdots, x_n$ 代表各次的测定值,n 代表平行测定的次数,$\bar{x}$ 代表样本平均值,则

$$\bar{x} = \frac{x_1 + x_2 + \cdots + x_n}{n} = \frac{\sum_{i=1}^{n} x_i}{n} \tag{2-1}$$

样本平均值不是真实值,只能说是真实值的最佳估计,只有在消除系统误差之后并且测定次数趋于无穷大时,所得总体平均值(μ)才能代表真实值(T)。

$$\mu = \frac{\lim\sum_{i=1}^{\infty} x_i}{n} \tag{2-2}$$

2.1.2 准确度与误差

定量分析的各种测量,如质量称量、溶液体积量取、吸光度读数等,由于受测量方法、手段和工具的限制,测定值与客观存在的真实值总是存在差异的,这种差异称为误差。误差表示测定结果与真实值的差异。差值越小,测定结果与真实值越接近,准确度越高,所以测定值与真实值接近的程度称为准确度。

准确度的高低常以误差的大小来衡量,即误差越小,准确度越高;误差越大,准确度越低。误差一般用绝对误差和相对误差来表示。

1. 绝对误差

绝对误差即测定值与真实值之间的差值,用 E 表示。

$$E = x - T \tag{2-3}$$

式中,x 为个别测定值;T 为真实值。

绝对误差可正可负,正值表示结果偏高,负值表示结果偏低,并且与测定值具有同样的单位,报告绝对误差时,切不可忽略符号及单位。

由于绝对误差没有与被测物质的量联系起来,它不能完全地说明测定的准确度,例如,如果被称量物质的质量的真实值分别为 1.230 1 g 和 0.012 3 g,测定值分别为 1.230 2 g 和 0.012 4 g,则称量的绝对误差同样是 +0.000 1 g,然而两个物质的质量相差 100 倍,误差在测定值中所占的比例没有反映出来。显而易见,前一测定值比后一测定值准确得多,则其含义就不同了,故分析结果的准确度也常用相对误差表示。

2. 相对误差

相对误差是指绝对误差在真实值中所占的百分率,用 $RE\%$ 表示。

$$RE\% = \frac{E}{T} \times 100\% \tag{2-4}$$

相对误差没有单位,但有正、负号。相对误差反映了误差在真实值中所占的比例,用来比较在各种情况下测定结果的准确度。如上例中的相对误差为

$$RE\% = \frac{+0.000\ 1}{1.230\ 1} \times 100\% = +0.008\%$$

$$RE\% = \frac{+0.000\ 1}{0.012\ 3} \times 100\% = +0.8\%$$

这说明，测量的数值越大，则相对误差越小，也就是绝对误差对测定结果准确度的影响就越小。因而，在分析测定中，取样量应该大一些，所有测定的原始数据如试样的质量、消耗标准溶液的体积、读取的吸光度、色谱峰的面积都应尽可能大一些。

对于多次测量的数值，其准确度可按下式计算：

$$绝对误差(E) = \frac{\sum_{i=1}^{n} x_i}{n} - T \tag{2-5}$$

式中，x_i 为第 i 次测定的结果；n 为测定次数；T 为真实值。

$$相对误差(RE\%) = \frac{E}{T} \times 100\% = \frac{\overline{x} - T}{T} \times 100\% \tag{2-6}$$

【例 2-1】 若测定 3 次结果为 0.120 1 g/L、0.118 5 g/L、0.119 3 g/L，标准样品含量为 0.123 4 g/L，求绝对误差和相对误差。

解：平均值 $\overline{x} = (0.120\ 1 + 0.119\ 3 + 0.118\ 5)/3 = 0.119\ 3 (g/L)$

绝对误差 $(E) = \overline{x} - T = 0.119\ 3 - 0.123\ 4 = -0.004\ 1 (g/L)$

相对误差 $(RE\%) = \frac{E}{T} \times 100\% = \frac{\overline{x} - T}{T} \times 100\% = \frac{-0.004\ 1}{0.123\ 4} \times 100\% = -3.3\%$

应注意的是，有时为了表明一些仪器的测量准确度，用绝对误差更清楚。例如，分析天平的误差是 $\pm 0.000\ 2$ g，常量滴定管的读数误差是 ± 0.01 mL 等，这些都是用绝对误差来说明的。

2.1.3 精密度与偏差

在不知道真实值的情况下，无法用误差与准确度来评价分析数据的可靠性，而只能采用偏差与精密度。

在实际分析中，对同一样品常用多次测定结果的算术平均值作为"真实值"。而每一次的测定结果和算术平均值之间的差值就是偏差。精密度是指在相同条件下，同一试样的重复测定值之间的符合程度。精密度的高低用偏差来衡量，偏差越小说明精密度越高。偏差的表示方法如下。

1. 绝对偏差和相对偏差

偏差的表示方法有绝对偏差和相对偏差两种。

$$绝对偏差(d) = x_i - \overline{x} \tag{2-7}$$

式中，x_i 为第 i 次测定的结果；$\overline{x}$ 为 n 次测定值的算术平均值。

$$相对偏差(Rd) = \frac{d}{\overline{x}} \times 100\% \tag{2-8}$$

从式(2-7)、式(2-8)可知绝对偏差是指单项测定值与平均值的差值，有正、负之分；而相对偏差是指绝对偏差在平均值中所占的百分率。由此可知，绝对偏差和相对偏差只能用来衡量单项测定结果对平均值的偏离程度，而不能表示出测定的总结果对平均值的偏离程度。为了更好地说明精密度，在一般分析工作中常用算术平均偏差。

2. 平均偏差

平均偏差又称算术平均偏差，是指单项测定值与平均值的偏差(取绝对值)之和，除以测定次数。平均偏差用 $\overline{d}$ 表示。即

$$\overline{d} = \frac{\sum_{i=1}^{n}|x_i - \overline{x}|}{n} \tag{2-9}$$

式中，x_i 为第 i 次测定的结果；n 为测定次数；$\overline{x}$ 为平均值。

由于各测定值的绝对偏差有正、负之分，取平均值时会相互抵消。只有取偏差的绝对值的平均值才能正确反映一组重复测定值间的符合程度。

相对平均偏差

$$R\overline{d}\% = \frac{\overline{d}}{\overline{x}} \times 100\% \tag{2-10}$$

平均偏差不计正、负。

【例 2-2】 某一样品进行 5 次测定所得的一组测定值：36.41、36.40、36.36、36.39、36.41。试求其平均值、算术平均偏差、相对平均偏差。

解：$\overline{x} = \frac{36.41 + 36.40 + 36.36 + 36.39 + 36.41}{5} = 36.39$

$$\overline{d} = \frac{\sum_{i=1}^{n}|x_i - \overline{x}|}{n} = \frac{0.02 + 0.01 + 0.03 + 0.00 + 0.02}{5} = 0.016$$

$$R\overline{d} = \frac{0.016}{36.39} \times 100\% = 0.044\%$$

用平均偏差表示精密度比较简单，但不足之处是在一系列测定中，小的偏差测定总次数总是占多数，而大的偏差测定总次数总是占少数，大偏差得不到应有反映。因此，在数理统计中，常用标准偏差表示精密度。

3. 标准偏差

为了反映出单项测量中的较大偏差对精密度的影响，提出了标准偏差（S）的概念，这是一种更可靠的精密度表示法。

(1) 总体标准偏差。当测定次数为无限多次，实际上 $n > 30$ 次，测定的平均值接近真实值，此时标准偏差用 σ 表示：

$$\sigma = \sqrt{\frac{\sum_{i=1}^{n}(x_i - \mu)^2}{n}} \tag{2-11}$$

式中，x_i 为第 i 次测定的结果；n 为测定次数；μ 为总体平均值。

(2) 样本标准偏差。在实际测定中，测定次数有限，一般 $n < 30$，此时，在统计学中，用样本的标准偏差 S 来衡量分析数据的分散程度：

$$S = \sqrt{\frac{\sum_{i=1}^{n}(x_i - \overline{x})^2}{n-1}} \tag{2-12}$$

式中，x_i 为第 i 次测定的结果；n 为测定次数；$\overline{x}$ 为平均值。

标准偏差在平均值中所占的百分率称为相对标准偏差（RSD），也称变异系数或变动系数（CV）。其计算公式为

$$RSD\% = \frac{S}{\overline{x}} \times \% \tag{2-13}$$

用标准偏差比用平均偏差更科学、更准确，因为单次测定值的偏差经平方以后，较大

的偏差就能显著地反映出来。所以，在实际工作中常用 RSD 表示分析结果的精密度。

【例 2-3】 现有两组测量结果，各次测量的偏差分别为

(1) 0.11，−0.73，0.24，0.51，−0.14，0.00，0.30，−0.21；
(2) 0.18，0.26，−0.25，−0.37，0.32，−0.28，0.31，−0.27。

求两组测定值的平均偏差和标准偏差。

解：平均值：

第一组：$\bar{x}_1 = 0.08$

第二组：$\bar{x}_2 = -0.1$

平均偏差：

第一组：平均偏差 $= \dfrac{\sum |x_i - \bar{x}|}{n} = 0.28$

第二组：平均偏差 $= \dfrac{\sum |x_i - \bar{x}|}{n} = 0.28$

标准偏差：

第一组：$S_1 = \sqrt{\dfrac{\sum_{i=1}^{n}(x_i - \bar{x})^2}{n-1}} = 0.38$

第二组：$S_2 = \sqrt{\dfrac{\sum_{i=1}^{n}(x_i - \bar{x})^2}{n-1}} = 0.298$

从上面的计算可见，这两组测量结果，其平均偏差相同，但它们的标准偏差不同。原因是第一组测量结果数据分散，尤其其中−0.73 和 0.51 两个数据偏差较大，而第二组测量结果数据比较集中。用标准偏差就把这种情况明显地反映出来。因为在标准偏差的公式中，根式的分子代表个别绝对偏差的平方和。将每个绝对偏差平方，这就突出了较大偏差数据的作用，所以它能反映出较大偏差对精密度的影响。从标准偏差的大小可以看出，第二组测量结果的精密度比第一组好。这就是要引入标准偏差的原因。

【例 2-4】 分析铁矿石中铁的质量分数，得到如下数据：37.45，37.20，37.30，37.50，37.25(%)，计算测量结果的平均值、平均偏差、相对平均偏差、标准偏差、变异系数。

解：$\bar{x} = 37.34\%$

各次测量的偏差分别是 0.11，−0.14，−0.04，0.16，−0.09。

$$\bar{d} = \dfrac{\sum_{i=1}^{n}|x_i - \bar{x}|}{n} = \dfrac{0.11 + 0.14 + 0.04 + 0.16 + 0.09}{5} \times 100\% = 0.11\%$$

$$R\bar{d}\% = \dfrac{\bar{d}}{\bar{x}} \times 100\% = 0.29\%$$

$$S = 0.13\%$$

$$RSD\% = \dfrac{0.13}{37.34} \times 100\% = 0.35\%$$

一般来说，报告分析结果要反映数据的集中趋势和分散性，故常用下列三项值：测定次数：n，平均值：$\bar{x}$(表示集中趋势)，标准偏差：S(表示分散性)。

4. 极差

测定结果的精密度有时也用极差来表示。极差是指一组测量数据中的最大值与最小值之差，通常用 R 表示。

$$R = x_{\max} - x_{\min}$$

相对极差是极差与测量数据平均值的比值，常用百分数表示，即

$$相对极差 = \frac{R}{\bar{x}} \times 100\%$$

极差的计算简单、方便，但由于它没有充分利用到各个测量数据，准确性较差。

2.1.4 准确度和精密度的关系

准确度和精密度是两个不同的概念，但是它们之间也有一定的关系，这些关系可分为四种情况。

例如，A、B、C、D 四个分析工作者对同一铁标样（$W_{Fe}=37.40\%$）中的铁含量进行测量，结果如图 2-1 所示，比较其准确度与精密度。

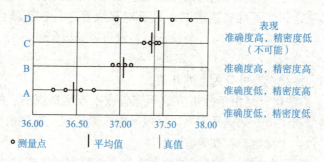

图 2-1 四人测定结果的比较

由图可知，A 测定的结果：测定的数据较分散，即精密度低，且平均值与真实值相差很大，说明准确度低。B 测定的结果：精密度很高，但平均值与真实值相差很大，说明准确度很低。C 测定的结果：测定的数据较集中并接近真实值，说明其精密度与准确度都较高。D 测定的结果：测定的数据较分散，即精密度低，虽然其平均值与真实值接近，但数据不可靠，不能说明准确度高。

从上述情况可以看出，欲使准确度高，首先必须要求精密度也要高。精密度不符合要求，表示所测定结果不可靠，失去衡量准确度的前提。但精密度高不能保证准确度高，因为可能在测定中存在系统误差。可以说精密度是保证准确度的先决条件。

2.2 误差来源及消除方法

 想一想

① 误差是可以避免的吗？② 误差是不是越小越好？

进行样品分析的目的是获取准确的分析结果。然而误差客观上是难以避免的,即使用最可靠的分析方法、最精密的仪器,熟练细致地操作,所测得的数据也不可能和真实值完全一致。但是如果掌握了产生误差的基本规律,就可以将误差减小到允许的范围内。为此必须了解误差的性质和产生的原因及减小的方法。

根据误差产生的原因及性质,误差可分为系统误差和偶然误差。

2.2.1 系统误差

系统误差又称可测误差,是在一定的测定条件下,由于某些恒定的或按某一确定规律起作用的因素所引起的误差。

1. 系统误差的特性

系统误差对分析结果的影响比较恒定,使测定结果固定偏高或固定偏低;在同一条件下进行重复测定时会重复出现;可按其作用规律设法减小到可忽略的程度;只影响分析测定的准确度,不影响精密度。例如,用1支未校正好的移液管多次量取同一液体样品进行分析,样品量当然是固定偏高或固定偏低,所得分析结果相互平行,也很接近。这种误差很固定,是由于移液管刻度不准确造成的,只要对移液管进行校正就会发现这种系统误差。以后再用这支移液管时,只要加一个校正值,就可以克服误差。

2. 系统误差的分类

按产生的原因,系统误差可分为下列几类。

(1)方法误差。方法误差是由于分析方法不完善或不准确造成的。如重量分析中沉淀的溶解损失,滴定分析中指示剂选择不当,反应不能定量完成;有副反应发生,滴定终点与化学计量点不一致,干扰组分存在等。

(2)仪器误差。仪器误差是由于使用的仪器本身不够精密所造成的。如天平两臂不等,砝码未校正,滴定管、容量瓶未校正,使得量取值和真实值不相符引起的误差。

(3)试剂误差。试剂误差是由于使用蒸馏水和试剂的纯度不够引起的。如蒸馏水不合格,试剂纯度不够(含待测组分或干扰离子)。

(4)操作误差。操作误差是由于分析操作不规范造成的。如对指示剂颜色辨别偏深或偏浅;对仪器的刻度读数不准确,取样缺乏代表性,操作条件控制不当,未按操作规程操作等。

3. 系统误差的检验和消除

(1)检验方法。

1)对照试验。选用组成与试样相近的标准试样在同样的条件下进行测定,测定结果与标准值做统计处理,判断有无系统误差。如用同一种方法对已知含量的试样进行测定,分析结果与已知含量的差值,即系统误差。

2)比较试验。用标准方法和所选方法同时测定某一试样,测定结果做统计检验,判断有无系统误差。

3)加入法。称取等量试样两份,在其中一份试样中加入已知量的待测组分,平行进行两份试样测定,由加入被测组分量是否定量回收,判断有无系统误差,又称回收试验。

$$回收率 = \frac{加入纯物质后的测定值 - 加入前的测定值}{已知加入量} \times 100\%$$

一般回收率应为95%~105%,可认为不存在系统误差,即方法可靠。回收率越接近100%,系统误差越小。加入法常在微量组分分析中应用,回收率也用于判断试样处理过程中待测组分是否有损失或沾污。

(2)消除方法。

1)空白试验。由试剂、蒸馏水和容器引入的杂质所造成的系统误差,一般可做空白试验来加以校正。空白试验是指在不加试样的情况下,按试样分析步骤和条件进行分析试验,所得结果为空白值,从试样测定结果中扣除空白值,就得到比较准确的分析结果。

2)校正仪器。在分析测试中,对分析准确度要求高时,具有准确体积和质量的仪器,如滴定管、移液管、容量瓶和分析天平砝码都应进行校正,以消除仪器不准所引起的系统误差。因为这些测量数据都是参加分析结果计算的。

3)对照试验。对照试验就是选用组成与试样相近的标准试样在同样的条件下进行测定。标准试样中待测组分的含量是已知的,且与试样中的含量相近。将对照试验的测定结果与标准试样的已知含量相比,其比值称为校正系数。

$$校正系数 = \frac{标准试样组分的标准含量}{标准试样测定的组分含量}$$

则试样中待测组分的含量的计算公式为

$$待测试样组分含量 = 测得含量 \times 校正系数$$

2.2.2 偶然误差

偶然误差是由于测量过程中许多因素随机作用而形成的具有抵偿性的误差,它又被称为随机误差。例如,环境温度、压力、湿度、仪器的微小变化,分析人员对各份试样处理时的微小差别等,这些不确定的因素都会引起偶然误差。偶然误差是不可避免的。偶然误差产生不易找出确定的原因,似乎没有规律性,但如果进行多次测定,就会发现测定数据的分布符合一般的统计规律。

偶然误差的大小决定分析结果的精密度。在消除了系统误差的前提下,如果严格操作,增加测定次数,分析结果的算术平均值就趋近真实值。

在定量分析中,除系统误差和偶然误差外,还有一类"过失误差",是指工作中的差错,一般是因粗枝大叶或违反操作规程所引起的误差。如证实误差是过失引起的,应弃去此结果。

1. 正态分布

偶然误差的特点是对同一测量对象多次重复测量,所得测量结果的误差呈现无规则涨落,既可能为正(测量结果偏大),也可能为负(测量结果偏小),且误差绝对值起伏无规则,但误差的分布服从正态分布的统计规律。其概率密度函数为

$$y = f(x) = \frac{1}{\sigma \sqrt{2\pi}} e^{\frac{(x-\mu)^2}{2\sigma^2}} \tag{2-14}$$

式中,y为概率密度,它是变量x的函数,即表示测定值x出现的频率;μ为总体平均值,表示测量值的集中趋势;σ为总体标准偏差,它反映测量值的分散程度,σ越小,测量值的分散程度就越小,即精密度越高。

正态分布的概率密度函数的图像就是正态分布曲线(图2-2),由该曲线得出偶然误差

的特点如下。

(1)对称性：绝对值相等的正负误差出现的概率相等。

(2)单峰性：绝对值小的误差出现的概率大，绝对值大的误差出现的概率小。

(3)有界性：绝对值很大的误差出现的概率极小。

正态分布曲线依赖于 μ 和 σ 两个基本参数，曲线随 μ 和 σ 的不同而不同。为简便起见，使用一个新变数(u)来表达误差分布函数式：

$$u = \frac{x-\mu}{\sigma} \tag{2-15}$$

式(2-15)的含义是偏差值($x-\mu$)以标准偏差为单位来表示。

变换后的函数式为

$$y = \varphi(u) = \frac{1}{\sqrt{2\pi}} e^{-\frac{1}{2}u^2} \tag{2-16}$$

由此绘制的曲线称为"标准正态分布曲线"(图2-3)。因为标准正态分布曲线横坐标是以 σ 为单位，所以对于不同的测定值 μ 及 σ，都是适用的。

"标准正态分布曲线"清楚地反映了随机误差的分布性质：

1)集中趋势。当 $x=\mu$ 时($u=0$)，$y=\frac{1}{\sqrt{2\pi}} e^{-\frac{1}{2}u^2} = \frac{1}{\sqrt{2\pi}} = 0.3989$，$y$ 此时最大，说明测定值 x 集中在 μ 附近，或 μ 是最可信赖值。

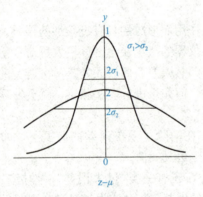

图2-2 两组精密度不同的测定值的正态分布曲线

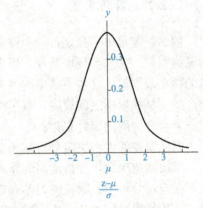

图2-3 标准正态分布曲线

2)对称趋势。曲线以 $x=\mu$ 这一直线为对称轴，表明正负误差出现的概率相等。大误差出现的概率小，小误差出现的概率大；很大误差出现的概率极小。在无限多次测定时，误差的算术平均值极限为0。

3)总概率。曲线的横坐标从 $-\infty$ 到 $+\infty$，在之间所包围的面积代表具有各种大小误差的测定值出现的概率的总和，其值为1(100%)。

$$P_{(-\infty < u < +\infty)} = \frac{1}{\sqrt{2\pi}} \int_{-\infty}^{+\infty} e^{-\frac{u^2}{2}} du = 1$$

式中，P 为随机误差的区间概率。

用数理统计方法可以证明并计算出测定值 x 出现在不同 u 区间的概率(不同 u 值时所占的面积)，即 x 落在 $\mu \pm u\sigma$ 区间的概率：

	置信区间	置信概率 P
$u=\pm 1.00$	$x=\mu\pm 1.00\sigma$	68.3%
$u=\pm 1.96$	$x=\mu\pm 1.96\sigma$	95.0%
$u=\pm 3.00$	$x=\mu\pm 3.00\sigma$	99.7%

2. t 分布曲线

实际测量数据不多，总体偏差 σ 不知道，用 s 代替 σ 不符合正态分布，有误差，此时常用能合理地处理少量试验数据的方法——t 分布处理。

t 分布曲线与标准正态分布曲线相似，纵坐标仍为概率密度，横坐标则是新的统计量 t，则

$$t=\frac{x-\mu}{S} \tag{2-17}$$

无限次测定：u 一定→P 就一定；

有限次测定：t 一定→P 随 υ（自由度）不同而不同。

不同的 υ 值及概率所对应的 t 值，已有统计学家计算出来，可由有关表中查出。

3. 平均值的置信区间

应用 t 分布估计真值范围，可得到如下关系式：

$$\mu=x\pm t_{P,\upsilon}S$$

同样，对于样本平均值也存在类似的关系式：

$$\mu=\bar{x}\pm t_{P,\upsilon}\bar{S}=\bar{x}\pm t_{P,\upsilon}\frac{S}{\sqrt{n}} \tag{2-18}$$

式(2-18)表示的是在一定概率下，以样本平均值为中心的包括真值在内的取值范围，即平均值的置信区间。$t_{P,\upsilon}\bar{S}$ 称为置信区间界限。

平均值的置信区间取决于测定的精密度、测定次数和置信水平（概率）（分析工作中常规定为 95%）。

测定精密度越高（S 小），测定次数越多（n 大），置信区间则越小，即平均值 $\bar{x}$ 越准确。

4. 偶然误差的减小

当测定次数越多时，偶然误差的算术平均值趋近零。若在先消除了系统误差的情况下进行分析测量，则测定次数越多，其平均值越接近真实值。偶然误差不可避免，又无法校正，只能设法减小，但不能完全消除，为了减小偶然误差，应重复多做几次平均试验并取其平均值，这样可使正、负偶然误差相互抵消，使测得值的平均值接近真实值。但测定次数过多，没有太大的意义，反而增加工作量，一般分析测定时，平行测定 2~4 次即可。

5. 系统误差和偶然误差的比较

系统误差和偶然误差的比较见表 2-1。

表 2-1 系统误差和偶然误差的比较

误差	特点	原因	检验与对策
系统误差	单向性 重复性 可测性	方法误差	改变或校正方法
		仪器误差	校准仪器
		试剂误差	提高试剂、水纯度，空白试验
		操作误差	加强训练

（对照试验，加样回收试验）

续表

误差	特点	原因	检验与对策
偶然误差	服从统计规律	难以控制、无法避免的偶然因素	增加测定次数，对测定数据做统计处理，正确表达结果的精密度

根据这几类误差的性质，分析能否避免的情况，可以认为：偶然误差是不能控制和无法避免的，它决定分析结果的精密度；系统误差直接影响测定的准确度，应找出原因后采取适当的措施消除或尽量减小。

2.2.3 提高分析结果准确度的方法

要提高分析结果的准确度，就必须千方百计地减小或消除误差。因此，提高准确度的方法就是减小或消除误差的方法，常用如下办法。

1. 选择适当分析方法

在选择分析方法时，主要根据组分含量的多少及对准确度的要求选择。

各种分析方法的准确度是不同的。仪器分析误差较大，但灵敏度高，在分析测定微量和痕量组分时，可以选用它；化学分析灵敏度较差，但对高含量组分测定能得到较准确的结果，所以，在分析测定高含量组分时可选用它。例如，对样品中常量铁的测定，以选择化学分析法(滴定分析)为好，其相对误差可以根据要求控制在1‰以下。若此时选用仪器分析法(比色分析)，就不合适，因为仪器分析的相对误差达到2%，超出规定要求；但是，如果样品中铁含量在0.01%以下，此时如仍选用化学分析法，则铁含量太低可能测不出结果。而选用仪器分析法，虽然相对误差大一些，但绝对误差较小(0.01%×2%＝0.000 2%)，可以得到较满意的结果。

2. 增加平行测定的次数

如前所述，增加平行测定次数可以减小偶然误差。在一般的分析测定中，平行测定次数为2～4次。如果没有特殊情况，基本上可以得到比较准确的结果。

3. 减小或消除系统误差

如前所述，可采取空白试验、校正仪器和对照试验等方法减小或消除系统误差。

4. 减小测量相对误差

测定过程中要进行质量、体积的测定，为保证分析结果的准确度，就必须减小测量误差。过小的取样量将影响测定的准确度。

例如，在重量分析中，称重是关键一步，应设法减小称量误差，一般分析天平的称量误差为±0.000 1 g，试样质量必须等于或大于0.2 g，才能保证称量相对误差在0.1%以内。滴定管用于滴定，一般要求滴定液体积至少为20 mL。

2.2.4 分析测试结果准确度的评价

(1)用标准物质评价分析结果的准确度。
(2)用标准方法评价分析结果的准确度。
(3)通过测定回收率评价分析结果的准确度。

2.3 有效数字及定量结果表示方法

> **想一想**
>
> 测定过程记录的数字是不是位数越多越好?

2.3.1 有效数字

为了取得准确的分析结果,不仅要准确进行测量,而且要正确记录与计算。所谓正确记录,是指正确记录数字的位数。因为数据的位数不仅表示数字的大小,也反映测量的准确程度。

有效数字的位数和分析过程所用的分析方法、测量方法、测量仪器的准确度有关。在分析工作中实际测量的数字,除最后一位是可疑的外,其余的数字都是确定的,测量时一个包含最后一位不定值的数值中的数字称为有效数字,此数值多少位就称多少位有效数字。最后一位是估计值,又称可疑数字。例如,在分析天平上称取试样 0.500 0 g,这不仅表明试样的质量是 0.500 0 g,还表示称量的误差在±0.000 2 g 以内。如将其质量记录为 0.50 g,则表示该试样是在台秤上称量的,其称量误差为±0.02 g。因此,记录数据的位数不能任意增加或减少。如在上例中,在分析天平上,测得称量瓶的质量为 10.432 0 g,这个纪录说明有 6 位有效数字,最后一位是可疑的。因为分析天平只能称准到 0.000 2 g,即称量瓶的实际质量应为(10.432 0±0.000 2)g。无论计量仪器如何精密,其最后一位总是估计出来的。从上面例子也可以看出有效数字是与仪器的准确度有关,即有效数字不仅表明数量的大小,而且也反映测量的准确度,记录数据只能保留一位可疑数字,同时,还可以根据测量准确度要求正确选择测量仪器。

需要注意的是,在分析工作中经常遇到如下两类数字。

(1)数目:如测定次数、倍数、系数和分数,这些数字不记位数;在分析化学计算中遇到这些数字时,视为无限多位有效数字。

(2)测量值或计算值。数据的位数与测定准确度有关。记录的数字不仅表示数量的大小,而且要正确地反映测量的精确程度,必须考虑数据的位数。

2.3.2 有效数字中"0"的意义

"0"在有效数字中有两种意义,作为普通数字使用或作为定位的标志。如滴定管读数为 20.30 mL,两个 0 都是测量出的值,算作普通数字,都是有效数字,这个数据有效数字位数是四位。改用"L"为单位,数据表示为 0.020 30 L,前两个 0 是起定位作用的,不是有效数字,此数据是四位有效数字。

综上所述,数字之间的"0"和末尾的"0"都是有效数字,而数字前面所有的"0"只起定位作用。以"0"结尾的正整数,有效数字的位数不确定。如 4 500,就不好确定是几位有效数字，可能是 2 位或 3 位，也可能是 4 位，遇到这种情况，应根据实际有效数字位数用科学记数法表示：

4.5×10^3　　　　　　　2 位有效数字
4.50×10^3　　　　　　　3 位有效数字
4.500×10^3　　　　　　4 位有效数字

因此很大或很小的数，常用 10 的乘方表示。当有效数字确定后，在书写时，一般只保留一位可疑数字，多余的数字按数字修约规则处理。

对于滴定管、容量瓶、移液管和吸量管能准确测量溶液体积到 0.01 mL。所以，当用 50 mL 滴定管测量溶液体积时，若测量体积大于 10 mL、小于 50 mL，应记录为 4 位有效数字，如写成 24.23 mL；若测量体积大于 1 mL、小于 10 mL，应记录为 3 位有效数字，如写成 8.23 mL。当用 25 mL 移液管移取溶液时，应记录为 25.00 mL。当用 5 mL 吸量管吸取溶液时，应记录为 5.00 mL。当用 250 mL 容量瓶配制溶液时，则所配制溶液的体积应记录为 250.0 mL；当用 50 mL 容量瓶配制溶液时，则应记录为 50.0 mL。对于分析天平(万分之一)，当称量试样时一般应取 4 位有效数字。记录的数据在改变单位时并不改变有效数字的位数。如测量体积为 24.01 mL，换算为以 L 为单位，应记录为 24.01×10^{-3} L。

总而言之，测量结果所记录的数字，应与所用仪器测量的准确度相适应。

在分析化学中，还经常遇到 pH、lg$K$ 等对数数值，其有效数字位数仅取决于小数部分的数字位数，即小数点后的数字位数为有效数字位数。如 pH=2.08，为两位有效数字。

在处理数据时，常遇到准确度不相同的数据，运算之前需要先修约，既节省时间，又可避免因计算烦琐引起错误。

2.3.3　数字修约规则

应保留的有效数字位数确定之后，其余尾数一律舍弃的过程称为修约。修约应一次到位，不得连续多次修约。只允许对原测量值一次修约至所需位数，不能分次修约。如 4.134 9 修约为三位数。不能先修约成 4.135，再修约为 4.14，只能修约成 4.13。

修约规则是四舍六入五考虑，即当被修约数≤4 时则舍，被修约数≥6 时则入；被修约数等于 5 而后面的数皆为 0 时，5 前面为偶数则舍，5 前面为奇数则入；被修约数等于 5 而后面还有不为 0 的任何数字，无论 5 前面是奇或偶都入。其口诀如下："四舍六入五考虑；五后非零则进一；五后皆零视奇偶，五前为奇则进一，五前为偶则舍弃"。

这一规则的具体运用如下。

(1)若被舍弃的第一位数字大于 5，则其前一位数字加 1，如 0.362 661 12 只取 4 位有效数字时，其被舍弃的第一位数字为 6，大于 5，则有效数字应为 0.362 7；若被舍弃的第一位数字小于 5，则其前一位数字不变，如 18.084 20 只取 4 位有效数字时，其被舍弃的第一位数字为 4，小于 5，则有效数字应为 18.08。

(2)若被舍弃的数字恰好为 5，5 前面为奇数则其前一位数字加 1，如 29.175 只取 4 位有效数字时，其被舍弃的数字恰好为 5，5 前面 7 为奇数，则有效数字应为 29.18；5 前面为偶数则其前一位数字不变，如 29.165 只取 4 位有效数字时，其被舍弃的数字也恰好为 5，5 前面 6 为偶数，则有效数字应为 29.16。

(3) 若被舍弃的第一位数字等于5,而其后面的数皆为0,5前面为奇数则其前一位数字加1,5前面为偶数则其前一位数字不变。如28.350、28.250、28.050只取3位有效数字,分别应为28.4、28.2及28.0。

(4) 若被舍弃的第一位数字等于5,而其后面的数并非全部为0,则其前一位数字加1,如10.225 07只取4位有效数字,则有效数字应为10.23。

2.3.4 有效数字的计算规则

计算结果的准确度取决于参与计算的诸数值中误差最大的那个数值,应用这一规则的步骤是先修约(可先多保留一位)后计算,结果再修约,因此,需要运算前先判断结果要保持什么样的准确度。

运用这一计算规则的好处:既可保证运算结果准确度取舍合理,符合实际,又可简化计算,减少差错,节省时间。

(1) 数值加减时,以小数点后数字最少的数为依据或按绝对误差最大的数字为依据。

例:12.43+5.765+132.812=151.007

修约为:12.43+5.76+132.81=151.00

(2) 数值乘除时,以有效数字位数最小的数或相对误差最大的数为依据,决定结果有效数字位数。

例:0.012 1×25.64×1.057 82=0.328

使用计算器计算,修约可先可后,结果表达要正确。

(3) 乘方或开方时,有效数字位数不变。

(4) 对数计算时,对数的位数应与真数的有效数字位数相同。

(5) 误差与偏差等只取一位或两位有效数字。

(6) 常数等不考虑其有效数字位数。

(7) 为提高计算的准确性,在计算过程中可暂时多保留一位有效数字,计算完成后再修约。

(8) 在进行乘除运算时,第一位数字大于或等于8,其有效数字位数可多算一位。

2.3.5 分析结果可疑值的取舍

在一组平行测定中,常出现个别测定值与其他测定值相差甚远的情况,这一个数据称为可疑值,如果能找出这是由于过失误差引起的,当然可以弃去不要,而且必须弃去,但若找不出什么原因,不能为了得到较好的精密度而随意舍去,要根据误差理论的规定,用统计方法来决定可疑值的取舍。

对可疑值的取舍有几种方法,下面介绍比较常用且可靠性较高的一种,称为Q值检验法。

Q值检验法包括以下几个步骤。

(1) 将得到的数据从小到大排列。

$$X_1, X_2, X_3, \cdots, X_n \quad 可疑值是 X_1 或 X_n$$

(2) 计算出最大与最小数据之差(极差)。

$$X_n - X_1$$

(3)计算出可疑值与其邻近值之差(邻差)。
$$X_n - X_{n-1} \text{ 或 } X_2 - X_1$$

(4)计算出 $Q_\text{计}$ 值。
$$Q_\text{计} = \frac{x_n - x_{n-1}}{x_n - x_1} \text{ 或 } Q_\text{计} = \frac{x_2 - x_1}{x_n - x_1}$$

$Q_\text{计}$ 值越大,表明可疑值离群越远,当 $Q_\text{计}$ 值超过一定界限时应舍去。

(5)根据测定次数和要求的置信度(如90%),查表2-2。

表 2-2　不同置信度下,舍弃可疑数据的 Q 值表

测定次数	Q_{90}	Q_{95}	Q_{99}
3	0.94	0.98	0.99
4	0.76	0.85	0.93
8	0.47	0.54	0.63

(6)将 $Q_\text{计}$ 与 Q_x(如 Q_{90})相比较:若 $Q_\text{计} > Q_x$,舍弃该数据(过失误差造成);若 $Q_\text{计} < Q_x$,保留该数据(偶然误差所致);当数据较少时,舍去一个后,应补加一个数据。

【例 2-5】　平行测定盐酸浓度(mol/L),结果为 0.101 4、0.102 1、0.101 6、0.101 3。试问 0.102 1 在置信度为 90% 时是否应舍去。

解:
(1)排序:0.101 3,0.101 4,0.101 6,0.102 1。
(2)$Q_\text{计} = (0.102\ 1 - 0.101\ 6)/(0.102\ 1 - 0.101\ 3) = 0.63$。
(3)查表 2-2,当 $n = 4$,$Q_{90} = 0.76$。
因 $Q_\text{计} < Q_{90}$,故 0.102 1 不应舍去。

任务准备

1. 明确试验步骤

(1)领取或配制试剂。
1)HCl,6 mol/L;
2)无水 Na_2CO_3;
3)溴甲酚绿—甲基红混合指示剂:将溴甲酚绿乙醇溶液(1 g/L)与甲基红乙醇溶液(2 g/L)按 3∶1 体积比混合,摇匀。

(2)$c(HCl) = 0.1$ mol/L HCl 溶液的配制。用 10 mL 小量筒量取 6 mol/L HCl 9 mL,倒入 500 mL 烧杯,用纯水稀释至 500 mL,移入玻璃细口瓶,盖好瓶盖,摇匀瓶中的液体,贴上标签,待标定。

盐酸溶液的配制

(3)$c(HCl) = 0.1$ mol/L HCl 溶液的标定。从称量瓶中用减量法称取在 270 ℃~300 ℃ 灼烧至恒重的无水 Na_2CO_3 两份,每份质量约为 0.15 g,称准至 0.000 1 g,放在 250 mL 锥形瓶中。各加 50 mL 水,加 10 滴溴甲酚绿—甲基红混合指示剂,用待标定的 0.1 mol/L HCl 溶液滴定至溶液由绿色变为暗红色,将溶液煮沸 2 min,冷却后继续滴定至溶液

盐酸标准溶液的测定

再呈暗红色为终点。记下所消耗的 HCl 溶液的体积,同时做空白试验。

2. 列出任务要素

(1)检测对象＿＿＿＿＿＿＿＿＿＿＿＿＿＿＿＿＿＿＿＿＿＿＿＿＿＿

(2)检测项目＿＿＿＿＿＿＿＿＿＿＿＿＿＿＿＿＿＿＿＿＿＿＿＿＿＿

(3)依据标准＿＿＿＿＿＿＿＿＿＿＿＿＿＿＿＿＿＿＿＿＿＿＿＿＿＿

3. 制订试验计划

(1)填写药品领取单(一般溶液需自己配制,标准滴定溶液可直接领取)。

序号	药品名称	等级或浓度	个人用量 /g 或 mL	小组用量 /g 或 mL	使用安全注意事项

(2)填写仪器清单(个人)。

序号	仪器名称	规格	数量

任务实施

1. 领取药品,组内分工配制溶液

序号	溶液名称及浓度	体积/mL	配制方法	负责人

2. 领取仪器，各人负责清洗干净

清洗后，玻璃仪器内壁：□都不挂水珠　　　□部分挂水珠　　　□都挂水珠

3. 独立完成试验，填写数据记录

试验日期：　　年　　月　　日　　　　水温：　　℃

内容	测定次数	1	2	3
	称量瓶＋碳酸钠（第一次读数）			
	称量瓶＋碳酸钠（第二次读数）			
	碳酸钠的质量 m/g			
测定试验	滴定管初读数/mL			
	滴定管终读数/mL			
	滴定消耗 HCl 溶液的体积 V_1/mL			
空白试验	滴定管初读数/mL			
	滴定管终读数/mL			
	滴定消耗 HCl 溶液的体积 V_2/mL			
	HCl 的浓度/(mol·L^{-1})			
	浓度测定平均值/(mol·L^{-1})			
	平行测定结果的相对极差/%			

HCl 溶液浓度按下式计算：

$$c(\text{HCl}) = \frac{m}{0.05299 \times (V_1 - V_2)}$$

式中，c(HCl)为 HCl 溶液的物质的量浓度(mol·L^{-1})；m 为无水 Na$_2$CO$_3$ 的质量(g)；V_1 为滴定消耗 HCl 溶液的体积(mL)；V_2 为空白试验消耗 HCl 溶液的体积(mL)；0.05299 为与 1.00 mL HCl 标准溶液[c(HCl)=1.000 mol/L]相当的以克表示的无水 Na$_2$CO$_3$ 的质量。

4. 检查评价

根据以上试验操作和数据计算结果，进行自评、小组内互评，教师考核评价，完成任务考核评价表的填写。

项目	评分标准	分值	自评/30%	互评/30%	师评/40%	合计
称量	称量范围±10%以内；有洒落，0 分	10				
滴定管使用	按照洗涤—润洗—装液顺序使用，滴定速度为 4～6 mL/min	15				
滴定终点控制	能控制终点溶液颜色为暗红色	15				
加热操作	能注意用电及加热安全，有防范意识	5				
结果计算	能根据公式正确计算出结果	30				
试验结果相对极差	<0.2%，不扣分；≥0.2%，扣 5 分；≥0.4%，扣 10 分；≥0.6%，扣 15 分；≥0.8%，扣 20 分；≥1.0%，扣 25 分	25				
最后得分						

技能总结

1. 天平使用；
2. 滴定管、移液管的使用；
3. 溶液稀释操作；
4. 标签及试剂保存；
5. 溴甲酚绿—甲基红混合指示剂终点变色判断和控制。

拓展阅读

失之毫厘，谬以千里

即使是一个小数点的错误，也会导致永远无法弥补的悲壮告别。古罗马的恺撒有句名言："在战争中，重大事件常常就是小事所造成的后果。"换成我们中国的警句大概就是"失之毫厘，谬以千里"吧。

分析化学广泛地应用于化学工业、能源、农业、医药、临床化验、环境保护、商品检验、地质普查、矿产勘探、冶金、考古分析、法医刑侦鉴定等领域。分析化学试验结果要求达到较高的准确度与精密度，这就要求分析工作者具备精准的操作技能和细心严谨的工作作风，任何一个环节的差错都将导致分析工作功亏一篑甚至导致不可估量的损失。

 练一练

1. 误差是指测定值与真实值之间的差，误差的大小说明分析结果准确度的高低。（　　）
   A. 正确　　　　　　　　　　　B. 错误

2. 如果要求分析结果达到 0.1% 的准确度，使用灵敏度为 0.1 mg 的天平称量时，至少要取（　　）g。
   A. 0.1　　　B. 0.05　　　C. 0.2　　　D. 0.5

3. 为使测量体积的相对误差小于 0.1%，滴定时消耗标准溶液的体积应控制为（　　）mL。
   A. 10　　　B. 15～20　　　C. 20～30　　　D. 40～50

4. 对某试样进行 3 次平行测定，得 CaO 平均含量为 30.6%，而真实含量为 30.3%，则 30.6%－30.3%＝0.3% 为（　　）。
   A. 绝对误差　　　　　　　　　B. 绝对偏差
   C. 相对误差　　　　　　　　　D. 相对偏差

5. 下列叙述不正确的是（　　）。
   A. 准确度的高低用误差来衡量
   B. 误差表示测定结果与真实值的差异，在实际分析工作中并不知道真实值，一般是用多次平行测定值的算术平均值 $\overline{X}$ 表示分析结果
   C. 各次测定值与平均值之差称为偏差，偏差越小，测定的准确度越高
   D. 公差是生产部门对分析结果允许误差的一种限量

6. 下列关于平行测定结果准确度与精密度的描述正确的是(　　)。
    A. 精密度高则没有随机误差   B. 精密度高则准确度一定高
    C. 精密度高表明方法的重现性好   D. 存在系统误差则精密度一定不高
7. 一个样品分析结果的准确度不好，但精密度好，可能存在(　　)。
    A. 操作失误   B. 记录有差错
    C. 随机误差大   D. 使用试剂不纯
8. 在定量分析中，对误差的要求是(　　)。
    A. 越小越好   B. 在允许范围内   C. 等于零   D. 接近于零
9. 滴定管在记录读数时，小数点后应保留(　　)位。
    A. 1   B. 2   C. 3   D. 4
10. 6.788 50 修约为四位有效数字是 6.788。(　　)
    A. 正确   B. 错误
11. 50.1＋1.45＋0.581 2 的计算结果是(　　)。
    A. 52.13   B. 52.1   C. 52   D. 52.131
12. 0.023 4×4.303×71.07÷127.5 的计算结果是(　　)。
    A. 0.056 125 9 B. 0.056   C. 0.056 13   D. 0.056 1
13. 标定 HCl 溶液常用的基准物是(　　)。
    A. 无水 Na_2CO_3 B. 邻苯二甲酸氢钾
    C. $CaCO_3$ D. 硼砂
14. 准确称取 0.109 8 g Na_2CO_3 基准物，溶解于 30 mL 水中，标定 HCl 标准溶液的浓度，到达化学计量点时，消耗 HCl 溶液的体积为 20.54 mL，HCl 溶液浓度为(　　)mol/L(Na_2CO_3 的摩尔质量为 105.99 g/mol)。
    A. 0.050 45   B. 0.100 9   C. 0.201 8   D. 0.302 7
15. 酸碱滴定法测定 HCl 溶液的浓度，结果分别是 0.100 8、0.101 0、0.101 2、0.101 3、0.100 7(mol/L)，其极差是(　　)。
    A. 0.62%   B. 0.59%   C. 0.43%   D. 0.22%

任务 3　测定工业硫酸的含量

任务分析

硫酸是重要的化工产品，广泛应用于化工、轻工、制药、国防、科研、农业等部门，因此，硫酸是基础工业原料，在国民经济中占有重要的地位。纯硫酸是一种无色透明的油状黏稠液体。常用的浓硫酸中 H_2SO_4 的质量分数为 98.3% 左右，其密度为 1.84 g/cm³，其物质的量浓度为 18.4 mol/L。硫酸是一种高沸点、难挥发的强酸，易溶于水，能以任意比与水混溶。浓硫酸溶解时放出大量的热量，因此，稀释浓硫酸时应该"酸入水，沿器壁，慢慢倒，不断搅"。若在浓硫酸中继续通入三氧化硫，则会出现"发烟"现象，因此，这种含量超过 98.3% 的硫酸被称为"发烟硫酸"。

某公司购买了一批硫酸产品，它的浓度与购销合同约定的是否一样？是否达到生产使用要求？这时需要质检人员去取样进行检测判定。本任务的目标是测定工业硫酸产品中的 H_2SO_4 含量。

因硫酸是强酸，测定其含量时可用 NaOH 标准溶液直接滴定。其反应式为
$$2NaOH + H_2SO_4 = Na_2SO_4 + 2H_2O$$
可用甲基橙、甲基红或用甲基红—亚甲基蓝混合指示剂指示滴定终点。本任务选用甲基红—亚甲基蓝（pH=5.2 暗红色～pH=5.6 绿色）作为指示剂指示终点。

学习目标	知识目标	1. 了解工业硫酸的性质特点； 2. 写出并配平硫酸与氢氧化钠反应方程式； 3. 熟悉氢氧化钠测定硫酸的原理
	能力目标	1. 能正确取用、稀释硫酸； 2. 会用分析天平进行液体的称量； 3. 能正确判断和控制滴定终点
	素质目标	1. 具有敢于创新的精神； 2. 有团队协作精神

相关知识

3.1　酸碱反应平衡

①什么是酸？什么是碱？②影响化学平衡的因素有哪些？③什么是化学平衡常数？

3.1.1 酸碱质子理论

酸碱质子理论定义：凡是能给出质子的物质就是酸；凡是能接受质子的物质就是碱。这种理论不仅适用于以水为溶剂的体系，而且适用于非水溶剂体系。

按照酸碱质子理论，酸失去一个质子而形成的碱称为该酸的共轭碱；而碱获得一个质子后就生成了该碱的共轭酸。由得失一个质子而发生共轭关系的一对酸碱称为共轭酸碱对，也可直接称为酸碱对，即

$$酸 \rightleftharpoons 质子 + 碱$$

例如：

$$HAc \rightleftharpoons H^+ + Ac^-$$

HAc 是 Ac^- 的共轭酸，Ac^- 是 HAc 的共轭碱。

由此可见，酸碱可以是阳离子、阴离子，也可以是中性分子。

上述各个共轭酸碱对的质子得失反应称为酸碱半反应。而酸碱半反应是不可能单独进行的，酸在给出质子的同时必定有另一种碱来接受质子。对于酸(如 HAc)而言，有

$$HAc(酸_1) + H_2O(碱_2) \rightleftharpoons H_3O^+(酸_2) + Ac^-(碱_1)$$

而对于碱(如 NH_3)而言，有

$$NH_3(碱_1) + H_2O(酸_2) \rightleftharpoons NH_4^+(酸_1) + OH^-(碱_2)$$

通常情况下可以用最简便的反应式来表示，即

$$HAc \rightleftharpoons H^+ + Ac^-$$
$$NH_3 \cdot H_2O \rightleftharpoons NH_4^+ + OH^-$$

酸碱反应的实质是质子的转移过程。

3.1.2 酸碱离解常数

1. 水的质子自递作用

水分子具有两性作用，也就是说，一个水分子可以从另一个水分子中夺取质子而形成 H_3O^+ 和 OH^-，即

$$H_2O(碱_1) + H_2O(酸_2) \rightleftharpoons H_3O^+(酸_1) + OH^-(碱_2)$$

即水分子之间存在质子的传递作用，称为水的质子自递作用。这个作用的平衡常数称为水的质子自递常数，用 K_w 表示，即

$$K_w = [H_3O^+][OH^-]$$

水合质子 H_3O^+ 也常简写作 H^+，因此水的质子自递常数常简写作

$$K_w = [H^+][OH^-]$$

这个常数就是水的离子积，在 25 ℃时约等于 10^{-14}。于是

$$K_w = 10^{-14}, \quad pK_w = 14$$

2. 酸碱离解常数

酸碱反应进行的程度可以用反应的平衡常数(K_t)来衡量。对于酸 HA 而言，其在水溶液中的离解反应与平衡常数是

$$HA + H_2O \rightleftharpoons H_3O^+ + A^-$$

$$K_a = \frac{[H^+][A^-]}{[HA]}$$

平衡常数 K_a 称为酸的离解常数，它是衡量酸强弱的参数。K_a 越大，则表明该酸的酸性越强，它仅随温度的变化而变化，一般是一个常数。

与此类似，对于碱 A^- 而言，它在水溶液中的离解反应与平衡常数是

$$A^- + H_2O \rightleftharpoons HA + OH^-$$

$$K_b = \frac{[HA][OH^-]}{[A^-]}$$

式中，K_b 是衡量碱强弱的尺度，称为碱的离解常数。

由此可见，对于共轭酸碱对 HA—A^- 而言，若酸 HA 的酸性很强，则其共轭碱 A^- 的碱性就必弱。而且，共轭酸碱对的 K_a、K_b 值之间满足

$$K_a K_b = \frac{[H_3O^+][A^-]}{[HA]} \times \frac{[HA][OH^-]}{[A^-]} = [H_3O^+][OH^-] = K_w \quad (3-1)$$

或

$$pK_a + pK_b = pK_w$$

因此，对于共轭酸碱对来说，酸的酸性越强（pK_a 越大），则其对应共轭碱的碱性越弱（pK_b 越小）；反之，酸的酸性越弱（pK_a 越小），则其对应共轭碱的碱性越强（pK_b 越大）。

对于多元酸，它们在水中是分级解离的，有多个共轭酸碱对，它们的 K_a、K_b 值之间的关系如下：

二元酸：$K_{a_1} K_{b_2} = K_{a_2} K_{b_1} = [H^+][OH^-] = K_w$ (3-2)

三元酸：$K_{a_1} K_{b_3} = K_{a_2} K_{b_2} = K_{a_3} K_{b_1} = [H^+][OH^-] = K_w$ (3-3)

3.2 酸碱溶液 pH 值的计算

①什么是溶液 pH 值？②什么是水的离子积常数？③常见的强酸强碱有哪些？

溶液的酸度对许多化学反应都具有重要的影响，酸碱反应中更需要了解溶液的 pH 值变化情况，这对滴定终点控制和测定误差预测有重要的意义。

3.2.1 质子条件

酸碱反应的本质是质子的转移，因此，在处理酸碱反应的平衡问题时要根据共轭酸碱对之间质子转移的平衡关系式来进行计算，即酸碱反应达到平衡时，酸失去的质子数应等于碱得到的质子数。这种质子等衡关系称为质子条件，其数学表达式称为质子条件式。

在书写质子条件式时，先要选择适当的物质作为参考，以它作为考虑质子转移的起点，常称为参考水准或零水准。通常，选择大量存在于溶液中并参加质子转移的物质作为零水准，然后根据质子转移数相等的数量关系写出质子条件式。

例如，在一元弱酸 HA 的水溶液中，大量存在并参与质子转移反应的物质是 HA 和 H_2O，因此选择两者作为零水准，其质子转移情况为

HA 与 H_2O 间质子转移　　　　$HA + H_2O \rightleftharpoons H_3O^+ + A^-$

H₂O 分子间质子转移 $H_2O + H_2O \rightleftharpoons H_3O^+ + OH^-$

根据质子得失数目相等,可写出质子条件如下:

$$[H_3O^+] \rightleftharpoons [A^-] + [OH^-]$$

式中,$[H_3O^+]$ 为 H_2O 得质子后的产物浓度;$[A^-]$ 和 $[OH^-]$ 分别是 HA 和 H_2O 失去质子后产物的浓度。

因此,在选好零水准后,只要将所有得到质子后的产物写在等式的一端,所有失去质子后的产物写在另一端,就得到质子条件式,质子条件式中不出现零水准物质。在处理多元酸碱问题时,对得失质子数多于 1 个的产物要将得失质子的数目作为平衡浓度前的系数。为简化起见,H_3O^+ 以 H^+ 表示。以 H_2CO_3 为例,其质子条件式是

$$[H^+] = [HCO_3^-] + 2[CO_3^{2-}] + [OH^-]$$

这里零水准物质是 H_2CO_3 和 H_2O,CO_3^{2-} 是 H_2CO_3 失去两个质子后的产物,按得失质子数相等的原则,$[CO_3^{2-}]$ 应乘以 2。

3.2.2 酸碱溶液 pH 的计算

1. 强酸、强碱溶液

设浓度为 c 的强酸 HB,其在水溶液中质子的转移反应为

$$HB + H_2O \rightleftharpoons H_3O^+ + B^- \text{(全部解离为 } H_3O^+\text{)}$$
$$H_2O + H_2O \rightleftharpoons H_3O^+ + OH^-$$

质子条件式为

$$[H^+] = [OH^-] + c$$

其意义是当强酸溶液处于平衡状态时,溶液中 H^+(H_3O^+)分别源于 H_2O 和 HB 的解离,根据平衡关系,得到

$$[H^+] = \frac{K_w}{[H^+]} + c$$

$$[H^+]^2 - c \cdot [H^+] - K_w = 0 \tag{3-4}$$

式(3-4)是计算强酸溶液 H^+ 浓度的精确式,按上式计算需解一元二次方程。如果 $c^2 > 20K_w$,则可忽略式中的 $[OH^-]$,则

$$[H^+] \approx c \text{(最简式)} \tag{3-5}$$

对于浓度为 c 的强碱溶液,其 $[OH^-]$ 的计算与强酸情况类似,即

$$[OH^-] = c + [H^+]$$

2. 一元弱酸(碱)溶液

对于一元弱酸 HA 溶液,有下列质子转移反应:

$$HA \rightleftharpoons H^+ + A^-$$
$$H_2O \rightleftharpoons H^+ + OH^-$$

质子条件式为

$$[H^+] = [A^-] + [OH^-]$$

以 $[A^-] = K_a[HA]/[H^+]$ 和 $[OH^-] = K_w/[H^+]$

代入上式可得

$$[H^+]=\frac{K_a[HA]}{[H^+]}+\frac{K_w}{[H^+]}$$

则
$$[H^+]=\sqrt{K_a[HA]+K_w} \tag{3-6}$$

这就是一元弱酸溶液[H^+]的精确计算式,需解三次方程。在实际工作中,通常根据计算[H^+]时的允许误差,对具体情况合理简化,做近似处理。

当 $c/K_a \geqslant 500$ 时,酸的解离度很小,可略去弱酸本身的解离,认为[HA]$\approx c$,则式(3-6)可简化为

$$[H^+]=\sqrt{c\cdot K_a+K_w} \tag{3-7}$$

当 $c\cdot K_a \geqslant 20K_w$ 时,水的解离提供的 H^+ 很小,式中 K_w 项可略去,则

$$[H^+]=\sqrt{K_a[HA]}=\sqrt{K_a(c-[H^+])} \tag{3-8}$$

其展开式为
$$[H^+]=\frac{1}{2}(-K_a+\sqrt{K_a^2+4c\cdot K_a}) \tag{3-9}$$

如果同时满足 $c/K_a \geqslant 500$ 和 $c\cdot K_a \geqslant 20K_w$ 两个条件,式(3-7)可进一步简化为

$$[H^+]=\sqrt{c\cdot K_a}\,(最简式) \tag{3-10}$$

同理,可得到一元弱碱中[OH^-]计算的最简式:

$$[OH^-]=\sqrt{c\cdot K_b} \tag{3-11}$$

【例 3-1】 计算 NH_4Cl 溶液(0.1 mol/L)的 pH 值。

解:NH_3 的 $K_b=1.76\times10^{-5}$,则 NH_4^+ 的 $K_a=\dfrac{K_w}{K_b}=5.7\times10^{-10}$

由于 $c\cdot K_a > 20K_w$, $c/K_a=\dfrac{0.10}{5.7\times10^{-10}} > 500$,故可按最简式计算:

$$[H^+]=\sqrt{c\cdot K_a}=\sqrt{5.7\times10^{-10}\times0.10}=7.5\times10^{-6}(mol/L)$$

$$pH=5.13$$

【例 3-2】 计算 0.10 mol/L 一氯乙酸($CH_2ClCOOH$)溶液的 pH 值。

解:已知 $K_a=1.38\times10^{-3}$

$$c\cdot K_a=0.10\times1.38\times10^{-3}>20K_w$$

$c/K_a=0.10/1.38\times10^{-3}<500$,故采用近似式(3-9)计算

$$[H^+]=\frac{1}{2}(-K_a+\sqrt{K_a^2+4c\cdot K_a})=1.1\times10^{-2}(mol/L)$$

$$pH=1.96$$

3. 两性物质溶液

有一类物质(如 $NaHCO_3$、NaH_2PO_4 等)在水溶液中,既能给出质子显出酸性,又能接受质子显出碱性,这类物质都是两性物质。

以浓度为 c 的 NaHA 为例,该溶液的质子条件式为

$$[H^+]+[H_2A]=[A^{2-}]+[OH^-]$$

以平衡常数 K_{a_1}、K_{a_2} 代入上式,得

$$[H^+]+\frac{[H^+][HA^-]}{K_{a_1}}=\frac{K_{a_2}[HA^-]}{[H^+]}+\frac{K_w}{[H^+]}$$

整理得 $$[H^+]=\sqrt{\frac{K_{a_1}(K_{a_2}[HA^-]+K_w)}{K_{a_1}+[HA^-]}} \quad (\text{精确式}) \qquad (3-12)$$

式(3-9)为精确计算式，此式中$[HA^-]$未知，直接计算有困难，若K_{a_1}与K_{a_2}相差较大，则$[HA^-]\approx c$；又若$c\cdot K_{a_2}>20K_w$，则可忽略K_w，上式简化为

$$[H^+]=\sqrt{\frac{K_{a_2}c}{1+c/K_{a_1}}} \quad (\text{近似式}) \qquad (3-13)$$

再若$c/K_{a_1}>20$，可忽略分母中的1，则进一步简化为

$$[H^+]=\sqrt{K_{a_1}\times K_{a_2}} \quad (\text{最简式}) \qquad (3-14)$$

【例 3-3】 计算 0.050 mol/L $NaHCO_3$ 溶液的 pH 值。

解：已知 $pK_{a_1}=6.38$，$pK_{a_2}=10.25$。因为

$$c\cdot K_{a_2}=0.050\times 10^{-10.25}=10^{-11.55}>20K_w$$
$$c/K_{a_1}=0.050/10^{-6.83}>20$$

故采用最简式计算
$$[H^+]=\sqrt{K_{a_1}\times K_{a_2}}$$
$$=\sqrt{10^{-6.38-10.25}}$$
$$=10^{-8.32}(\text{mol/L})$$
$$pH=8.32$$

【例 3-4】 分别计算 0.05 mol/L NaH_2PO_4 和 0.033 mol/L Na_2HPO_4 溶液的 pH 值。

解：查表得 H_3PO_4 的 $pK_{a_1}=2.12$，$pK_{a_2}=7.20$，$pK_{a_3}=12.36$。

NaH_2PO_4 和 Na_2HPO_4 都属两性物质，但是它们的酸性和碱性都比较弱，可以认为平衡浓度等于总浓度。

(1) 对于 0.05 mol/L NaH_2PO_4 溶液。
$$c\cdot K_{a_2}=0.05\times 10^{-7.20}>20K_w$$
$$c/K_{a_1}=0.050/10^{-2.12}<20$$

所以应采用式(3-13)计算
$$[H^+]=\sqrt{\frac{0.05\times 10^{-7.20}}{1+0.05/10^{-2.12}}}=2.0\times 10^{-5}(\text{mol/L})$$
$$pH=4.70$$

(2) 对于 0.033 mol/L Na_2HPO_4 溶液。HPO_4^{2-} 做两性物质所涉及的常数是 K_{a_2} 和 K_{a_3}，应将有关公式中的 K_{a_1} 和 K_{a_2} 分别改换成 K_{a_2} 和 K_{a_3}。
$$c\cdot K_{a_3}=0.033\times 10^{-12.36}=1.45\times 10^{-14}\approx K_w$$
$$c/K_{a_2}=0.033/10^{-7.20}>20$$

可见式(3-9)中的 K_w 项不能略去，而分母中的 1 可略去，因此

$$[H^+]=\sqrt{\frac{cK_{a_3}+K_w}{c/K_{a_2}}}=\sqrt{\frac{0.033\times 10^{-12.36}+1.0\times 10^{-14}}{0.033/10^{-7.20}}}=2.2\times 10^{-10}(\text{mol/L})$$
$$pH=9.66$$

4. 多元酸(碱)溶液

以浓度为 c 的二元酸 H_2A 为例，其溶液的质子条件式为
$$[H^+]=[HA^-]+2[A^{2-}]+[OH^-]$$

溶液为酸性，[OH⁻]项可略去。再由有关平衡常数得

$$[H^+] = \frac{K_{a_1} \times [H_2A]}{[H^+]} + \frac{2K_{a_1} \times K_{a_2} \times [H_2A]}{[H^+]^2}$$

整理得

$$[H^+] = \frac{K_{a_1} \cdot [H_2A]}{[H^+]} \left(1 + \frac{2K_{a_2}}{[H^+]}\right)$$

若 K_{a_2} 很小，则 $2K_{a_2}/[H^+] \ll 1$，可将其略去，即忽略 H_2A 的第二步解离，上式可简化为

$$[H^+] = \sqrt{K_{a_1} \times [H_2A]} \quad （近似式） \tag{3-15}$$

如果 $c/K_{a_2} > 500$，可进一步简化为

$$[H^+] = \sqrt{K_{a_1} \times c} \quad （最简式） \tag{3-16}$$

多元碱溶液的 pH 值可同样仿照多元酸的处理方法。

【例 3-5】 计算 0.10 mol/L 的丁二酸溶液的 pH 值。

解：已知 $pK_{a_1} = 4.21$，$pK_{a_2} = 5.64$，先按一元酸处理，因为

$$c/K_{a_2} = 0.10/10^{-4.21} > 500$$

故采用最简式(3-16)计算

$$[H^+] = \sqrt{K_{a_1} \times c} = \sqrt{10^{-4.21} \times 0.10} = 10^{-2.61} \text{(mol/L)}$$

此时

$$2K_{a_2}/[H^+] = \frac{2 \times 10^{-5.64}}{10^{-2.61}} = 2 \times 10^{-3.03} \ll 1$$

因此按一元酸处理是合理的，该溶液的 pH 值为 2.61。

3.3 酸碱缓冲溶液

> **想一想**
>
> ①什么是两性物质溶液？②反应过程产生酸或碱，使体系 pH 值不断变化，影响了反应平衡怎么办？

凡能抵御因加入酸或碱及因受到稀释而造成 pH 值显著改变的溶液，称为缓冲溶液。

3.3.1 酸碱缓冲溶液的分类

酸碱缓冲溶液大多是具有一定浓度共轭酸碱对的溶液，如 HAc~NaAc、$NH_3 \cdot H_2O$~NH_4Cl 等；一些较浓的强酸或强碱，也可作为缓冲溶液，如 0.1 mol/L 的 HCl 溶液、0.1 mol/L 的 NaOH 溶液等。在实际工作中，前者最常用。除此之外，还有标准缓冲溶液。标准缓冲溶液是用来校正酸度计的，它大多由逐级离解常数相差较小的两性物质组成（如酒石酸氢钾、邻苯二甲酸氢钾等），其 pH 值是在一定温度下准确地经过试验来确定的。

常用缓冲溶液见表3-1。

表3-1 常用的缓冲溶液

编号	缓冲溶液名称	酸的存在形态	碱的存在形态	pK_a	可控制的pH范围
1	氨基乙酸—HCl	$^+NH_3CH_2COOH$	$^+NH_3CH_2COO^-$	2.35 (pK_{a1})	1.4~3.4
2	一氯乙酸—NaOH	$CH_2ClCOOH$	CH_2ClCOO^-	2.86	1.9~3.9
3	邻苯二甲酸氢钾—HCl	邻-COOH, COOH	邻-COO⁻, COOH	2.95 (pK_{a1})	2.0~4.0
4	甲酸—NaOH	$HCOOH$	$HCOO^-$	3.76	2.8~4.8
5	HOAc—NaOAc	HOAc	OAc^-	4.74	3.8~5.8
6	六亚甲基四胺—HCl	$(CH_2)_6N_4H^+$	$(CH_2)_6N_4$	5.15	4.2~6.2
7	NaH_2PO_4—Na_2HPO_4	$H_2PO_3^-$	HPO_4^{2-}	7.20 (pK_{a2})	6.2~8.2
8	NaB_4O_7—HCl	H_3BO_4	$H_2BO_3^-$	9.24	8.0~9.0
9	NH_4Cl—NH_3	NH_4^+	NH_3	9.26	8.3~10.3
10	氨基乙酸—NaOH	$^+NH_3CH_2COO^-$	$NH_2CH_2COO^-$	9.60	8.6~10.6
11	$NaHCO_3$—Na_2CO_3	HCO_3^-	CO_3^{2-}	10.25	9.3~11.3
12	Na_2HPO_4—NaOH	HPO_4^{2-}	PO_4^{3-}	12.32	11.3~12.0

3.3.2 酸碱缓冲溶液中pH值的计算

常用的缓冲溶液大多是由弱酸及其共轭碱或弱碱及其共轭酸所组成。现以弱酸HA及其共轭碱NaA组成的缓冲溶液为例,计算其pH值。

设弱酸HA及共轭碱NaA的总浓度分别为c_a和c_b,当以HA和H_2O为零水准时,其质子条件式为

$$[H^+]=[A^-]-c_b+[OH^-] \quad 或 \quad [A^-]=c_b-[H^+]+[OH^-]$$

当以A^-和H_2O为零水准时,其质子条件式为

$$[H^+]+[HA]-c_a=[OH^-] \quad 或 \quad [HA]=c_a+[OH^-]-[H^+]$$

由于弱酸的解离平衡式为

$$[H^+]=\frac{[HA]}{[A^-]}\times K_a$$

将[HA]和[A⁻]的平衡浓度代入,得[H⁺]的精确计算式:

$$[H^+]=K_a\frac{c_a+[OH^-]-[H^+]}{c_b+[H^+]-[OH^-]} \tag{3-17}$$

当溶液呈酸性时,$[H^+]>[OH^-]$,则式(3-17)简化为

$$[H^+]=K_a\frac{c_a-[H^+]}{c_b+[H^+]} \tag{3-18}$$

当溶液呈碱性时，$[OH^-]>[H^+]$，则式(3-17)简化为

$$[H^+]=K_a\frac{c_a+[OH^-]}{c_b-[OH^-]} \quad 或 \quad [OH^-]=K_b\frac{c_b-[OH^-]}{c_a+[OH^-]} \tag{3-19}$$

当弱酸及其共轭碱的分析浓度较大时，即同时满足

$$c_a>[OH^-]-[H^+], \qquad c_b>[H^+]-[OH^-]$$

则可进一步简化为最简式

$$[H^+]=K_a\frac{c_a}{c_b} \tag{3-20}$$

这就是常用弱酸-弱酸盐组成的缓冲溶液$[H^+]$的计算式。计算时先按最简式计算，然后将$[H^+]$或$[OH^-]$和c_a或c_b相比，检验忽略是否合理。若不合理，再用近似式计算。

【例 3-6】 计算以下溶液的 pH 值。

(1) 0.040 mol/L HAc 和 0.060 mol/L NaAc 的混合溶液。

(2) 0.080 mol/L 二氯乙酸和 0.12 mol/L 二氯乙酸钠的混合溶液(已知 HAc 的 pK_a=4.76，二氯乙酸的 pK_a=1.26)。

解 (1)先按最简式(3-20)计算

$$[H^+]=K_a\frac{c_a}{c_b}=10^{-4.76}\times\frac{0.040}{0.060}=10^{-4.94}(mol/L)$$

因为$[H^+]\ll c_a$、$[H^+]\ll c_b$，用最简式计算是合理的，结果是正确的，即 pH=4.94。

(2) $[H^+]=\frac{0.080}{0.12}\times 10^{-1.26}=10^{-1.44}(mol/L)$

将$[H^+]$与c_a、c_b相比，均很接近。因此忽略$[H^+]$是不合理的，应采用近似式(3-18)计算

$$[H^+]=K_a\frac{c_a-[H^+]}{c_b+[H^+]}=10^{-1.26}\times\frac{0.080-[H^+]}{0.12+[H^+]}(mol/L)$$

解此一元二次方程，得

$$[H^+]=10^{-1.65}(mol/L)$$

$$pH=1.65$$

【例 3-7】 将 50 mL、0.30 mol/L NaOH 与 100 mL、0.45 mol/L 的 HAc 溶液混合，假设混合后总体积为混合前体积之和。计算所得缓冲溶液的 pH 值。

解：NaOH 与 HAc 反应生成 NaAc，还有过剩的 HAc 存在，所以该混合液是缓冲溶液。

$$c_b=\frac{0.30\times 50}{50+100}=0.10(mol/L)$$

$$c_a=\frac{0.45\times 100-0.30\times 50}{50+100}=0.20(mol/L)$$

则

$$[H^+]=K_a\frac{c_a}{c_b}$$

$$=1.75\times 10^{-5}\times\frac{0.20}{0.10}$$

$$=10^{-4.46}(mol/L)$$

$$pH=4.46$$

3.3.3 缓冲容量与缓冲范围

1. 缓冲容量

当往缓冲溶液中加入少量强酸或强碱，或者将其稍加稀释时，溶液的 pH 值基本不发生变化。而当加入的强酸浓度接近缓冲体系共轭碱的浓度，或加入的强碱浓度接近缓冲体系中共轭酸的浓度时，缓冲溶液的缓冲能力即将消失。这说明，缓冲溶液的缓冲能力是有一定大小的。

缓冲溶液的缓冲能力以缓冲容量 β 表示，它的物理意义：使 1 L 溶液的 pH 值增加 1 个 pH 值单位时，所需强碱(OH^-)的物质的量，或使 pH 值减少 1 个 pH 值单位时，所需加入强酸(H^+)的物质的量。

缓冲溶液的缓冲容量 β 值取决于溶液的性质、浓度和 pH 值。对缓冲容量而言，①缓冲物质的总浓度越大，缓冲容量也越大，过分稀释将导致缓冲能力显著下降；②在缓冲物质总浓度不变的前提下，当弱酸与共轭碱或弱碱与共轭酸的浓度比为 1∶1 时，缓冲体系的缓冲容量最大。

2. 缓冲范围

对于弱酸及其共轭碱缓冲体系而言：

当 $c_a:c_b=1:10$ 或 $10:1$，即 $pH=pK_a\pm1$ 时，其缓冲容量为最大值的 1/3；

当 $c_a:c_b=1:100$ 或 $100:1$，即 $pH=pK_a\pm2$ 时，其缓冲容量仅为最大值的 1/25。

由此可见，弱酸及其共轭碱缓冲体系的有效缓冲范围在 pH 值为 $pK_a\pm1$ 的范围，即约有两个 pH 值单位。如 HAc—NaAc 缓冲体系，$pK_a=4.76$，其缓冲范围是 pH$=4.76\pm1$。

同上所述，对于弱碱及其共轭酸缓冲体系而言，其有效缓冲范围也在 pH 值为 $(pK_b\pm1)$ 的范围，也是有两个 pH 值单位。如 $NH_3 \cdot H_2O$—NH_4Cl 缓冲体系，$pK_b=4.74$，其缓冲范围 pH$=9.26\pm1$。

但强酸或强碱溶液的缓冲范围只在低 pH 区或高 pH 区，在 pH$=3\sim11$ 基本没有缓冲能力。

3.3.4 缓冲溶液的选择

在分析化学中，用于控制溶液酸度的缓冲溶液很多，通常根据实际情况选用不同的缓冲溶液。缓冲溶液的选择原则如下：

(1)缓冲溶液对测量过程应没有干扰；

(2)所需控制的 pH 值应在缓冲溶液的缓冲范围之内。

(3)缓冲溶液应有足够的缓冲容量以满足实际工作需要。

(4)组成缓冲溶液的物质应低价易得，避免污染环境。

🔵 任务准备

1. 明确实验步骤

(1)领取或配制试剂。

1)0.5 mol/L NaOH 标准溶液；

2)工业硫酸试样；

3)甲基红—亚甲基蓝混合指示剂：0.12 g 甲基红和 0.08 g 亚甲基蓝溶于 100 mL 乙醇。

(2)工业硫酸含量的测定。用已称量的带磨口盖的小称量瓶称取约 0.7 g 试样，精确到 0.000 1 g，将称量瓶和试料一起小心移入盛有 50 mL 水的 250 mL 锥形瓶，冷却至室温。向试液中加入 2～3 滴甲基红—亚甲基蓝混合指示剂，用氢氧化钠标准滴定溶液滴定至溶液呈灰绿色为终点。记录消耗 0.1 mol/L NaOH 标准溶液的体积。平行测定 2～4 次。

工业硫酸含量的测定

2. 列出任务要素

(1)检测对象_____

(2)检测项目_____

(3)依据标准_____

3. 制订试验计划

(1)填写药品领取单(一般溶液需自己配制，标准滴定溶液可直接领取)。

序号	药品名称	等级或浓度	个人用量/g 或 mL	小组用量/g 或 mL	使用安全注意事项

(2)填写仪器清单(个人)。

序号	仪器名称	规格	数量

任务实施

1. 领取药品，组内分工配制溶液

序号	溶液名称及浓度	体积/mL	配制方法	负责人

2. 领取仪器，各人负责清洗干净

清洗后，玻璃仪器内壁：□都不挂水珠　　　□部分挂水珠　　　□都挂水珠

3. 独立完成试验，填写数据记录

试验日期：　　年　　月　　日　　　　　水温：　　℃

内容 \ 测定次数		1	2	3
称量瓶＋硫酸（第一次读数）				
称量瓶＋硫酸（第二次读数）				
硫酸样品的质量 m/g				
测定试验	滴定管初读数/mL			
	滴定管终读数/mL			
	滴定消耗 NaOH 溶液的体积 V/mL			
硫酸的浓度/%				
硫酸浓度平均值/%				
平行测定结果的相对极差/%				

硫酸含量按下式计算：

$$X = \frac{V \times c \times 0.049\,04}{m \times (10/100)} \times 100$$

式中，X 为硫酸百分含量(%)；V 为滴定消耗 NaOH 标准溶液的量(mL)；c 为 NaOH 标准溶液的物质的量浓度(mol/L)；0.049 04 为与 1.00 mL 氢氧化钠标准溶液[$c(NaOH) = 1.000$ mol/L]相当的以克表示的硫酸的质量。

※注意事项

(1)硫酸是强酸，具有腐蚀性，而且能够灼伤皮肤，所以，取用和称量样品时要严防溅出伤人。

(2)浓硫酸具有吸水性，在称样时应注意把胶帽滴瓶的滴头塞紧，同时应防止硫酸样品沾附在胶帽滴瓶外，否则会影响称量的准确度。

4. 检查评价

根据以上试验操作和数据计算结果，进行自评、小组内互评，教师考核评价，完成任务考核评价表的填写。

项目	评分标准	分值	自评/30%	互评/30%	师评/40%	合计
称量	称量范围±10%以内；有洒落，0分	10				
滴定管使用	按照洗涤—润洗—装液顺序使用，滴定速度 3～6 mL/min	15				
滴定终点控制	能控制终点溶液颜色为灰绿色	15				

续表

项目	评分标准	分值	自评/30%	互评/30%	师评/40%	合计
滴瓶使用操作	能正确拿、捏、放	5				
结果计算	能根据公式正确计算出结果	30				
试验结果相对极差	<0.2%，不扣分；≥0.2%，扣5分；≥0.4%，扣10分；≥0.6%，扣15分；≥0.8%，扣20分；≥1.0%，扣25分	25				
最后得分						

技能总结

1. 液体称量操作；
2. 滴定管的使用；
3. 溶液稀释操作；
4. 防腐蚀保护；
5. 指示剂暗红色、灰绿、绿色终点变色判断和控制。

拓展阅读

酸碱理论发展史

人类对于酸碱的认识经历了漫长的时间。最初人们将有酸味的物质叫作酸，有涩味的物质叫作碱。17世纪，英国化学家波义耳将植物汁液提取出作为指示剂，大量试验总结后，波义耳提出了最初的酸碱理论：能使石蕊试液变红的物质叫作酸；能使石蕊试液变蓝的物质叫作碱。这种定义比以往的要科学许多，但仍有漏洞，如一些酸和碱反应后的产物仍带有酸或碱的性质。此后，拉瓦锡、戴维、李比希等科学家对此观点进一步进行补充，逐渐触及酸碱的本质，但仍然没有能给出一个完善的理论。

1887年，瑞典科学家阿伦尼乌斯总结大量事实，提出了关于酸碱的本质观点——酸碱电离理论。在酸碱电离理论中，酸碱的定义：凡在水溶液中电离出的阳离子全部是H^+的物质叫作酸；电离出的阴离子全部是OH^-的物质叫作碱，酸碱反应的本质是H^+与OH^-结合生成水的反应。

1923年，布朗斯特和劳里提出了酸碱质子理论，对应的酸碱定义：凡是能够给出质子(H^+)的物质都是酸；凡是能够接受质子的物质都是碱。由此可以看出，酸碱的范围不再局限于电中性的分子或离子化合物，带电的离子也可称为"酸"或"碱"。目前高校教科书中大多采用此理论。

可见，真正的科学学说是人们不断质疑、大胆创新和验证得来的，科学的进步离不开质疑和创新。正如2020年习近平在科学家座谈会上的讲话所说，科技创新特别是原始创新要有创造性思辨的能力、严格求证的方法，不迷信学术权威，不盲从既有学说，敢于大胆质疑，认真实证，不断试验。原创一般来自假设和猜想，是一个不断观察、思考、假设、试验、求证、归纳的复杂过程，而不是简单的归纳。假设和猜想的创新性至关重要。爱因斯坦说过："提出一个问题往往比解决一个问题更重要。"

练一练

1. 0.10 mol/L 的 HAc 溶液的 pH 值为(　　)($K_a=1.8\times10^{-5}$)。
   A. 4.74　　　　B. 2.88　　　　C. 5.3　　　　D. 1.8

2. NH_3 的 $K_b=1.8\times10^{-5}$，0.1 mol/L NH_3 溶液的 pH 值为(　　)。
   A. 2.87　　　　B. 2.22　　　　C. 11.13　　　　D. 11.78

3. 0.1 mol/L NH_4Cl 溶液的 pH 值为(　　)(氨水的 $K_b=1.8\times10^{-5}$)。
   A. 5.13　　　　B. 6.13　　　　C. 6.87　　　　D. 7

4. 0.20 mol/L 的某碱溶液，其溶液的 pH 值为(　　)($K_b=4.2\times10^{-4}$)。
   A. 2.04　　　　B. 11.96　　　　C. 4.08　　　　D. 9.92

5. pH=5 的盐酸溶液和 pH=12 的氢氧化钠溶液等体积混合后溶液的 pH 值是(　　)。
   A. 5.3　　　　B. 7　　　　C. 10.8　　　　D. 11.7

6. pH=5 和 pH=3 的两种盐酸以 1+2 体积比混合，混合溶液的 pH 值是(　　)。
   A. 3.17　　　　B. 10.1　　　　C. 5.3　　　　D. 8.2

7. 欲配制 pH=5.0 的缓冲溶液，应选用的一对物质是(　　)。
   A. HAc($K_a=1.8\times10^{-5}$)—NaAc　　　B. HAc—NH_4Ac
   C. $NH_3\cdot H_2O$($K_b=1.8\times10^{-5}$)—NH_4Cl　　D. KH_2PO_3—Na_2HPO_4

8. HAc—NaAc 缓冲溶液 pH 值的计算公式为(　　)。
   A. $[H^+]=[K_{HAc}\times c(HAc)]^{1/2}$
   B. $[H^+]=[K_{HAc}\times c(HAc)]/[c(NaHAc)]$
   C. $[H^+]=(K_{a_1}K_{a_2})^{1/2}$
   D. $[H^+]=c(HAc)$

9. 测定工业硫酸试样的含量所用的标准溶液是(　　)。
   A. 盐酸标准溶液　　　　　　　　B. 醋酸标准溶液
   C. 氢氧化钠标准溶液　　　　　　D. 碳酸钠标准溶液

10. 用氢氧化钠标准溶液滴定工业硫酸试样时所用的指示剂是(　　)。
    A. 酚酞　　　　　　　　　　　　B. 甲基红—亚甲基蓝混合指示剂
    C. 甲基红　　　　　　　　　　　D. 亚甲基蓝

11. 用 0.10 mol/L NaOH 滴定 H_2SO_4 试液至终点，H_2SO_4 的基本单元是(　　)。
    A. H_2SO_4　　　B. $1/2H_2SO_4$　　　C. $1/3H_2SO_4$　　　D. $2H_2SO_4$

12. 准确移取 25.00 mL H_2SO_4 溶液，用 0.100 0 mol/L NaOH 标准溶液滴定，到达化学计量点时，消耗 NaOH 溶液的体积为 25.00 mL，H_2SO_4 溶液浓度为(　　)mol/L。
    A. 0.050 00　　　B. 0.100 0　　　C. 0.200 0　　　D. 0.150 0

13. 准确称取 0.500 6 g 工业硫酸试液，用 0.100 0 mol/L NaOH 标准溶液滴定，到达化学计量点时，消耗 NaOH 溶液的体积为 25.00 mL，则硫酸试液中 H_2SO_4 的含量为(　　)[$M(H_2SO_4)=98.078$]。
    A. 12.25%　　　B. 48.98%　　　C. 97.96%　　　D. 24.49%

任务 4　测定工业烧碱中氢氧化钠和碳酸钠的含量

任务分析

氢氧化钠俗称烧碱，是重要的化工产品，广泛应用于化工、轻工、纺织、制药、国防、科研、农业等部门。因此，氢氧化钠是重要的基础工业原料，在国民经济中占有重要的地位。氢氧化钠属于强碱，具有强烈的腐蚀性，常温下30%的烧碱为液体。烧碱与酸接触能发生剧烈反应，放出大量的热量，能腐蚀金属，侵蚀某些塑料、橡胶和涂料等。目前，离子膜法电解制碱工艺是世界上工业化生产烧碱中最先进的工艺方法，其本质就是电解饱和的NaCl溶液，电解槽的阴阳极用离子膜隔开(该离子膜对阴阳离子具有选择透过性，即只让阳离子穿过或只让阴离子穿过)，因此称为离子膜法。

烧碱在生产、储存、运输过程中，常因吸收空气中的CO_2，而含有少量的Na_2CO_3，因此，烧碱中NaOH和Na_2CO_3含量的测定通常是质检的必检项目。

目前，工业烧碱中NaOH和Na_2CO_3含量的测定，通常采用氯化钡沉淀碳酸钠的方法和双指示剂法。氯化钡沉淀碳酸钠的方法的本质是先测定样品的总碱量，然后另取样，在样品中加入过量的$BaCl_2$溶液，让Na_2CO_3变成$BaCO_3$沉淀后再测定NaOH含量，总碱量减去NaOH含量就得到Na_2CO_3含量。这个方法比较准确，但很费时，所以，在工业分析中多采用双指示剂法。本任务也是采用双指示剂法测定烧碱中NaOH和Na_2CO_3的含量。双指示剂法的原理是用盐酸标准溶液测定工业烧碱中NaOH及Na_2CO_3含量，滴定过程中有两个pH突跃，即有两个化学计量点，当滴定到达第一个化学计量点(pH=8.3)时，发生如下反应：

$$NaOH + HCl = NaCl + H_2O$$
$$Na_2CO_3 + HCl = NaHCO_3 + NaCl$$

继续滴定到达第二个化学计量点(pH=3.89)时，发生的反应如下：

$$NaHCO_3 + HCl = NaCl + H_2O + CO_2 \uparrow$$

设到达第一个化学计量点时所消耗的盐酸体积为V_1，从第一个化学计量点到达第二个化学计量点时，消耗的盐酸体积为V_2，那么，从上面的反应关系可知：Na_2CO_3完全被中和所消耗盐酸体积为$2V_2$；NaOH被中和所消耗盐酸体积为(V_1-V_2)，据此，就可以分别计算出烧碱样品中NaOH和Na_2CO_3的含量。根据酸碱指示剂的变色特点，可以选用酚酞指示剂指示第一化学计量点，用甲基橙指示剂指示第二化学计量点。

学习目标	知识目标	1. 了解工业烧碱的性质特点； 2. 写出并配平盐酸与氢氧化钠、碳酸钠反应方程式； 3. 熟悉双指示剂法测定原理； 4. 掌握烧碱中氢氧化钠和碳酸钠含量的计算
	能力目标	1. 会配制烧碱样品； 2. 能正确操作双指示剂法滴定
	素质目标	1. 养成"量变"引起"质变"的辩证思维； 2. 能脚踏实地、有步骤、分阶段地一步步完成量的积累

相关知识

4.1 酸碱滴定原理

想一想

①滴定中逐滴加入溶液，到达终点后读数，得到的测定结果会符合误差要求吗？②是否只要是酸碱反应，就可以利用滴定分析测定？

在酸碱滴定中，重要的是要估计被测定物质能否准确被滴定，在滴定过程中溶液的 pH 值变化情况，以及如何选择合适的指示剂来确定滴定终点。为了表征滴定反应过程的变化规律性，通过试验或计算方法记录滴定过程中 pH 值随标准溶液体积或反应完全程度变化的图形，即可得到滴定曲线。滴定曲线在滴定分析中不但可以从理论上解释滴定过程的变化规律，对指示剂的选择更具有重要的实际意义。下面介绍几种基本类型的酸碱滴定过程中 pH 值的变化规律及指示剂的选择方法。

4.1.1 强酸、强碱的滴定

强酸与强碱相互滴定的基本反应为

$$H^+ + OH^- \rightleftharpoons H_2O$$

反应的平衡常数称为滴定反应常数，以 K_t 表示。

$$K_t = \frac{1}{[H^+][OH^-]} = \frac{1}{K_w} = 1.00 \times 10^{14} \quad (25\ ℃)$$

K_t 是所有酸碱滴定中最大的滴定反应常数，说明强酸和强碱的反应完全程度最高。

现以 0.100 0 mol/L NaOH 溶液滴定 20.00 mL 0.100 0 mol/L HCl 溶液为例，在滴定过程中的 pH 值可分为四个阶段进行计算。具体如下。

(1) 滴定前。溶液 pH 值由原 HCl 溶液的浓度计算：

$$c(H^+) = 0.100\ 0\ mol/L$$

$$pH=1.00$$

(2)滴定开始至化学计量点前。随着 NaOH 的不断滴入,溶液中[H⁺]逐渐减少,溶液的 pH 值大小取决于剩余 HCl 的量和溶液的体积。

当加入 18.00 mL NaOH 溶液时,溶液中

$$c(H^+)=0.1000\ mol/L \times \frac{20.00\ mL-18.00\ mL}{20.00\ mL+18.00\ mL}=5.26\times 10^{-3}\ mol/L$$

$$pH=2.28$$

当加入 19.98 mL NaOH 溶液时,溶液中

$$c(H^+)=0.1000\ mol/L \times \frac{20.00\ mL-19.98\ mL}{20.00\ mL+19.98\ mL}=5.00\times 10^{-5}\ mol/L$$

$$pH=4.30$$

(3)化学计量点时。滴入的 20.00 mL NaOH 溶液与 HCl 全部反应,溶液呈中性。

$$c(H^+)=c(OH^-)=1.00\times 10^{-7}\ mol/L$$

$$pH=7.00$$

(4)化学计量点后。溶液的 pH 值由过量的 NaOH 的量和溶液的体积来决定。

当加入 20.02 mL NaOH 溶液时:

$$c(OH^-)=0.1000\ mol/L \times \frac{20.02\ mL-20.00\ mL}{20.02\ mL+20.00\ mL}=5.00\times 10^{-5}\ mol/L$$

$$pOH=4.30$$

$$pH=14-pOH=14-4.30=9.70$$

如此逐一计算,将计算结果列于表 4-1。

表 4-1 0.1000 mol/L NaOH 溶液滴定 20.00 mL 0.1000 mol/L HCl 的 pH 值变化

加入的 NaOH 溶液		剩余 HCl 体积 V/mL	过量 NaOH 体积 V/mL	溶液的 $c(H^+)$ /(mol·L⁻¹)	溶液的 pH 值
%	mL				
0	0.00	20.00		1.00×10^{-1}	1.00
90.0	18.00	2.00		5.26×10^{-3}	2.28
99.0	19.80	0.20		5.02×10^{-4}	3.30
99.9	19.98	0.02		5.00×10^{-5}	4.30
100.0	20.00	0.00		1.00×10^{-7}	7.00
100.1	20.02		0.02	2.00×10^{-10}	9.70
101.0	20.20		0.20	2.00×10^{-11}	10.70
110.0	22.00		2.00	2.10×10^{-12}	11.70
200.0	40.00		20.00	5.00×10^{-13}	12.50

如果以 NaOH 加入量为横坐标,以溶液的 pH 值为纵坐标作图,所得 pH-V 曲线(图 4-1)就是强碱滴定强酸的滴定曲线。

从图 4-1 滴定曲线得出如下几个结论。

(1)滴定前期,即 NaOH 溶液加入量在 19.98 mL 以前,曲线较为平坦,pH 值为 1.00~4.31。

(2) 等当点前后，等当点前后是指 NaOH 加入量从 19.98 mL 增加到 20.02 mL，即 NaOH 溶液从不足 0.02 mL 到过量 0.02 mL，总共 0.04 mL（约 1 滴）。则 pH 值从 4.30 增加到 9.70，改变 5.4 个 pH 单位，溶液由酸性变为碱性。计量点前后由 1 滴滴定剂所引起的溶液 pH 值的急剧变化，称为滴定突跃，突跃过程所对应的 pH 值范围称为滴定突跃范围。

(3) 等当点后，由于滴定剂的过量，pH 值变化由快转慢，曲线是由倾斜逐渐变为平坦。

(4) 强酸滴定强碱的滴定曲线与强碱滴定强酸的滴定曲线相对称，pH 值变化则相反。例如，用 0.100 0 mol/L HCl 滴定 0.100 0 mol/L、20.00 mL NaOH 的滴定曲线如图 4-2 所示。滴定突跃范围为 9.70～4.30。

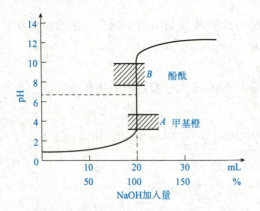

图 4-1　NaOH 液(0.100 0 mol/L)滴定 HCl 液
(0.100 0 mol/L)20.00 mL 的滴定曲线

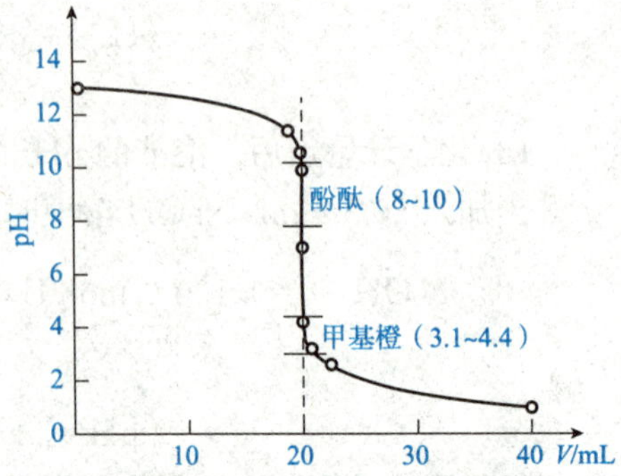

图 4-2　0.100 0 mol/L HCl 滴定
0.100 0 mol/L NaOH 的滴定曲线

滴定突跃范围是选择酸碱指示剂的依据，凡是变色范围全部或部分在滴定突跃范围内的指示剂都可用来指示滴定终点。从图 4-1 可以看出，选用酚酞、甲基橙、甲基红均可。

滴定突跃范围的大小还与滴定溶液的浓度有关，如图 4-3 所示。溶液越浓，突跃范围越大；溶液越稀，突跃范围越小。因此，指示剂的选择受到浓度的限制。例如，当用 0.010 00 (mol/L) NaOH 溶液滴定 0.010 00 (mol/L) HCl 溶液，由于滴定突跃范围为 5.30～8.30，甲基橙不再适用了。

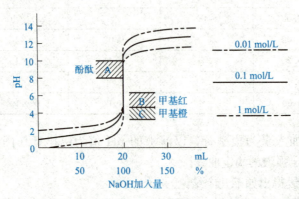

图 4-3　不同浓度 NaOH 溶液滴定不同浓度 HCl 溶液 20.00 mL 的滴定曲线

4.1.2 强碱(酸)滴定一元弱酸(碱)

强碱(酸)滴定一元弱酸(碱)包括强酸滴定一元弱碱和强碱滴定一元弱酸。其化学计量点的pH值取决于其共轭酸或共轭碱溶液的酸度,其滴定反应分别是

$$BOH + H^+ = H_2O + B^+ \qquad K_t = \frac{K_b}{K_w}$$

$$HA + OH^- = H_2O + A^- \qquad K_t = \frac{K_a}{K_w}$$

故滴定反应常数比强酸滴定的反应常数小,说明反应的完全程度较前类滴定差,而且酸碱越弱(K_a和K_b越小),K_t越小,逆反应加大,到一定限度时,准确滴定就不可能了。

现以 0.100 0 (mol/L) NaOH 滴定 20.00 mL、0.100 0 (mol/L) HAc 溶液为例,其反应为

$$HAc + OH^- \rightleftharpoons Ac^- + H_2O$$

(1) 滴定前。溶液为 0.100 0(mol/L)HAc,因 $K_a \cdot c > 20K_w$,$c/K_a > 500$,则用最简式$[H^+] = \sqrt{c \cdot K_a}$,将数值代入后计算得$[H^+] = 1.34 \times 10^{-3}$ mol/L,pH=2.87。

(2) 滴定开始至化学计量点前。滴入的 NaOH 溶液与 HAc 反应生成 NaAc,同时,还有剩余的 HAc。此时溶液组成为 HAc—Ac⁻ 缓冲体系,溶液 pH 值按下式计算:

$$pH = pK_a + \lg \frac{c(Ac^-)}{c(HAc)}$$

例如,当滴入 NaOH 溶液为 19.98 mL 时:

$$c(HAc) = 0.100\ 0\ mol/L \times \frac{20.00\ mL - 19.98\ mL}{20.00\ mL + 19.98\ mL} = 5.00 \times 10^{-5}\ mol/L$$

$$c(Ac^-) = 0.100\ 0\ mol/L \times \frac{19.98\ mL}{20.00\ mL + 19.98\ mL} = 5.00 \times 10^{-2}\ mol/L$$

代入上式计算得 pH=7.76

(3) 化学计量点。滴入 NaOH 溶液 20.00 mL,此时 HAc 全部被中和生成 NaAc,$c(Ac^-) = 0.050\ 00$ mol/L。溶液的 pH 值用 Ac⁻ 水解公式来求得:

$$c(OH^-) = \sqrt{c \cdot \frac{K_w}{K_a}}$$

将数值代入后计算得$c(OH^-) = 5.3 \times 10^{-6}$ mol/L

pOH=5.28,pH=8.72

(4) 化学计量点后。溶液的组成为 NaAc 和过量的 NaOH,Ac⁻的碱性比 NaOH 弱,因此,溶液 pH 值由过量的 NaOH 所决定。其计算方法与强碱滴定强酸时相同,当滴入 NaOH 溶液 20.02 mL 时,pH=9.70。

如此逐一计算,将计算结果列于表 4-2 中,并绘制滴定曲线,如图 4-4 所示。

从表 4-2 和图 4-4 可以看出,强碱滴定弱酸具有如下特点:

(1) 滴定曲线的起点高。因弱酸解离度小,溶液中的[H⁺]低于弱酸的原始浓度。因此,用 NaOH 滴定 HAc 不同于滴定 HCl,滴定曲线的起点不在 pH=1 处,而在 pH=2.88 处。

(2) 滴定曲线的形状不同。从滴定曲线可知,滴定过程中 pH 值的变化速率不同于强碱滴定强酸,开始时溶液 pH 值变化较快,其后变化稍慢,接近化学计量点时又逐渐加快。

表 4-2　0.100 0 mol/L NaOH 滴定 20.00 mL、0.100 0 mol/L HAc 时溶液的 pH 值变化

加入的 NaOH 溶液		剩余 HAc 溶液体积 V/mL	过量 NaOH 溶液的体积 V/mL	溶液的 pH 值
%	mL			
0	0.00	20.00		2.88
90.0	18.00	2.00		5.71
99.0	19.80	0.20		6.76
99.9	19.98	0.02		7.76
100.0	20.00	0.00		8.73
100.1	20.02		0.02	9.70
101.0	20.20		0.20	10.70
110.0	22.00		2.00	11.70
200.0	40.00		20.00	12.50

(3) 滴定突跃范围小。从图 4-4 和表 4-2 可知，滴定突跃范围为 pH＝7.75～9.70，小于图 4-1 和表 4-1 的 4.30～9.70。在化学计量点时，由于 Ac^- 显碱性，滴定溶液的 pH 值不在 7，而偏碱性区(pH＝8.73)。显然在酸性区内变色的指示剂如甲基橙、甲基红等不能使用，所以本滴定宜选用酚酞(pK_{HIn}＝9.1)或百里酚酞(pK_{HIn}＝10.0)作为指示剂。

对于不同的弱酸，因解离常数 K_a 不同，其滴定曲线前半部的位置也不同，如图 4-5 所示，K_a 值越小，曲线前半部 pH 值越向上移动，滴定突跃范围越小。如当弱酸溶液的浓度 c 与解离常数 K_a 的乘积 $cK_a \leqslant 10^{-8}$，则在等当点附近 pH 值突跃很小，在水溶液中滴定时，难于指示等当点而无法进行直接滴定。

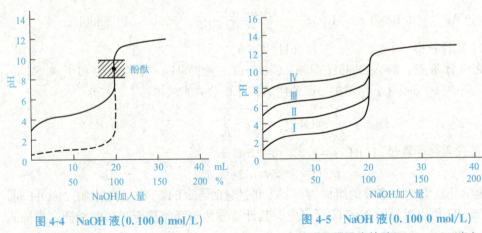

图 4-4　NaOH 液(0.100 0 mol/L)
滴定 HAc 液(0.100 0 mol/L)
20.00 mL 的滴定曲线

图 4-5　NaOH 液(0.100 0 mol/L)
滴定不同强度的酸(0.100 0 mol/L)
的滴定曲线
Ⅰ—$K_a=10^{-3}$；Ⅱ—$K_a=10^{-5}$；
Ⅲ—$K_a=10^{-7}$；Ⅳ—$K_a=10^{-9}$

对强酸滴定一元弱碱可以参照以上方法处理，滴定曲线的特点与强碱滴定一元弱酸相似，但化学计量点不是弱碱性，而是弱酸性，故应选择在弱酸性区域内变色的指示剂，如甲基橙、甲基红等。

4.1.3 多元酸(碱)滴定

常见的多元酸多数是弱酸,在水溶液中分步解离,如三元酸 H_3PO_4,在水溶液中分三步解离:

$$H_3PO_4 \rightleftharpoons H^+ + H_2PO_4^- \qquad pK_{a_1}=2.12$$

$$H_2PO_4^- \rightleftharpoons H^+ + HPO_4^{2-} \qquad pK_{a_2}=7.12$$

$$HPO_4^{2-} \rightleftharpoons H^+ + PO_4^{3-} \qquad pK_{a_3}=12.66$$

多元弱酸的滴定与一元弱酸相似,必须用强碱做滴定剂。但是每步解离出的氢离子能不能准确滴定,应根据下列原则判断。

(1)当哪一步解离满足 $cK_a \geqslant 10^{-8}$ 时,该级氢离子的滴定有足够大的突跃范围,能准确滴定。

(2)当相邻两个 K_a 值相差 10^5 倍以上(如 $K_{a_1} \geqslant 10^5 K_{a_2}$),该级氢离子的滴定不受次级氢离子的干扰,有单独的滴定突跃和等当点,能准确滴定。

(3)当 $cK_{a_1} \geqslant 10^{-8}$,$cK_{a_2} \geqslant 10^{-8}$($cK_{a_3} \geqslant 10^{-8}$),而 $K_{a_1} < 10^5 K_{a_2}$($K_{a_2} < 10^5 K_{a_3}$)时,两级(三级)滴定相互干扰,混合在一起被滴定,只出现一个滴定突跃和等量点,以此类推。

多元碱分步滴定的方法和多元酸的滴定相似,只需将 $c_a K_a$ 换成 $c_b K_b$ 即可。现以 HCl 滴定 Na_2CO_3 为例。

Na_2CO_3 为二元碱,在水溶液中分步解离,$pK_{b_1}=3.75$,$pK_{b_2}=7.62$,显然 CO_3^{2-} 为可直接滴定的碱,可用强酸直接滴定,首先生成 HCO_3^-,再进一步滴定成 H_2CO_3,其滴定反应为

$$CO_3^{2-} + H^+ \rightleftharpoons HCO_3^-$$

$$HCO_3^- + H^+ \rightleftharpoons H_2CO_3$$

由于 $K_{b_1}/K_{b_2} \approx 10^4$,两步中和反应有交叉,突跃范围不明显,第一化学计量点时,

$$[H^+] = \sqrt{K_{a_1} K_{a_2}}$$

$$pH = \frac{1}{2}(pK_{a_1} + pK_{a_2})$$

$$= \frac{1}{2} \times (6.38+10.25) = 8.31$$

故选用酚酞作为指示剂。

第二化学计量点时溶液为 CO_2 的饱和溶液,在常压下其浓度约为 0.04 mol/L,则有

$$[H^+] = \sqrt{K_{a_1} c} = \sqrt{4.3 \times 10^{-7} \times 4 \times 10^{-2}}$$

$$= 1.32 \times 10^{-4} \text{ mol/L}$$

$$pH = 3.89$$

可选用甲基橙作为指示剂。

滴定曲线如图 4-6 所示。

工业上常采用双指示剂法测定纯碱 Na_2CO_3 和混合碱($NaOH + Na_2CO_3$ 或 $NaHCO_3 + Na_2CO_3$)的含量。用酚酞指示第一个终点时,变色不明显,

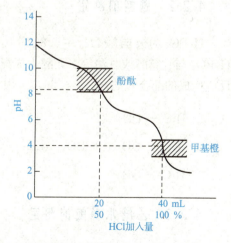

图 4-6 HCl 溶液滴定 Na_2CO_3 溶液的滴定曲线

如果改用甲酚红和百里酚蓝混合指示剂(变色点 pH=8.3)，终点变色明显，可满足工业分析准确度的要求。而对第二化学计量点，由于 $pK_{b_2}=7.62$ 碱性较弱，滴定突跃范围也较小，当选用甲基橙作为指示剂时，因溶液中 CO_2 过多，酸度增大使终点变色不明显，且出现较早。为提高测定的准确度，通常在近终点时将溶液煮沸或用力振摇，以除去 CO_2，冷却后再滴定至终点。

4.2　酸碱滴定法的应用

酸碱滴定法是否只用于测定酸或碱？

酸碱滴定法是应用比较广泛的分析方法，凡是能与酸、碱直接或间接发生质子传递的物质，绝大多数可以应用酸碱滴定法测定。

4.2.1　果品中总酸度的测定

水果中含有各种有机酸，如苹果酸、柠檬酸、酒石酸、醋酸、草酸等。这些酸的含量随水果的品种、成熟程度和储藏时间的长短有很大变化。测定果品中这些酸的含量，不仅可以研究水果不同成熟期的物质代谢，而且可以作为鉴定水果品质的一项重要指标。

水果中的有机酸，K_a 一般大于 10^{-7}，它们可以用碱的标准溶液直接滴定。生成物是它们的一些共轭碱，终点时溶液呈碱性，应选用酚酞作为指示剂。为了防止 CO_2 对滴定的影响，最好用新鲜的蒸馏水或煮沸后再冷却的蒸馏水，必要时用蒸馏水做空白试验，扣除空白值。

4.2.2　硼酸的测定

H_3BO_3 为极弱酸($K_a=5.81\times10^{-10}$)，不能应用 NaOH 标准溶液直接滴定。但 H_3BO_3 与甘露醇或甘油等多元醇生成配合酸后能增加酸的强度，如 H_3BO_3 与甘油按下列反应生成的配合酸的 $pK_a=4.26$，可用 NaOH 标准溶液直接滴定。

$$2\begin{array}{c}H_2C-OH\\|\\HC-OH\\|\\H_2C-OH\end{array}+H_3BO_3\rightleftharpoons\left[\begin{array}{c}H_2C-O\\|\\HC-O\\|\\H_2C-OH\end{array}\!\!\!>\!\!B\!\!<\!\!\!\begin{array}{c}O-CH_2\\|\\O-CH\\|\\HO-CH_2\end{array}\right]^-+H^++3H_2O$$

4.2.3　乙酰水杨酸的测定

乙酰水杨酸(阿司匹林)是常用的解热镇痛药，属于芳酸酯类结构，在溶液中可解离出 H^+($pK_a=3.49$)，故可用标准碱溶液直接滴定，以酚酞为指示剂，其滴定反应为

$$\text{邻-COOH,OCOCH}_3 + \text{NaOH} \rightleftharpoons \text{邻-COONa,OCOCH}_3 + \text{H}_2\text{O}$$

为了防止分子中的酯结构水解而使结果偏高，滴定应在中性乙醇溶液中进行，并注意滴定时的温度不宜太高，在振摇下快速滴定。

4.2.4 氮的测定

用酸碱滴定法可测定蛋白质、生物碱及土壤、肥料等含氮化合物中氮的含量。测定时，通常对试样进行适当处理，将各种氮化物分解并转化为简单的 NH_4^+，然后进行测定。常用的测定方法有蒸馏法和甲醛法。

1. 蒸馏法

蒸馏法是将处理好的含 NH_4^+ 的试液置于蒸馏瓶中，加入过量的浓 NaOH 使 NH_4^+ 转化为 NH_3，加热蒸馏，用已知浓度的过量的 HCl 标准溶液吸收 NH_3，生成 NH_4Cl。蒸馏完毕后，用 NaOH 标准溶液返滴剩余的 HCl，采用甲基红指示剂指示滴定终点。其计算公式为

$$w(N) = \frac{[c(\text{HCl})V(\text{HCl}) - c(\text{NaOH})V(\text{NaOH})]M(N)}{m(s)}$$

式中，$m(s)$ 为试样的质量。

蒸馏出来的 NH_3 也可用过量，但不需计量的 H_3BO_3 溶液吸收：

$$NH_3 + H_3BO_3 = NH_4^+ + H_2BO_3^-$$

再用 HCl 标准溶液滴定生成的 $H_2BO_3^-$，选用甲基红作为指示剂。

蒸馏法的优点是用 H_3BO_3 作为吸收剂，H_3BO_3 在整个过程中不被滴定，其浓度和体积不需要很准确，只需保证过量即可，且只需一种标准酸溶液。

2. 甲醛法

甲醛法是利用甲醛与 NH_4^+ 作用，定量置换出酸并生成质子化的六次甲基四胺 $(CH_2)_6N_4H^+$，它的酸性不太弱，因此当用 NaOH 标准溶液滴定并采用酚酞作为指示剂时，其反应式为

$$4NH_4^+ + 6HCHO = (CH_2)_6N_4H^+ + 3H^+ + 6H_2O$$
$$(CH_2)_6N_4H^+ + 3H^+ + 4NaOH = (CH_2)_6N_4 + 4H_2O + 4Na^+$$

甲醛试剂中常含有甲酸，使用前应预先中和除去甲酸。

甲醛法也可用于测定某些氨基酸。

4.2.5 混合碱的测定

混合碱是指 NaOH 和 Na_2CO_3 或 $NaHCO_3$ 和 Na_2CO_3 的混合物。例如，烧碱中 NaOH 和 Na_2CO_3 含量的测定有以下两种方法。

1. 双指示剂法

准确称取一定量试样，溶解后先以酚酞为指示剂，用 HCl 标准溶液滴定至粉红色消失，消耗 HCl 溶液的体积为 V_1，这时 NaOH 全部被中和，而 Na_2CO_3 中和至 $NaHCO_3$。然后加入甲基橙，继续用 HCl 标准溶液滴定至溶液由黄色变为橙红色，此时用去 HCl 溶液体积为 V_2，这是滴定 $NaHCO_3$ 所消耗的体积。而 Na_2CO_3 被中和到 $NaHCO_3$ 及

$NaHCO_3$ 继续被中和到 H_2CO_3 所消耗的 HCl 标准溶液的体积是相等的，则

$$w(Na_2CO_3) = \frac{c(HCl)V_2M(Na_2CO_3)}{m(s)}$$

$$w(NaOH) = \frac{c(HCl)(V_1-V_2)M(NaOH)}{m(s)}$$

式中，$m(s)$ 为试样质量。

2. 氯化钡加入法

准确称取一定量试样，溶解后稀释至一定体积，然后准确吸取两等份试液分别做如下测定：第一份试液以甲基橙作为指示剂，用 HCl 标准溶液滴定其总碱度，即 NaOH 和 Na_2CO_3 被完全中和，消耗 HCl 溶液体积为 V_1。第二份试液中先加 $BaCl_2$，使 Na_2CO_3 生成 $BaCO_3$ 沉淀，然后在沉淀存在情况下以酚酞为指示剂，用 HCl 标准溶液滴定，消耗 HCl 溶液体积为 V_2。显然，V_2 是中和 NaOH 所消耗的 HCl 溶液体积，则 Na_2CO_3 所消耗的 HCl 溶液体积是 (V_1-V_2)，则

$$w(NaOH) = \frac{c(HCl)V_2M(NaOH)}{m(s)}$$

$$w(Na_2CO_3) = \frac{c(HCl)(V_1-V_2)M(Na_2CO_3)}{2m(s)}$$

式中，$m(s)$ 为等份试液中相应试样的质量。

4.2.6 结果计算示例

【例 4-1】 称取分析纯 Na_2CO_3 1.335 0 g，配制成一级标准物质溶液 250.0 mL，用来标定近似浓度为 0.1 mol/L HCl 溶液，测得一级标准物质溶液 25.00 mL 恰好与 HCl 溶液 24.50 mL 反应完全。试计算此 HCl 溶液的准确浓度。

解：先计算一级标准物质溶液 25.00 mL 中 Na_2CO_3 的质量。

$$w(NaCO_3) = \frac{1.335\ 0\ g \times 25.00\ mL}{250.0\ mL} = 0.133\ 5\ g$$

根据用 Na_2CO_3 标定 HCl 溶液的计量关系式，得

$$c(HCl) = \frac{2 \times 0.133\ 5\ g}{0.024\ 50\ L \times 106.0\ g/mol} = 0.102\ 8\ mol/L$$

即此 HCl 溶液的准确浓度为 0.102 8 mol/L。

【例 4-2】 称取 0.412 2 g 乙酰水杨酸($C_9H_8O_4$)样品，加入 20 mL 乙醇溶解后，加 2 滴酚酞指示剂，在不超过 10 ℃ 的温度下，用 0.103 2 mol/L NaOH 标准溶液进行滴定。滴至终点时消耗 21.08 mL NaOH 溶液，计算该样品中乙酰水杨酸的质量分数。

解：根据滴定反应的化学方程式，NaOH 与乙酰水杨酸的计量关系为

$$n(C_9H_8O_4) = n(NaOH) = c(NaOH) \cdot V(NaOH)$$

样品中乙酰水杨酸的质量分数为 $\dfrac{c(NaOH) \cdot V(NaOH) \cdot M(C_9H_8O_4)}{m(样品)}$

$$w(C_9H_8O_4) = \frac{c(NaOH) \cdot V(NaOH) \cdot M(C_9H_8O_4)}{m(样品)}$$

$$= \frac{0.103\ 2\ mol/L \times 0.021\ 08\ L \times 180.16\ g/mol}{0.412\ 2\ g} \times 100\%$$

$=0.950\ 8\times100\%=95.08\%$

【例 4-3】 某纯碱试样 1.000 g，溶于水后，以酚酞为指示剂，耗用 $c(HCl)=0.250\ 0$ mol/L HCl 溶液 20.40 mL；再以甲基橙为指示剂，继续用 $c(HCl)=0.250\ 0$ mol/L HCl 溶液滴定，共耗去 48.86 mL，计算试样中各组分的相对含量。

解：根据已知条件，以酚酞为指示剂时，耗去 HCl 溶液 $V_1=20.40$ mL，而用甲基橙为指示剂时，耗用同浓度 HCl 溶液 $V_2=48.86-20.40=28.46$(mL)。显然 $V_2>V_1$，可见试样不会是纯的 Na_2CO_3，否则 $V_2=V_1$；试样组成也不会是 $NaOH+Na_2CO_3$，否则 $V_1>V_2$。因而试样为 $NaHCO_3+Na_2CO_3$，其中 V_1 用于将试样的 Na_2CO_3 作用至 $NaHCO_3$，而 V_2 是将滴定反应所产生的 $NaHCO_3$ 及原试样中的 $NaHCO_3$ 一起作用完全时所消耗的 HCl 溶液体积，因此：

$$w(Na_2CO_3)=\frac{c(HCl)V_1M(Na_2CO_3)}{m(s)}$$

$$=\frac{0.250\ 0\times20.40\times106.0\times10^{-3}}{1.000}\times100\%=54.06\%$$

$$w(NaHCO_3)=\frac{c(HCl)(V_2-V_1)M(NaHCO_3)}{m(s)}$$

$$=\frac{0.250\ 0\times(28.46-20.40)\times84.01\times10^{-3}}{1.00\ 0}\times100\%=16.93\%$$

任务准备

1. 明确试验步骤

(1) 领取或配制试剂。

1) $c(HCl)=0.1$ mol/L 标准溶液；

2) 工业烧碱试样（液体）；

3) 1% 酚酞乙醇溶液；

4) 甲基橙指示剂（1 g/L 水溶液）；

5) 无二氧化碳水：将水注入烧瓶，煮沸 10 min，立即用装有钠石灰管的胶塞塞紧，放置冷却。

NaOH 和 Na_2CO_3 含量的测定

(2) NaOH 和 Na_2CO_3 含量的测定。用吸量管吸取 2.00 mL 工业烧碱试样，放入预先装有 50 mL 无 CO_2 水的 100 mL 容量瓶，用无 CO_2 水稀释至刻度，摇匀，移取 10.00 mL 该试液，放入 250 mL 锥形瓶，加无 CO_2 水 15 mL，酚酞指示剂 2 滴，用 0.1 mol/L 盐酸标准溶液滴定至溶液由红色恰好褪为无色，记下消耗的盐酸标准溶液的体积 V_1。再加入甲基橙指示剂 1 滴，继续用 0.1 mol/L 盐酸标准溶液滴定至溶液由黄色变为橙色，记下用甲基橙作为指示剂滴定消耗的盐酸标准溶液的体积 V_2。

2. 列出任务要素

(1) 检测对象_____

(2) 检测项目_____

(3) 依据标准_____

3. 制订试验计划

(1)填写药品领取单(一般溶液需自己配制,标准滴定溶液可直接领取)。

序号	药品名称	等级或浓度	个人用量/g 或 mL	小组用量/g 或 mL	使用安全注意事项

(2)填写仪器清单(个人)。

序号	仪器名称	规格	数量

任务实施

1. 领取药品,组内分工配制溶液

序号	溶液名称及浓度	体积/mL	配制方法	负责人

2. 领取仪器,各人负责清洗干净

清洗后,玻璃仪器内壁:□都不挂水珠　　□部分挂水珠　　□都挂水珠

3. 独立完成试验,填写数据记录

试验日期:　　年　　月　　日　　　　水温:　　℃

项目 \ 编号	1	2	3	4
取烧碱样品量/mL				
样品稀释至/mL				
取稀释后试样量/mL				
滴定起始读数/mL	V_1: V_2:	V_1: V_2:	V_1: V_2:	V_1: V_2:
滴定终了读数/mL	V_1: V_2:	V_1: V_2:	V_1: V_2:	V_1: V_2:

续表

编号 项目	1	2	3	4
滴定消耗 HCl 量/mL	V_1: V_2:	V_1: V_2:	V_1: V_2:	V_1: V_2:
NaOH 含量/(g·L^{-1})				
NaOH 含量平均值/(g·L^{-1})				
平行测定结果的相对极差/‰				
Na$_2$CO$_3$ 含量/(g·L^{-1})				
Na$_2$CO$_3$ 含量平均值/(g·L^{-1})				
平行测定结果的相对极差/‰				

(1) NaOH 含量按下式计算：

$$NaOH(g/L) = \frac{c \times (V_1 - V_2) \times 40}{2 \times (10 \div 100)}$$

(2) Na$_2$CO$_3$ 含量按下式计算：

$$Na_2CO_3(g/L) = \frac{c \times 2 \times V_2 \times 106 \div 2}{2 \times (10 \div 100)}$$

式中，c 为 HCl 标准溶液的物质的量浓度(mol/L)；V_1 为用酚酞作为指示剂滴定所消耗的盐酸的量(mL)；V_2 为用甲基橙作为指示剂滴定所消耗的盐酸的量(mL)；40 为氢氧化钠的摩尔质量(g/mol)；106 为碳酸钠的摩尔质量(g/mol)。

4. 检查评价

根据以上试验操作和数据计算结果，进行自评、小组内互评，教师考核评价，完成任务考核评价表的填写。

项目	评分标准	分值	自评/30%	互评/30%	师评/40%	合计
样品量取	放液速度控制自如，准确	10				
滴定管使用	按照洗涤—润洗—装液顺序使用，滴定速度 4~6 mL/min	15				
滴定终点控制	能控制终点溶液颜色（两个终点颜色）	20				
结果计算	能根据公式正确计算出结果	30				
试验结果相对极差	<0.2%，不扣分；≥0.2%，扣 5 分；≥0.4%，扣 10 分；≥0.6%，扣 15 分；≥0.8%，扣 20 分；≥1.0%，扣 25 分	25				
最后得分						

技能总结

1. 吸量管液体量取操作；
2. 滴定管的使用；
3. 双指示剂的使用；
4. 分次读数及数据应用；
5. 淡红色、黄色、橙色终点变色判断和控制。

练一练

1. 在酸碱滴定中，滴定剂一般是强酸或强碱。（　　）
   A. 正确　　　　　　　　　　　　　　B. 错误

2. 滴定至临近终点时加入半滴的操作：将酸式滴定管的旋塞稍稍转动或碱式滴定管的乳胶管稍微松动，使半滴溶液悬于管口，将锥形瓶内壁与管口接触，使液滴流出，并用洗瓶以纯水冲下。（　　）
   A. 正确　　　　　　　　　　　　　　B. 错误

3. 混合碱中不可能同时存在的是（　　）。
   A. 氢氧化钠和碳酸钠　　　　　　　　B. 碳酸钠和碳酸氢钠
   C. 氢氧化钠和碳酸氢钠　　　　　　　D. 不可能有不能同时存在的物质

4. 混合碱中含量的测定使用的方法是（　　）。
   A. 自身指示剂法　　B. 双指示剂法　　C. 单指示剂法　　D. 氯化钾法

5. 在双指示剂法中，酚酞做指示剂消耗盐酸体积为 V_1，甲基橙做指示剂消耗体积为 V_2，则（　　）。
   A. $V_1=V_2$，试样中只含有碳酸钠和氢氧化钠
   B. $V_1>V_2$，试样中只含有碳酸钠
   C. $V_2>V_1$，试样中只含有碳酸钠和碳酸氢钠
   D. 三者均含有

6. 双指示剂法测定精制盐水中 $NaOH$ 和 Na_2CO_3 的含量，如滴定时第一滴定终点 HCl 标准滴定溶液过量，则下列说法正确的是（　　）。
   A. $NaOH$ 的测定结果是偏低　　　　B. Na_2CO_3 的测定结果是偏低
   C. 只影响 $NaOH$ 的测定结果　　　　D. 对 $NaOH$ 和 Na_2CO_3 的测定结果无影响

7. 有一碱液，其中可能只含 $NaOH$、$NaHCO_3$、Na_2CO_3，也可能含 $NaOH$ 和 Na_2CO_3 或 $NaHCO_3$ 和 Na_2CO_3。现取一定量试样，加水适量后加酚酞指示剂。用 HCl 标准溶液滴定至酚酞变色时，消耗 HCl 标准溶液 V_1，再加入甲基橙指示剂，继续用同浓度的 HCl 标准溶液滴定至甲基橙变色为终点，又消耗 HCl 标准溶液 V_2，当此碱液是混合物时，V_1 和 V_2 的关系为（　　）。
   A. $V_1>0$，$V_2=0$　　B. $V_1=0$，$V_2>0$　　C. $V_1<V_2$　　D. $V_1=3V_2$

8. 已知某碱溶液是 $NaOH$ 与 Na_2CO_3 的混合液，用 HCl 标准溶液滴定，现以酚酞作为指示剂，终点时耗去 HCl 溶液 V_1，继而以甲基橙为指示剂滴定至终点时又耗去 HCl 溶液 V_2，则 V_1 与 V_2 的关系是（　　）。
   A. $V_1=V_2$　　B. $2V_1=V_2$　　C. $V_1<V_2$　　D. $V_1=2V_2$

9. 用双指示剂法分析混合碱时，如其组成是纯的 Na_2CO_3，则 HCl 消耗量 V_1 和 V_2 的关系是 $V_1>V_2$。（　　）
   A. 正确　　　　　　　　　　　　　　B. 错误

10. 双指示剂法测混合碱，加入酚酞指示剂时，滴定消耗 HCl 标准溶液体积为 15.20 mL；加入甲基橙作为指示剂，继续滴定又消耗了 HCl 标准溶液 25.72 mL，则溶液中存在（　　）。
    A. $NaOH+Na_2CO_3$　　　　　　　B. $Na_2CO_3+NaHCO_3$
    C. $NaHCO_3$　　　　　　　　　　D. Na_2CO_3

任务 5　测定工业醋酸的含量

任务分析

醋酸是有机化工产品，也是重要的基本有机化工原料，主要用于有机合成工业生产醋酸纤维、合成树脂、有机溶剂、合成药物等。醋酸为无色液体，对皮肤有腐蚀，有强烈的刺激性酸味，与水互溶，当浓度达到99%以上时，在14.8 ℃便结为晶体，故也称为冰醋酸。

假设仓库有一批工业级醋酸，估计醋酸含量（质量分数）≥95%；密度为1.05 g/mL。现车间生产欲用到这批醋酸，但产品放置过久，怀疑其质量不一定可靠。如果贸然使用投入生产，担心得到的产品质量达不到要求，产生废品。请设计方案来检测这些醋酸产品中醋酸是否达到≥980.0 g/L的含量。

学习目标	知识目标	1. 熟悉了解工业醋酸的性质特点； 2. 熟悉设计合理的检测方案； 3. 掌握工业醋酸的含量的计算
	能力目标	能根据自己设计的测定方案进行操作和计算，得出醋酸的含量
	素质目标	1. 认识到试验的设计和试剂的使用应考虑生态、经济、效率、能源等协同发展； 2. 树立绿色可持续发展和环境友好意识

相关知识

酸碱指示剂变色原理

想一想

①试剂遇酸（碱）变色是发生了什么变化？②溶液pH值对酸碱的电离有何影响？③红色与黄色物质混合后得到的颜色是什么？

5.1.1　酸碱指示剂变色原理

在酸碱滴定中一般是利用酸碱指示剂颜色的变化来指示滴定终点。酸碱指示剂一般是有机弱酸或弱碱，它们的酸式结构和碱式结构具有不同的颜色。当溶液pH值改变时，由于结构发生改变,溶液颜色也发生相应的变化。

(1) 甲基橙是有机弱碱,它在水溶液中存在如下平衡和颜色的变化:

$$(CH_3)_2\overset{+}{N}=\!\!=\!\!=\!\!=N-\overset{H}{N}-\!\!\!\!\!\!\!-SO_3^- \rightleftharpoons (CH_3)_2N-\!\!\!\!\!\!\!-N=\!\!N-\!\!\!\!\!\!\!-SO_3^- + H^+$$

红色(醌式)   黄色(偶氮式)

由平衡关系可以看出,当溶液酸度增大时,甲基橙主要以酸式结构(醌式)存在,溶液显红色;当溶液酸度减小时,甲基橙由酸式结构转变为碱式结构(偶氮式),使溶液显黄色。

(2) 常用的指示剂酚酞是一种有机弱酸,在水溶液中有如下平衡和颜色变化:

无色   红色(醌式)   无色(羧酸盐式)

酸性溶液   碱性溶液

由平衡关系可以看出,在酸性溶液中,酚酞以无色形式存在,在碱性溶液中转化为红色醌式结构。在足够浓的碱性溶液中,又转化为无色的羧酸盐式。

5.1.2 指示剂的变色范围

根据试验测定,酚酞当溶液的 pH 值小于 8 时呈无色,当溶液的 pH 值大于 10 时呈红色,pH 值从 8 到 10 是酚酞逐渐由无色变为红色的过程,称为酚酞的变色范围。甲基橙则当溶液 pH 值小于 3.1 时呈红色,大于 4.4 时呈黄色,pH 值从 3.1 到 4.4 是甲基橙的变色范围。

各种指示剂的平衡常数不同,指示剂的变色范围和变色点也不同。表 5-1 列出常用的酸碱指示剂。

表 5-1 几种常用的酸碱指示剂的变色范围

指示剂	变色范围 pH 值	颜色 酸色	颜色 碱色	pK_{HIn}	浓度
百里酚蓝(TB)(第一步解离)	1.2～2.8	红	黄	1.7	0.1%的20%乙醇溶液
甲基黄(MY)	2.9～4.0	红	黄	3.3	0.1%的90%乙醇溶液
甲基橙(MO)	3.1～4.4	红	黄	3.4	0.05%的水溶液
溴酚蓝(BPB)	3.0～4.6	黄	蓝紫	4.1	0.1%的20%乙醇溶液
溴甲酚绿(HCG)	3.8～5.4	黄	蓝	4.9	0.1%的水溶液,每100 mg 指示剂加 0.05 mol/L NaOH 2.9 mL

续表

指示剂	变色范围 pH 值	颜色 酸色	颜色 碱色	pK_{HIn}	浓度
甲基红(MR)	4.4~6.2	红	黄	5.0	0.1%的60%乙醇溶液
溴甲酚紫(BCP)	5.2~6.8	黄	紫		0.1%的水溶液
溴百里酚蓝(BTB)	6.0~7.6	黄	蓝	7.3	0.1%的20%乙醇溶液或其钠盐溶液
中性红(NR)	6.8~8.0	红	黄橙	7.4	0.1%的60%乙醇溶液
酚红(PR)	6.4~8.2	黄	红	8.0	0.1%的60%乙醇溶液或其钠盐溶液
百里酚蓝(TB)(第二步解离)	8.0~9.6	黄	蓝	8.9	0.1%的20%乙醇溶液
酚酞(PP)	8.0~9.8	无	红	9.1	0.1%的90%乙醇溶液
百里酚酞(TP)	9.4~10.6	无	蓝	10.0	0.1%的90%乙醇溶液

从表 5-1 可以清楚地看出，各种不同的酸碱指示剂，具有不同的变色范围，有的在酸性溶液中变色，如甲基橙、甲基红等；有的在中性附近变色，如中性红、酚红等；有的则在碱性溶液中变色，如酚酞、百里酚酞等。

酸碱指示剂的颜色变化与溶液的 pH 值有关。指示剂的酸式 HIn 和碱式 In⁻ 在水溶液中有下列平衡关系：

$$HIn \rightleftharpoons H^+ + In^-$$

$$K_{HIn} = \frac{c(H^+)c(In^-)}{c(HIn)}$$

式中，K_{HIn} 为指示剂的解离常数，也称指示剂常数。

上式可写为

$$\frac{c(In^-)}{c(HIn)} = \frac{K_{HIn}}{c(H^+)}$$

溶液颜色取决于指示剂碱式和酸式的浓度比值 $c(In^-)/c(HIn)$，该比值取决于 K_{HIn} 和溶液的 $c(H^+)$。在一定条件下，某一指定的指示剂的 K_{HIn} 是常数。因此，溶液颜色的变化是由溶液 $c(H^+)$ 所决定的。需要指出的是，并非 $c(In^-)/c(HIn)$ 值的任何微小改变都能使人观察到溶液颜色的变化，因为人眼辨别颜色的能力有一定限度。一般来说，当一种颜色相当于另一种颜色的深度 10 倍或 1/10 倍时，就能辨认出浓度大的存在形式的颜色，而不能辨认出浓度小的存在形式的颜色。因此，指示剂颜色变化与溶液 pH 值有以下关系：

$$\frac{K_{HIn}}{c(H^+)} = \frac{c(In^-)}{c(HIn)} \leqslant \frac{1}{10}$$

$c(H^+) \geqslant 10 K_{HIn}$，pH $\leqslant$ pK_{HIn} - 1   呈酸式色

$$\frac{K_{HIn}}{c(H^+)} = \frac{c(In^-)}{c(HIn)} \geqslant 10$$

$c(H^+) \leqslant K_{HIn}/10$，pH $\geqslant$ pK_{HIn} + 1   呈碱式色

$$\frac{K_{HIn}}{c(H^+)} = \frac{c(In^-)}{c(HIn)} \approx \frac{1}{10} \sim 10$$

pH = pK_{HIn} ± 1   呈混合色

当 $c(In^-) = c(HIn)$ 时，溶液 $c(H^+) = K_{HIn}$，即 pH = pK_{HIn}，通常称为指示剂的理论变色点，而在 pH = pK_{HIn} ± 1 的范围内能看到指示剂颜色的过渡色，所以被称为指示剂的

变色范围。

从理论上讲，指示剂的变色范围是 $pK_{HIn}\pm1$，但实际上靠人眼观察到的指示剂的变色范围与理论值有区别，这是由于人眼对各种颜色的敏感度不同，且两种颜色之间会相互掩盖。例如，甲基橙 $pK_{HIn}=3.4$，理论计算变色范围为 pH=2.4～4.4，而实际测得变色范围为 pH=3.1～4.4。

指示剂的变色范围越窄越好，这样在化学计量点时，微小的 pH 值改变可使指示剂变色敏锐。在酸碱滴定中选择的指示剂的 pK_{HIn} 值应尽可能接近化学计量点的 pH 值，以减小终点误差。

5.1.3 混合指示剂

在某些酸碱滴定中，pH 值突跃范围很窄，使用一般的指示剂难以判断终点，此时可采用混合指示剂。混合指示剂是利用颜色之间的互补作用，具有颜色改变较为敏锐和变色范围较窄的特点。

混合指示剂可分为两类：一类是由两种或两种以上的指示剂混合而成的；另一类是由某种指示剂与另一种惰性染料（该染料颜色不随溶液 pH 值的变化而改变）混合而成的。表 5-2 列出若干常用混合酸碱指示剂。

表 5-2 若干常用混合酸碱指示剂

指示剂溶液的组成	变色点 pH 值	颜色 酸色	颜色 碱色	备注
1份 0.1%甲基黄乙醇溶液 1份 0.1%亚甲基蓝乙醇溶液	3.25	蓝紫	绿	pH=3.2 蓝紫 pH=3.4 绿色
1份 0.1%甲基橙水溶液 1份 0.25%靛蓝二苯磺酸钠水溶液	4.1	紫	黄绿	pH=4.1 灰色
3份 0.1%溴酚绿乙醇溶液 1份 0.2%甲基红乙醇溶液	5.1	紫红	蓝绿	pH=5.1 灰色 颜色变化极显著
1份 0.1%溴甲酚绿钠盐水溶液 1份 0.1%氯酚红钠盐水溶液	6.1	黄绿	蓝紫	pH=5.4 蓝绿 pH=5.8 蓝色 pH=6.0 蓝微带紫 pH=6.2 蓝紫
1份 0.1%中性红乙醇溶液 1份 0.1%亚甲基蓝乙醇溶液	7.0	蓝紫	绿	pH=7.0 蓝紫
1份 0.1%甲酚红钠盐水溶液 3份 0.1%百里酚蓝钠盐水溶液	8.3	黄	紫	pH=8.2 玫瑰色 pH=8.4 紫色
1份 0.1%酚酞乙醇溶液 2份 0.1%甲基绿乙醇溶液	8.9	绿	紫	pH=8.8 浅蓝 pH=9.0 紫
1份 0.1%酚酞乙醇溶液 1份 0.1%百里酚酞乙醇溶液	9.9	无	紫	pH=9.6 玫瑰色 pH=10.0 紫色
2份 0.1%百里酚酞乙醇溶液 1份 0.1%茜素黄乙醇溶液	10.2	无	紫	

任务准备

1. 明确试验步骤

写出酸碱滴定法测定工业醋酸的操作步骤：

2. 制订试验计划

(1)填写药品领取单(一般溶液需自己配制，标准滴定溶液可直接领取)。

序号	药品名称	等级或浓度	个人用量/g 或 mL	小组用量/g 或 mL	使用安全注意事项

(2)填写仪器清单(个人)。

序号	仪器名称	规格	数量

任务实施

1. 领取药品，组内分工配制溶液

序号	溶液名称及浓度	体积/mL	配制方法	负责人

2. 领取仪器，各人负责清洗干净

清洗后，玻璃仪器内壁：□都不挂水珠　　　□部分挂水珠　　　□都挂水珠

3. 独立完成试验，列出数据记录表格，推导出工业醋酸含量的计算公式

4. 检查评价

根据以上试验操作和数据计算结果，进行自评、小组内互评，教师考核评价，完成任务考核评价表的填写。

项目	评分标准	分值	自评/30%	互评/30%	师评/40%	合计
方案设计	方案完整、合理，层次条理清晰，可以操作完成目标	30				
溶液配制	配制溶液熟练、溶液浓度准确	20				
测定操作	能够按照称量、滴定等操作规范进行	30				
结果计算	能推导出计算公式并计算出结果	20				
最后得分						

技能总结

1. 吸量管液体量取操作；
2. 滴定管的使用；
3. 样品取样量的估算；
4. 分析结果计算推导；
5. 淡红色终点变色判断和控制。

练一练

1. 紫色石蕊指示剂的变色范围为 pH=(　　)。
   A. 3.1~4.4　　B. 7.2~10　　C. 4.4~6.2　　D. 5~8
2. 甲基红指示剂的变色范围为 pH=(　　)。
   A. 6.8~8.0　　B. 3.1~4.4　　C. 4.4~6.2　　D. 8.2~10.0
3. 酸碱指示剂的变色与溶液中的氢离子浓度无关。(　　)
   A. 正确　　　　　　　　　　　　B. 错误
4. 在滴定分析过程中，当滴定至指示剂颜色改变时，滴定达到终点。(　　)
   A. 正确　　　　　　　　　　　　B. 错误
5. 酚酞指示剂的变色范围为 pH=(　　)。
   A. 8.0~9.6　　B. 4.4~10.0　　C. 9.4~10.6　　D. 7.2~8.8
6. 甲基橙指示剂的变色范围为 pH=(　　)。
   A. 6.8~8.0　　B. 4.4~6.2　　C. 3.1~4.4　　D. 8.2~10.0

7. 变色范围必须全部在滴定突跃范围内的酸碱指示剂才可用来指示滴定终点。（   ）

    A. 正确   B. 错误

8. 在酸碱滴定过程中，选取合适的指示剂是（   ）。

    A. 减小滴定误差的有效方法   B. 减小偶然误差的有效方法

    C. 减小操作误差的有效方法   D. 减小试剂误差的有效方法

9. 由于羧基具有酸性，可用氢氧化钠标准溶液直接滴定，测出羧酸的含量。（   ）

    A. 正确   B. 错误

10. 用 0.100 0 mol/L NaOH 溶液滴定 0.100 0 mol/L HAc 溶液，化学计量点时溶液的 pH 值小于 7。（   ）

    A. 正确   B. 错误

项目 2　配位滴定法

任务 6　制备 EDTA 标准溶液

任务分析

EDTA 标准溶液是配位滴定法的一种重要的标准溶液。

EDTA 是乙二胺四乙酸的简称。EDTA 常用 H_4Y 表示。它是一种氨羧配合剂，分子中含有氨氮(—Ṅ—)和羧氧(—C(=O)—Ö—)配位原子，它能与绝大多数的金属离子配合，配合物十分稳定，且水溶性极好。与大多数金属离子形成的都是 1∶1 型配合物，只有极少数高价金属离子除外，如钼(Mo)与 EDTA 形成 Mo∶Y＝2∶1 的配合物等。无色的金属离子与其配合时，则形成无色的配合物，有色金属离子与其配合时，一般形成颜色更深的配合物，如 NiY^{2-}（蓝色）、CuY^{2-}（深蓝）、CoY^{2-}（紫红）、MnY^{2-}（紫红）、CrY^{-}（深紫）、FeY^{-}（黄色）等，当然，这些颜色也是在溶液浓度达到一定程度时才出现，如果溶液的浓度比较低，有时也不一定能看到颜色。乙二胺四乙酸难溶于水(在 22 ℃时，每 100 mL 水中仅能溶解 0.02 g)，所以在配位滴定中，通常使用的是其易溶于水的乙二胺四乙酸二钠盐(也简称 EDTA，用 $Na_2H_2Y \cdot 2H_2O$ 表示)，其二钠盐的溶解度较大(在 22 ℃时，每 100 mL 水中能溶解 11.1 g)，其饱和水溶液的浓度约为 0.3 mol/L。乙二胺四乙酸二钠盐是白色粉末，其提纯方法较为复杂，因此，其标准溶液一般采用间接法配制，常用的浓度为 0.01～0.05 mL/L。

标定 EDTA 溶液浓度的基准试剂较多，如金属锌、铜、铋、铅及 ZnO、$CaCO_3$、$MgSO_4 \cdot 7H_2O$ 等。本试验采用 ZnO 为基准试剂标定 EDTA 溶液浓度。在 pH＝10 的 NH_3—NH_4Cl 缓冲溶液中，以铬黑 T 为指示剂，直接标定。其反应如下：

在 pH＝10 时，铬黑 T 呈蓝色，它与 Zn^{2+} 的配合物呈酒红色。

$$Zn^{2+} + HIn^{2-} \rightleftharpoons ZnIn^{-} + H^{+}$$
　　　　　　（纯蓝色）　　　　（酒红色）

当滴入 EDTA 时，溶液中游离的 Zn^{2+} 首先与 EDTA 阴离子配合。

$$Zn^{2+} + H_2Y^{2-} \rightleftharpoons ZnY^{2-} + 2H^{+}$$

此时，溶液仍为 $ZnIn^{-}$ 的酒红色，到达化学计量点附近时，EDTA 阴离子夺取 $ZnIn^{-}$

配合物中的 Zn^{2+}，释放出指示剂，从而引起溶液颜色的变化，溶液呈指示剂的纯蓝色即终点。

$$ZnIn^- + H_2Y^{2-} \rightleftharpoons ZnY^{2-} + HIn^{2-} + H^+$$
（酒红色）　　　　　　（纯蓝色）

为了防止 EDTA 标准溶液溶解软质玻璃中的 Ca^{2+} 形成 CaY^{2-}，EDTA 标准溶液应保存在聚乙烯塑料瓶或硬质玻璃瓶中，并按照有关规定定期做检查性的标定(复标)。

配位滴定对纯水的要求较高，若配制溶液用的水中含有 Al^{3+}、Cu^{2+} 等，指示剂会被封闭，使终点难以判断。若水中有 Ca^{2+}、Mg^{2+}、Pb^{2+}、Sn^{2+} 等，则会消耗部分 EDTA，随着测定对象的不同测定结果可能偏高也可能偏低，所以，配位滴定所用的纯水必须符合质量要求。

学习目标	知识目标	1. 了解 EDTA 的结构、性质和反应特点； 2. 熟悉 EDTA 与金属反应方程式； 3. 掌握 EDTA 标准溶液的浓度的计算
	能力目标	1. 会用间接法配制 EDTA 标准溶液； 2. 会标定 EDTA 标准溶液
	素质目标	1. 养成清洁、节约的工作作风； 2. 树立安全操作意识

相关知识

6.1　认识配位滴定法

想一想

①什么是配合物？②如何判断配合物的稳定性？

6.1.1　配位滴定的理论基础

配位滴定法是利用形成稳定配合物的配位反应为基础的滴定分析方法，主要用于测定金属离子的含量，也可以利用间接法测定其他离子的含量。

1. 配合物的稳定常数

在配位反应中，配合物的形成和解离同处于相对平衡的状态中，其中平衡常数 K 可用稳定常数(生成常数)或不稳定常数(解离常数)表示，本书采用稳定常数表示。若中心离子为 M^{n+}、配位体为 L^-，则生成配合物的反应为

$$M^{n+} + xL^- \rightleftharpoons ML_x^{(n-x)}$$

达到平衡时，
$$K = \frac{ML_x^{(n-x)}}{[M^{n+}][L^-]^x} \tag{6-1}$$

平衡常数 K 叫作配合物的生成常数，它的大小表示配合物生成倾向的大小，同时，也表明了配合物稳定性的高低，K 值越大，配合物越稳定，所以平衡常数 K 又称为配合物的稳定常数，并用"$K_稳$"或"$\lg K_稳$"表示。不同的配合物各有其一定的稳定常数。如配位反应：

$$Ag^+ + 2CN^- \rightleftharpoons [Ag(CN)_2]^-$$

达到平衡时，$$K_稳 = \frac{[Ag(CN)_2]^-}{[Ag^+][CN^-]^2} = 10^{21.1}$$

应当注意的是，在书写配合物的稳定常数表达式时，所有浓度均为平衡浓度。

由配合物稳定常数的大小可以判断配位反应完成的程度及是否可用于滴定分析。

2. 分步配位

同型配合物根据其稳定常数 $K_稳$ 的大小，可以比较其稳定性。稳定常数 $K_稳$ 越大，表示形成的配合物越稳定，例如，Ag^+ 能与 NH_3 和 CN^- 形成两种同型配合物，它们的稳定常数不同：

$$Ag^+ + 2CN^- \rightleftharpoons [Ag(CN)_2]^- \quad K_稳 = 10^{21.1}$$
$$Ag^+ + 2NH_3 \rightleftharpoons [Ag(NH_3)_2]^+ \quad K_稳 = 10^{7.40}$$

从稳定常数的大小可以看出，$[Ag(CN)_2]^-$ 配离子远比 $[Ag(NH_3)_2]^+$ 配离子稳定。两种同型配合物稳定性的不同，决定了形成配合物的先后次序。例如，若在同时含有 NH_3 和 CN^- 的溶液中加入 Ag^+，则必定是先形成稳定性大的 $[Ag(CN)_2]^-$ 配离子，当 CN^- 与 Ag^+ 配位完全后，才可形成 $[Ag(NH_3)_2]^+$ 配离子。同样，当两种金属离子都能与同一配位体形成两种同型配合物时，其配位次序也是这样。当两种配位体（或金属离子）都能与同一种金属离子（或配位体）形成两种同型配合物时，其配位次序总是稳定常数大的配合物先生成，而稳定常数小的后配位，这种现象叫作"分步配位"。但应指出：只有当两者的稳定常数 $K_稳$ 值相差足够大（10^5 倍）时，才能完全分步，否则就会交叉进行，即 $K_稳$ 大的未配位完全时，$K_稳$ 小的就开始发生配位反应。

3. 置换配位

当同一金属离子（或配位剂）与不同配位剂（或金属离子）形成的配合物稳定性不同时，则可用形成稳定配合物的配位剂（或金属离子）把较不稳定配合物中的配位剂（或金属离子）置换出来，由稳定常数较小的配合物转化为稳定常数较大的配合物，这种现象叫作置换配位。例如，向含有 $[Ag(NH_3)_2]^+$ 配离子的溶液中加入 CN^-，则 CN^- 可把 NH_3 置换出来，形成 $[Ag(CN)_2]^-$ 配离子，即 $[Ag(NH_3)_2]^+ + 2CN^- \rightleftharpoons [Ag(CN)_2]^- + 2NH_3$。

又如 EDTA（乙二胺四乙酸），是一个很好的有机配位剂，它可以与许多金属离子形成稳定性不同的配合物，如 EDTA－Mg^{2+}，$K_稳 = 10^{8.7}$；EDTA－Fe^{3+}，$K_稳 = 10^{25.1}$。当向含有 EDTA－Mg^{2+} 配合物的溶液中加入 Fe^{3+} 溶液时，则 Fe^{3+} 可把 Mg^{2+} 置换出来，形成更加稳定的 EDTA－Fe^{3+} 配合物：EDTA－Mg^{2+} + Fe^{3+} $\rightleftharpoons$ EDTA－Fe^{3+} + Mg^{2+}

可见，置换配位就是用形成稳定配合物的配位剂（或金属离子）置换较不稳定配合物中的配位剂（或金属离子），置换配位的结果是生成更加稳定的配合物。

6.1.2 配位滴定对反应的要求

能够形成配合物的反应很多，但能用于配位滴定的反应必须符合以下要求。

(1) 生成的配合物必须足够稳定,以保证反应进行完全,一般应满足 $K_{稳} \geqslant 10^8$。

(2) 生成的配合物要有明确组成,即在一定条件下只形成一种配位数的配合物,这是定量计算的基础。

(3) 配位反应速度要快。

(4) 能选用比较简便的方法确定滴定终点。

大多数无机配合物的稳定性不高,并存在逐级配位现象,无确定的化学计量关系,不符合上述要求,所以这类反应不能用于配位滴定。

近年来,由于有机配位剂的发展,特别是氨羧配位剂,能与大多数金属离子形成组成一定、性质比较稳定的配合物,克服了无机配合物稳定性差的缺点,在金属、合金生产及矿物分析中得到了广泛的应用。氨羧配位剂的种类很多,其中最常用的是乙二胺四乙酸(简称 EDTA)。

6.1.3 氨羧配位剂

氨羧配位剂是一类以氨基二乙酸基团 $[-N(CH_2COOH)_2]$ 为基体的有机化合物,其分子中含有配位能力很强的氨氮 $\left(:N-\right)$ 和羧氧 $\left(-C\begin{smallmatrix}O\\\ddot{O}-\end{smallmatrix}\right)$ 两种配位原子,它们能与许多金属离子形成稳定的配合物。氨羧配位剂的种类很多,比较重要的如下。

(1) 乙二胺四乙酸(简称 EDTA):

$$\begin{array}{c} HOOCCH_2 \\ \diagdown \\ HOOCCH_2 \end{array} N-CH_2-CH_2-N \begin{array}{c} \diagup CH_2COOH \\ \\ \diagdown CH_2COOH \end{array}$$

(2) 环己烷二胺四乙酸(简称 CDTA 或 DCTA):

(3) 乙二醇二乙醚二胺四乙酸(简称 EGTA):

(4)乙二胺四丙酸(简称EDTP)：

$$\begin{array}{c} CH_2-\overset{+}{N}H-CH_2CH_2COO^- \\ | \quad\quad\quad\quad CH_2CH_2COOH \\ | \quad\quad\quad\quad CH_2CH_2COO^- \\ CH_2-\overset{+}{N}H-CH_2CH_2COOH \end{array}$$

其他还有氨三乙酸(NTA)、三乙四胺六乙酸(TTHA)等，在配位滴定中，以乙二胺四乙酸(EDTA)最为重要，本任务主要讨论以 EDTA 为滴定剂的配位滴定法。

6.2 EDTA 及其配位物

想一想

①配位反应与酸碱反应有什么不同？②配合物的稳定常数 K 很大说明什么？③配位反应一般是在什么物质之间发生？

6.2.1 EDTA 的性质及其解离平衡

乙二胺四乙酸的英文名称为 Ethylene Diamine Tetra-acetic Acid，简称 EDTA，它是一种四元酸，习惯上用缩写符号"H_4Y"表示。由于 H_4Y 在水中溶解度小，实际应用时通常用它的二钠盐，即乙二胺四乙酸二钠盐 $Na_2H_2Y \cdot 2H_2O$，一般也简称为 EDTA。在水溶液中，EDTA 两个羧基上的 H^+ 转移到 N 原子上，形成双偶极离子，其结构为

$$\begin{array}{c} HOOCCH_2 \quad\quad\quad\quad\quad\quad CH_2COO^- \\ \diagdown \quad\quad\quad\quad\quad\quad\quad\quad \diagup \\ \overset{+}{\underset{H}{N}}-CH_2-CH_2-\overset{+}{\underset{H}{N}} \\ \diagup \quad\quad\quad\quad\quad\quad\quad\quad \diagdown \\ ^-OOCCH_2 \quad\quad\quad\quad\quad\quad CH_2COOH \end{array}$$

当 H_4Y 溶于酸度很高的溶液时，它的两个羧酸根还可再接受 H^+ 而形成 H_6Y^{2+}，这样，EDTA 就相当于六元酸，有六级解离平衡：

$$H_6Y^{2+} \rightleftharpoons H^+ + H_5Y^+ \quad\quad K_{a_1} = \frac{[H^+][H_5Y^+]}{[H_6Y^{2+}]} = 10^{-0.90}$$

$$H_5Y^+ \rightleftharpoons H^+ + H_4Y \quad\quad K_{a_2} = \frac{[H^+][H_4Y]}{[H_5Y^+]} = 10^{-1.60}$$

$$H_4Y \rightleftharpoons H^+ + H_3Y^- \quad\quad K_{a_3} = \frac{[H^+][H_3Y^-]}{[H_4Y]} = 10^{-2.00}$$

$$H_3Y^- \rightleftharpoons H^+ + H_2Y^{2-} \quad\quad K_{a_4} = \frac{[H^+][H_2Y^{2-}]}{[H_3Y^-]} = 10^{-2.67}$$

$$H_2Y^{2-} \rightleftharpoons H^+ + HY^{3-} \qquad K_{a_5} = \frac{[H^+][HY^{3-}]}{[H_2Y^{2-}]} = 10^{-6.16}$$

$$HY^{3-} \rightleftharpoons H^+ + Y^{4-} \qquad K_{a_6} = \frac{[H^+][Y^{4-}]}{[HY^{3-}]} = 10^{-10.26}$$

由此可见，EDTA 和其他多元酸类似，在水溶液中总是以 H_6Y^{2+}、H_5Y^+、H_4Y、H_3Y^-、H_2Y^{2-}、HY^{3-}、Y^{4-} 七种形式存在，而且在不同的酸度下，各种存在形式的浓度(也即各存在型体所占的分布分数 δ)是不同的。EDTA 各种存在型体在不同 pH 值时的分布状况如图 6-1 所示。

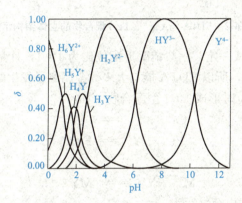

图 6-1　EDTA 各种存在型体在不同 pH 值时的分布曲线

EDTA 在不同 pH 值时各种存在型体的分配见表 6-1。

表 6-1　不同 pH 值时 EDTA 的主要存在型体

pH 值	<1	1~1.6	1.6~2	2~2.7	2.7~6.2	6.2~10.3	>10.3
主要存在型体	H_6Y^{2+}	H_5Y^+	H_4Y	H_3Y^-	H_2Y^{2-}	HY^{3-}	Y^{4-}

由图和表可以看出，在不同 pH 值时 EDTA 的主要存在型体不同。在这七种型体中，只有 Y^{4-} 能与金属离子直接配位。溶液的酸度越低(pH 值越大)，Y^{4-} 存在的形式越多，当溶液 pH 值很大(pH≥12)时，EDTA 接近完全以 Y^{4-} 形式存在。因此，溶液的酸度越低，EDTA 的配位能力越强。

6.2.2　EDTA 与金属离子的配位特点

EDTA 分子中 Y^{4-} 的结构为具有两个氨基和四个羧基，其氨氮原子和羧氧原子都有孤对电子，能与金属离子形成配位键，可作为六基配位体。它可以与绝大多数金属离子形成稳定的配合物，其特点如下。

(1) 形成的配合物相当稳定。EDTA 与金属离子反应形成具有五个五元环(四个 $\overset{\overset{\displaystyle M}{\overline{\qquad}}}{O-C-C-N}$ 五元环及一个 $\overset{\overset{\displaystyle M}{\overline{\qquad}}}{N-C-C-N}$ 五元环)的配合物，其立体结构如图 6-2 所示。具有这类环状结构的配合物都很稳定，故配位反应完全。

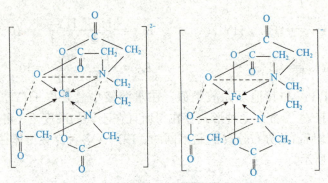

图 6-2　EDTA 与 Ca^{2+}、Fe^{3+} 配合物的立体结构示意

(2)形成的配合物组成一定，一般情况下配位比为 1∶1，计量关系简单。因为多数金属离子的配位数不超过 6，所以 EDTA 能与大多数金属离子发生配位反应，而且与不同价态(1～4 价)金属离子配位时形成 1∶1 型配合物。如：

$$Ca^{2+} + Y^{4-} \rightleftharpoons CaY^{2-}$$
$$Fe^{3+} + Y^{4-} \rightleftharpoons FeY^{-}$$

故通式为

$$M^{n+} + Y^{4-} \rightleftharpoons MY^{(n-4)}$$

为方便起见，可省去电荷，写为

$$M + Y \rightleftharpoons MY \tag{6-2}$$

只有极少数高价金属离子，如锆(Ⅳ)、钼(Ⅵ)等与 EDTA 形成 2∶1 型配合物。

(3)配位反应比较迅速。大多数 M^{n+} 与 EDTA 形成配合物的反应瞬间即可完成，只有极少数金属离子如 Cr^{3+}、Fe^{3+}、Al^{3+} 室温下反应较慢，可加热促使反应迅速进行。

(4)形成的配合物易溶于水。EDTA 分子中含有四个亲水的羧氧基团，且形成的配合物多带有电荷，因而，EDTA 与 M^{n+} 形成的配合物易溶于水。而且与无色金属离子形成无色配合物，如 CaY、ZnY、AlY 等；与有色金属离子形成颜色更深的配合物，如

CuY	CoY	NiY	FeY	CrY	MnY
深蓝	玫瑰紫	蓝绿	黄色	深紫	紫红

所以滴定有色离子时，试液浓度不能太大，以免用指示剂确定滴定终点时带来困难。

(5)溶液的酸度或碱度高时，一些金属离子和 EDTA 还可形成酸式配合物 MHY 或碱式配合物 MOHY。这些配合物大多不稳定，不影响 EDTA 与金属离子之间 1∶1 的计量关系，可忽略不计。

6.3　EDTA 滴定最低 pH 值要求

①滴定分析为何要求反应必须完全？②反应平衡是如何影响反应进行的程度的？③哪

些因素会影响化学反应平衡移动?

6.3.1 EDTA 配位反应的稳定常数

如前所述,EDTA 能与许多种金属离子形成 1∶1 型的配合物,反应通式如下:

$$M+Y \rightleftharpoons MY$$

此反应为配位滴定的主反应,平衡时配合物的稳定常数为

$$K_{MY}=\frac{[MY]}{[M][Y]} \tag{6-3}$$

K_{MY} 越大,表示 EDTA 配合物越稳定。同一配位剂 EDTA 与不同金属离子形成的配合物,其稳定性是不同的,在一定条件下,每一配合物都有其特有的稳定常数。一些常见金属离子与 EDTA 所形成的配合物的稳定常数见表 6-2。

表 6-2 EDTA 与一些常见金属离子的配合物的稳定常数
(溶液离子强度 $I=0.1$,温度 20 ℃)

阳离子	$\lg K_{MY}$	阳离子	$\lg K_{MY}$	阳离子	$\lg K_{MY}$
Na^+	1.66	Al^{3+}	16.3	Sn^{2+}	22.11
Li^+	2.79	Co^{2+}	16.31	Th^{4+}	23.2
Ba^{2+}	7.86	Cd^{2+}	16.46	Cr^{3+}	23.4
Sr^{2+}	8.73	Zn^{2+}	16.50	Fe^{3+}	25.1
Mg^{2+}	8.69	Pb^{2+}	18.04	U^{4+}	25.80
Ca^{2+}	10.69	Y^{3+}	18.09	V^{3+}	25.9
Mn^{2+}	13.87	Ni^{2+}	18.62	Bi^{3+}	27.94
Fe^{2+}	14.32	Cu^{2+}	18.80	Sn^{4+}	34.5
Ce^{3+}	15.98	Hg^{2+}	21.8	Co^{3+}	36.0

从表 6-2 中可以看出,金属离子与 EDTA 配合物的稳定性随金属离子的不同而差别很大。碱金属离子的配合物最不稳定,$\lg K_{MY}$ 为 2~3,一般不能直接进行配位滴定;碱土金属离子的配合物,$\lg K_{MY}$ 为 8~11;二价及过渡金属离子、稀土元素及 Al^{3+} 的配合物,$\lg K_{MY}$ 为 15~19;三价、四价金属离子和 Hg^{2+} 的配合物,$\lg K_{MY}>20$。这些配合物稳定性的差别主要取决于金属离子本身的离子电荷数、离子半径和电子层结构。离子电荷数越高,离子半径越大,电子层结构越复杂,配合物的稳定常数越大。这些是金属离子方面影响配合物稳定性大小的本质因素。另外,溶液的温度、酸度和其他配位体的存在等外界条件的变化也影响配合物的稳定性。

6.3.2 影响配位反应平衡的主要因素

在配位滴定中,除被测金属离子 M 与 Y 的主反应外,反应物 M 和 Y 及反应产物 MY 都可能因溶液的酸度、试样中共存的其他金属离子、为掩蔽干扰组分加入的掩蔽剂或其他辅助配位剂的存在发生副反应,而影响主反应的进行,如下式所示:

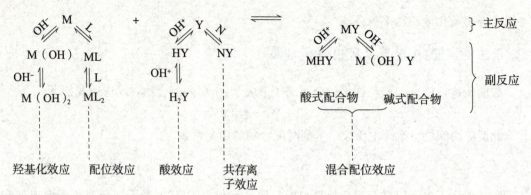

式中，L 为其他辅助配位剂；N 为共存干扰离子。除主反应外，其他反应一律称为副反应。

由以上综合反应式可以看出，如果反应物 M 或 Y 发生了副反应，则不利于主反应的进行；如果反应产物 MY 发生了副反应，则有利于主反应的进行，但这些混合配合物大多不太稳定，可忽略不计。下面主要讨论对配位平衡影响较大的 EDTA 的酸效应和金属离子 M 的配位效应。

1. EDTA 的酸效应及酸效应系数

式(6-3)中 K_{MY} 是描述在没有任何副反应时，生成的配合物的稳定程度。而在实际分析工作中，外界条件特别是酸度对 EDTA 配合物 MY 的稳定性是有影响的，其影响可用下式表示：

$$M + Y \rightleftharpoons MY$$
$$H + \updownarrow$$
$$HY$$
$$H + \updownarrow$$
$$H_2Y$$
$$\vdots$$

显然溶液的酸度会影响 Y 与 M 的配位能力，酸度越大，H^+ 与 Y^{4-} 的副反应越严重，使未与金属离子 M 配位的 EDTA 中含有的 HY^{3-}、H_2Y^{2-}、H_3Y^-、H_4Y、H_5Y^+、H_6Y^{2+} 等越多，Y^{4-} 的浓度越小，越不利于 MY 的形成。这种由于溶液中 H^+ 的存在，配位剂 EDTA 参加主反应的能力降低的现象称为 EDTA 的酸效应。其影响程度的大小可用酸效应系数来衡量。酸效应系数为 EDTA 的总浓度 c_Y 与能起配位反应的游离 Y^{4-} 平衡浓度 [Y] 的比值，用符号 $\alpha_{Y(H)}$ 表示，即

$$\alpha_{Y(H)} = \frac{c_Y}{[Y]} \tag{6-4}$$

式中，c_Y 为 EDTA 的总浓度，即 $c_Y = [Y] + [HY] + [H_2Y] + \cdots + [H_6Y]$。

可见 $\alpha_{Y(H)}$ 表示在一定 pH 值下，未与金属离子配位的 EDTA 各种形式的总浓度是游离 Y^{4-} 平衡浓度的多少倍，显然 $\alpha_{Y(H)}$ 是 Y 的分布分数 δ_Y 的倒数，并可根据 EDTA 的各级解离常数及溶液中 H^+ 浓度计算出来。

$$\alpha_{Y(H)} = \frac{[Y] + [HY] + \cdots + [H_6Y]}{[Y]} = \frac{1}{\delta_Y}$$

经推导、整理即可得出

$$\alpha_{Y(H)} = 1 + \frac{[H]}{K_{a_6}} + \frac{[H]^2}{K_{a_6}K_{a_5}} + \cdots + \frac{[H]^6}{K_{a_6}K_{a_5}\cdots K_{a_1}}$$

显然，$\alpha_{Y(H)}$ 值与溶液酸度有关，它随溶液 pH 值增大而减小，$\alpha_{Y(H)}$ 越大，表示参加配位反应的 Y^{4-} 的浓度越小，酸效应越严重。只有当 $\alpha_{Y(H)} = 1$ 时，说明 Y 没有副反应。因此，酸效应系数是判断 EDTA 能否滴定某金属离子的重要参数。不同 pH 值时 EDTA 的 $\lg\alpha_{Y(H)}$ 值列于表 6-3 中。

表 6-3 不同 pH 值时 EDTA 的 $\lg\alpha_{Y(H)}$ 值

pH	$\lg\alpha_{Y(H)}$	pH	$\lg\alpha_{Y(H)}$	pH	$\lg\alpha_{Y(H)}$
0.0	23.64	3.4	9.70	6.8	3.55
0.4	21.32	3.8	8.85	7.0	3.32
0.8	19.08	4.0	8.44	7.5	2.78
1.0	18.01	4.4	7.64	8.0	2.27
1.4	16.02	4.8	6.84	8.5	1.77
1.8	14.27	5.0	6.45	9.0	1.28
2.0	13.51	5.4	5.69	9.5	0.83
2.4	12.19	5.8	4.98	10.0	0.45
2.8	11.09	6.0	4.65	11.0	0.07
3.0	10.60	6.4	4.06	12.0	0.01

从表 6-3 可以看出，多数情况下 $\alpha_{Y(H)}$ 不等于 1，c_Y 总是大于 $[Y]$，只有在 pH>12 时，$\alpha_{Y(H)}$ 才近似等于 1，此时 EDTA 接近完全解离为 Y^{4-}，$[Y]$ 等于 c_Y，EDTA 的配位能力最强。

2. 金属离子的配位效应及配位效应系数

当 EDTA 与金属离子 M 配位时，溶液中如果有其他能与金属离子 M 反应的配位剂 L（辅助配位体、缓冲溶液中的配位体或掩蔽剂等）存在，同样对 MY 配合物的稳定性有影响，其影响可用下式表示：

$$\begin{array}{c} M + Y \rightleftharpoons MY \\ \Updownarrow L \\ ML \\ \Updownarrow L \\ ML_2 \\ \vdots \end{array}$$

这种由于其他配位剂的存在，金属离子 M 参加主反应的能力降低的现象称为金属离子的配位效应。其影响程度的大小可用配位效应系数来衡量。配位效应系数为金属离子的总浓度 c_M 与游离金属离子浓度 $[M]$ 的比值，用符号 $\alpha_{M(L)}$ 表示，即

$$\alpha_{M(L)} = \frac{c_M}{[M]} \quad (6\text{-}5)$$

式中，c_M 为金属离子 M 的总浓度，即 $c_M=[M]+[ML]+[ML_2]+\cdots+[ML_n]$。

可见，$\alpha_{M(L)}$ 表示未与 Y 配位的金属离子 M 的各种形式的总浓度是游离金属离子浓度的多少倍。当 $\alpha_{M(L)}=1$ 时，$c_M=[M]$，表示金属离子没有发生副反应；$\alpha_{M(L)}$ 值越大，表示金属离子 M 的副反应配位效应越严重。

若用 $K_1, K_2, \cdots, K_n$ 表示配合物 ML_n 的各级稳定常数，即

配位平衡 　　　　　各级稳定常数

$$M+L \rightleftharpoons ML \qquad K_1 = \frac{[ML]}{[M][L]}$$

$$ML+L \rightleftharpoons ML_2 \qquad K_2 = \frac{[ML_2]}{[ML][L]}$$

$$\vdots$$

$$ML_{n-1}+L \rightleftharpoons ML_n \qquad K_n = \frac{[ML_n]}{[ML_{n-1}][L]}$$

将 K 的关系式代入式(6-5)，并整理得

$$\alpha_{M(L)} = 1+[L]K_1+[L]^2K_1K_2+\cdots+[L]^nK_1K_2\cdots K_n$$

配位效应系数也可从 ML_n 的各级累积稳定常数推导而得

$$\alpha_{M(L)} = 1+\beta_1[L]+\beta_2[L]^2+\cdots+\beta_n[L]^n$$

可以看出，游离配位体的浓度越大，或其配合物 ML_n 稳定常数越大，则配位效应系数越大，越不利于主反应的进行。

当配位剂 L 的浓度一定时，$\alpha_{M(L)}$ 为一定值，此时游离金属离子浓度则为

$$[M] = \frac{c_M}{\alpha_{M(L)}}$$

6.3.3 条件稳定常数

当没有任何副反应存在时，配合物 MY 的稳定常数用 $K_{MY}(K_稳)$ 来表示，它不受溶液浓度、酸度等外界条件影响，所以又称绝对稳定常数。它只有在 EDTA 全部解离成 Y^{4-}，而且金属离子 M 的浓度未受其他条件影响时才适用。但当 M 和 Y 的配位反应在一定酸度下进行，且有其他金属离子共存及除 EDTA 外的其他配位体存在时，可能会有副反应发生，从而影响主反应的进行。此时稳定常数 K_{MY} 就不能客观地反映主反应进行的程度，为此引入条件稳定常数的概念。

条件稳定常数又称表观稳定常数，是将各种副反应[如酸效应、配位效应、共存离子效应、羟基化效应(水解效应)]等因素都考虑进去以后配合物 MY 的实际稳定常数，用 $K'_稳$ 或 K'_{MY} 表示。如前所述，MY 的混合配位效应(形成 MHY 和 MOHY)可以忽略。若溶液中没有干扰离子(共存离子效应)，溶液酸度又高于金属离子 M 的羟基化(水解效应)酸度时，则只考虑 M 的配位效应和 Y 的酸效应来讨论条件稳定常数。

当溶液具有一定酸度和有其他配位剂存在时，将引起下列副反应：

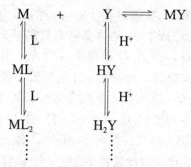

由 H$^+$ 引起的酸效应，使[Y]降低；由配位剂 L 引起的配位效应，使[M]降低，则反应达平衡时，其配合物 MY 的实际稳定常数，应该采用溶液中未形成 MY 配合物的 EDTA 的总浓度 c_Y 和 M 的总浓度 c_M 表示，即

$$K'_{MY} = \frac{[MY]}{c_M c_Y} \tag{6-6}$$

根据酸效应系数和配位效应系数

$$\alpha_{Y(H)} = \frac{c_Y}{[Y]} \quad \alpha_{M(L)} = \frac{c_M}{[M]}$$

得

$$K'_{MY} = \frac{[MY]}{[M]\alpha_{M(L)}[Y]\alpha_{Y(H)}} = \frac{K_{MY}}{\alpha_{M(L)}\alpha_{Y(H)}}$$

或用对数式表示：

$$\lg K'_{MY} = \lg K_{MY} - \lg \alpha_{Y(H)} - \lg \alpha_{M(L)} \tag{6-7}$$

式(6-7)是处理配位平衡的重要公式。

EDTA 是一个多元酸，所以 EDTA 的酸效应总是存在而不能忽略的。当溶液中没有其他配位剂存在或其他配位剂 L 不与被测金属离子 M 反应，只有酸效应的影响时，则

$$K'_{MY} = \frac{[MY]}{[M]c_Y} = \frac{K_{MY}}{\alpha_{Y(H)}}$$

或

$$\lg K'_{MY} = \lg K_{MY} - \lg \alpha_{Y(H)} \tag{6-8}$$

K'_{MY} 是考虑了酸效应后的 EDTA 与金属离子 M 形成的配合物 MY 的稳定常数，即在一定酸度条件下用 EDTA 溶液总浓度表示的稳定常数，它表明对同一配合物来说，其条件稳定常数 K'_{MY} 随溶液的 pH 值不同而改变，其大小反映了在相应 pH 值条件时形成配合物的实际稳定程度，也是判断滴定可能性的重要依据。

【例 6-1】 当 Zn^{2+} 的浓度 $c = 10^{-2}$ mol/L 时，若只考虑酸效应，求 pH=2.0 和 pH=5.0 时的 ZnY 的 $\lg K'_{ZnY}$。

解：已知 $\lg K_{ZnY} = 16.50$，依据公式 $\lg K'_{MY} = \lg K_{MY} - \lg \alpha_{Y(H)}$ 计算如下：

pH=2 时，查表 6-3 得 $\lg \alpha_{Y(H)} = 13.51$，所以 $\lg K'_{ZnY} = 16.50 - 13.51 = 2.99$。

pH=5 时，查表 6-3 得 $\lg \alpha_{Y(H)} = 6.45$，所以 $\lg K'_{ZnY} = 16.50 - 6.45 = 10.05$。

由计算可知，在 pH=2 时，$\lg K'_{ZnY} = 2.99$；在 pH=5 时，$\lg K'_{ZnY} = 10.05$，说明不同 pH 值条件下生成的 ZnY 稳定性不同，即两个反应进行的完全程度也不同。用 EDTA 是否可以准确滴定 Zn^{2+}？这显然与溶液 pH 值有关。

由例 6-1 可见，应用条件稳定常数 K'_{MY} 比稳定常数 K_{MY} 能更准确地判断金属离子与 EDTA 配位反应的实际配位情况。因此，K'_{MY} 在选择配位滴定的 pH 值条件时有着重要的意义，由式(6-3)和式(6-8)可知，pH 值越大，$\lg\alpha_{Y(H)}$ 越小，$\lg K'_{稳}$ 越大，配位反应越完全，对滴定越有利；但 pH 值不能无限增大，否则某些金属离子会水解生成氢氧化物沉淀，此时就难以用 EDTA 直接滴定，因此需要降低 pH 值；而 pH 值降低（酸度升高），$\lg K'_{MY}$ 就减小，对稳定性高的配合物，溶液的 pH 值稍低一些，仍可滴定；而对稳定性差的配合物，若溶液的 pH 值低至一定程度，其配合物就不再稳定，此时就不能准确滴定。

例如，$\lg K_{FeY}=25.1$，pH=2 时，$\lg K'_{FeY}=25.1-13.51=11.59$，由计算可知，在 pH=2 时，FeY 很稳定，所以能够滴定 Fe^{3+}；但对于 Mg^{2+}，其 $\lg K_{MgY}=8.69$，在 pH=2 时，$\lg K'_{MgY}=8.69-13.51$ 为负值，说明在此条件下 Mg^{2+} 与 EDTA 不能形成配合物。试验表明，即使在 pH=5~6 时，MgY 也接近全部解离，只有在 pH 值不低于 9.7 的碱性溶液中，滴定才可顺利进行。可见，对不同的金属离子，滴定时都有各自所允许的最低 pH 值（最高酸度）。

6.3.4　EDTA 滴定的最低 pH 值要求和酸效应曲线

要确定各种金属离子 M 滴定时允许的最低 pH 值，若只考虑酸效应，仍需从式(6-8)来考虑。现假设 M 和 EDTA 的初始浓度均为 c，滴定到达化学计量点时，形成配合物 MY，为简便起见，在滴定过程中溶液体积的改变不予考虑，则 $[MY]\approx c$。若允许误差为 0.1%，则在化学计量点时，游离金属离子的浓度和游离 EDTA 的总浓度都应小于或等于 $c\times 0.1\%$，将此关系应用于式(6-8)，得

$$K'_{MY} \geqslant \frac{[MY]}{[M]c_Y} \geqslant \frac{c}{(c\times 0.1\%)^2} \geqslant \frac{1}{c\times 10^{-6}}$$

由此得出准确滴定单一金属离子的条件：

$$c_M K'_{MY} \geqslant 10^6 \quad 或 \quad \lg(c_M K'_{MY}) \geqslant 6 \tag{6-9}$$

其中，c_M 为金属离子的浓度。当 $c=10^{-2}$ mol/L 时，则有

$$\lg K'_{MY} \geqslant 8 \tag{6-10}$$

这说明，当用 EDTA 标准溶液滴定与其浓度相同的金属离子溶液时，如能满足式(6-9)条件[$c=10^{-2}$ mol/L 时，满足式(6-10)条件]，则一般可获得准确结果，误差≤0.1%。因此式(6-9)、式(6-10)就是判断某单一金属离子 M 在给定的 pH 值条件下能否被 EDTA 准确滴定的依据。

【例 6-2】 当 Zn^{2+} 的浓度 $c=10^{-2}$ mol/L 时，若只考虑酸效应，试判断当 pH=2.0 和 pH=5.0 时能否被 EDTA 准确滴定。

解：已知 $\lg K_{ZnY}=16.50$，依据公式 $\lg K'_{MY}=\lg K_{MY}-\lg\alpha_{Y(H)}$ 计算如下：

pH=2 时：查表 6-3 得 $\lg\alpha_{Y(H)}=13.51$，所以 $\lg K'_{ZnY}=16.50-13.51=2.99<8$

pH=5 时：查表 6-3 得 $\lg\alpha_{Y(H)}=6.45$，所以 $\lg K'_{ZnY}=16.50-6.45=10.05\geqslant 8$

故在 pH=2 时，不能被 EDTA 准确滴定；pH=5 时，能被 EDTA 准确滴定。

如果不考虑其他配位剂所引起的副反应，则 $\lg K'_{MY}$ 值的大小主要取决于溶液的酸度，当酸度高于某一限度时，则不能准确滴定。这一限度就是配位滴定该金属离子所允许的最低 pH 值。

滴定金属离子 M 所允许的最低 pH 值，与待测金属离子的浓度有关。在配位滴定中，待测金属离子的浓度一般为 10^{-2} mol/L 左右，这时 $\lg K'_{MY}\geqslant 8$，金属离子可被准确

滴定。

由式(6-8)和式(6-10)，得

$$\lg\alpha_{Y(H)} \leqslant \lg K_{MY} - 8 \tag{6-11}$$

按式(6-11)计算可得 $\lg\alpha_{Y(H)}$，它所对应的 pH 值就是滴定该金属离子 M 所允许的最低 pH 值。

【例 6-3】 已知 Mg^{2+} 和 EDTA 的浓度均为 $10^{-2}\,mol/L$。

(1) 求 pH=6 时的 $\lg K'_{MgY}$，并判断能否进行准确滴定。

(2) 若 pH=6 时不能准确滴定，试确定滴定允许的最低 pH 值。

解： 查表 6-2 得 $\lg K_{MgY} = 8.69$。

(1) pH=6 时，$\lg\alpha_{Y(H)} = 4.65$。

所以 $\lg K'_{MgY} = \lg K_{MgY} - \lg\alpha_{Y(H)} = 8.69 - 4.65 = 4.04 < 8$

故在 pH=6 时，用 EDTA 不能准确滴定 Mg^{2+}。

(2) 由于 $c_{Mg} = c_{EDTA} = 10^{-2}\,mol/L$，根据式(6-11)得

$$\lg\alpha_{Y(H)} \leqslant \lg K_{MgY} - 8 = 8.69 - 8 = 0.69$$

则对应的 pH 值约为 9.7，此即滴定 Mg^{2+} 时所允许的最低 pH 值。此值说明，在 pH≥9.7 的溶液中，Mg^{2+} 能被 EDTA 准确滴定。

若将各 M^{n+} 的 $\lg K_{MY}$ 值代入式(6-11)，即可计算出相应的最大 $\lg\alpha_{Y(H)}$ 值。查表 6-3 可得滴定该金属离子 M 所允许的最低 pH 值。将各金属离子的稳定常数 $\lg K_{MY}$ 值与滴定允许的最低 pH 值绘制成 pH—$\lg K_{MY}$ 曲线，称为 EDTA 的酸效应曲线，如图 6-3 所示。

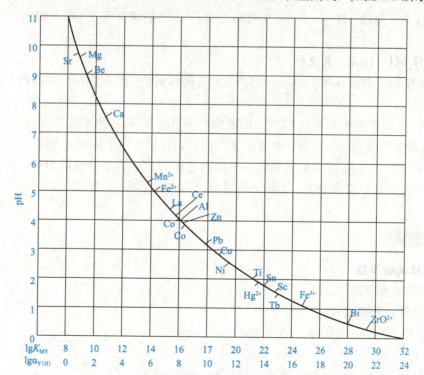

图 6-3　EDTA 的酸效应曲线

(金属离子浓度 $10^{-2}\,mol/L$，允许测定的相对误差为 ±0.1%)

酸效应曲线的用途如下。

1. 确定滴定时所允许的最低 pH 值条件

从图 6-3 曲线上可以找出滴定各金属离子时所允许的最低 pH 值。如果小于该 pH 值，就不能配位或配位不完全。例如，滴定 Fe^{3+}，pH 值必须大于 1；滴定 Zn^{2+}，pH 值必须大于 4。

实际滴定时所采用的 pH 值要比允许的最低 pH 值高一些，这样可以保证被滴定的金属离子配位更完全。但需要注意的是，过高的 pH 值会引起金属离子的羟基化（或水解），形成羟基化合物（或氢氧化物沉淀）。例如，滴定 Mg^{2+} 时，pH 值应大于 9.7，但若 pH>12，Mg^{2+} 形成 $Mg(OH)_2$ 沉淀而不与 EDTA 配位。

2. 判断干扰情况

从图 6-3 曲线上可以判断在一定 pH 值滴定某金属离子时，哪些离子有干扰作用。一般来说，酸效应曲线上被测金属离子以下的离子都干扰测定。例如，在 pH=4 时滴定 Zn^{2+}，若溶液中存在 Pb^{2+}、Cu^{2+}、Fe^{3+}，都能与 EDTA 配位而干扰 Zn^{2+} 的测定。至于曲线上被测离子 M 以上的离子 N，在两者浓度相近时，$lgK_{MY}-lgK_{NY}>5$，可使 N 不干扰 M 的测定。

3. 控制溶液酸度进行连续测定

从图 6-3 曲线可以看出，通过控制溶液酸度的办法，有可能在同一溶液中连续滴定几种金属离子。一般来说，曲线上相隔越远的离子越容易用控制酸度的方法来进行选择性的滴定或连续滴定。例如，溶液中含有 Bi^{3+}、Zn^{2+} 和 Mg^{2+}，可在 pH=1.0 时滴定 Bi^{3+}，然后调节溶液 pH=5.0~6.0 时滴定 Zn^{2+}，最后调节溶液 pH=10.0~11.0 时滴定 Mg^{2+}。

4. 兼作 pH—$lg\alpha_{Y(H)}$ 表使用

图 6-3 中第二横坐标是 $lg\alpha_{Y(H)}$，它与 lgK_{MY} 之间相差 8 个单位，可代替表 6-3 使用。

说明：

(1) 图 6-3 只适用于 M^{n+} 和 EDTA 的浓度均为 10^{-2} mol/L 的情况。

(2) 酸效应曲线是在一定条件和要求下得出的，它只考虑了酸度对 EDTA 的影响，没有考虑溶液 pH 值对 M 和 MY 的影响，也没有考虑其他配位剂存在的影响。所以，得出的是较粗略的结果，仅供参考。实际分析时应视具体情况灵活运用这些结论。

任务准备

1. 明确试验步骤

(1) 领取或配制试剂。

1) 氧化锌，基准试剂；

2) $Na_2H_2Y \cdot 2H_2O$（固体），分析纯；

3) HCl，6 mol/L；

4) 10% 氨水：量取 400 mL 氨水，稀释至 1 000 mL；

5) 铬黑 T 指示试剂（5 g/L）：称取 0.50 g 铬黑 T 和 2.0 g 盐酸羟胺，溶于乙醇，用乙醇稀释至 100 mL，此溶液使用前制备；

6)NH_3—NH_4Cl 缓冲溶液(pH=10)：称取 54 g 氯化铵，溶于水，加 350 mL 氨水，稀释至 1 000 mL。

(2)0.02 mol/L EDTA 溶液的配制。用 500 mL 烧杯或表面皿在台秤上称取 EDTA($Na_2H_2Y·2H_2O$、摩尔质量 372.2 g/mol)固体 4.0 g，用 300 mL 纯水溶解(可适当加热)，稀释至 500 mL，转移至试剂瓶中，充分摇匀，贴上标签，备用。

EDTA 标准溶液的配制

(3)Zn^{2+} 标准溶液(0.02 mol/L)的配制。准确称取约 0.4 g 在 800 ℃ 灼烧至恒重的基准氧化锌，称准至 0.000 1 g，放入 250 mL 烧杯，用少量水湿润，加 4 mL、6 mol/L HCl 和 25 mL 水，小心搅拌促其溶解(必要时可适当加热)，然后全部转入 250 mL 容量瓶，稀释至刻度，摇匀。

锌标准溶液的配制

(4)0.02 mol/L EDTA 溶液浓度的标定。用移液管准确吸取 25.00 mL、0.02 mol/L Zn^{2+} 标准溶液于 250 mL 锥形瓶中，加 20 mL 蒸馏水，用 10% 氨水中和至 pH≈7~8[溶液刚出现白色浑浊 $Zn(OH)_2$↓]，加 10 mL NH_3—NH_4Cl 缓冲溶液及 5 滴铬黑 T 指示剂(5 g/L)，用待标定的 0.02 mol/L EDTA 溶液滴定至溶液恰好从酒红色变成纯蓝色，记下消耗的 EDTA 体积，同时做空白试验。

EDTA 标准溶液的标定

2. 列出任务要素
(1)检测对象＿＿＿＿＿＿＿＿＿＿＿＿＿＿＿＿＿＿＿＿＿＿＿＿
(2)检测项目＿＿＿＿＿＿＿＿＿＿＿＿＿＿＿＿＿＿＿＿＿＿＿＿
(3)依据标准＿＿＿＿＿＿＿＿＿＿＿＿＿＿＿＿＿＿＿＿＿＿＿＿

3. 制订试验计划
(1)填写药品领取单(一般溶液需自己配制，标准滴定溶液可直接领取)。

序号	药品名称	等级或浓度	个人用量/g 或 mL	小组用量/g 或 mL	使用安全注意事项

(2)填写仪器清单(个人)。

序号	仪器名称	规格	数量

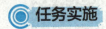

任务实施

1. 领取药品，组内分工配制溶液

序号	溶液名称及浓度	体积/mL	配制方法	负责人

2. 领取仪器，各人负责清洗干净

清洗后，玻璃仪器内壁：□都不挂水珠　　□部分挂水珠　　□都挂水珠

3. 独立完成试验，填写数据记录

试验日期：　　　年　　月　　日　　　　水温：　　℃

内容	测定次数	1	2	3
	称量瓶和试样的质量(第一次读数)			
	称量瓶和试样的质量(第二次读数)			
	基准物的质量 m/g			
	Zn^{2+}标准溶液的浓度/(mol·L^{-1})			
	取 Zn^{2+} 标准溶液的量/mL			
标定试验	滴定管初读数/mL			
	滴定管终读数/mL			
	滴定消耗 EDTA 溶液的体积 V_1/mL			
空白试验	滴定管初读数/mL			
	滴定管终读数/mL			
	滴定消耗 EDTA 溶液的体积 V_2/mL			
	EDTA 溶液的浓度/(mol·L^{-1})			
	测定结果平均值/(mol·L^{-1})			
	平行测定结果的极差/%			

EDTA 浓度按下式计算：

$$c(\text{EDTA}) = \frac{m \times \frac{25}{250}}{0.08138 \times (V_1 - V_2)}$$

式中，c(EDTA) 为 EDTA 溶液的物质的量浓度 (mol/L)；m 为基准试剂氧化锌的质量 (g)；V_1 为滴定消耗的 EDTA 的量 (mL)；V_2 为空白试验消耗的 EDTA 的量 (mL)；0.08138 为与 1.00 mL EDTA 标准溶液 [c(EDTA) = 1.000 mol/L] 相当的以克表示的氧化锌的质量。

4. 检查评价

根据以上试验操作和数据计算结果,进行自评、小组内互评,教师考核评价,完成任务考核评价表的填写。

项目	评分标准	分值	自评/30%	互评/30%	师评/40%	合计
称量	称量范围在±10%以内;有洒落,0分	10				
滴定管使用	按照洗涤—润洗—装液顺序使用,滴定速度为4~6 mL/min;能控制颜色恰好从酒红色变成纯蓝色	15				
颜色变化观察	能判断溶液颜色由酒红色变成纯蓝色	15				
移液管使用	准确移取25.00 mL Zn^{2+} 标准溶液	10				
量筒使用	能熟练量取10 mL缓冲溶液	5				
结果计算	能根据公式正确计算出结果	20				
试验结果相对极差	<0.2%,不扣分;≥0.2%,扣5分;≥0.4%,扣10分;≥0.6%,扣15分;≥0.8%,扣20分;≥1.0%,扣25分	25				
最后得分						

技能总结

1. 天平减量法操作;
2. 滴定管的使用;
3. 移液管、量筒的使用;
4. 固体溶解、溶液转移及容量瓶使用;
5. 酒红色、纯蓝色终点变色判断和控制。

溶量瓶的试漏   溶量瓶的洗涤

溶量瓶的转移和定容

拓展阅读

试验安全事故引起的思考

在化学实验室里,安全是非常重要的,它常常潜藏着诸如发生爆炸、着火、中毒、灼伤、割伤、触电等事故的危险性。

一个试验操作事故案例:李某在准备处理一瓶四氢呋喃时,没有仔细核对,误将一瓶硝基甲烷当作四氢呋喃加入氢氧化钠。约过了1 min,试剂瓶中冒出了白烟。李某立即将通风橱玻璃门拉下,此时瓶口的烟变成黑色泡沫状液体。李某叫来同事请教解决方法,爆炸就发生了,玻璃碎片将二人的手臂割伤。

事故原因:当事人在加药品时粗心大意,没有仔细核对所用化学试剂。试验台药品杂乱无序、药品过多也是造成本次事故的重要原因。

那么在实验室如何有效避免这类安全事故呢?最有效的方法就是在实验室实行"6S法则"。

6S就是整理(Seiri)、整顿(Seiton)、清扫(Seiso)、清洁(Seiketsu)、素养(Shitsuke)、

安全(Safety)六个项目，因均以"S"开头，简称 6S。

(1)整理——将工作现场的所有物品区分为有用品和无用品，除有用的留下外，其他的都清理掉。其目的是腾出空间，空间活用，防止误用，保持清爽的工作环境。

(2)整顿——把留下来的必须要用的物品依规定位置摆放，并放置整齐加以标识。其目的是使工作场所一目了然，消除寻找物品的时间，整整齐齐的工作环境，消除过多的积压物品。

(3)清扫——将工作场所内看得见与看不见的地方清扫干净，保持工作场所干净、亮丽，创造良好的工作环境。其目的是稳定品质，减少工业伤害。

(4)清洁——将整理、整顿、清扫进行到底，并且制度化，经常保持环境处在整洁美观的状态。其目的是创造明朗现场，维持上述 3S 推行成果。

(5)素养——每位成员养成良好的习惯，并遵守规则做事，培养积极主动的精神(也称习惯性)。其目的是促进良好行为习惯的形成，培养遵守规则的员工，发扬团队精神。

(6)安全——重视成员安全教育，每时每刻都有安全第一观念，防患于未然。其目的是建立及维护安全生产的环境，所有的工作应建立在安全的前提下。

实行 6S 法则，更多是为了让实验室成为一个舒适的工作环境、一个安全的作业场所，这不仅能提升员工的工作热情，稳定试验产物的质量水平，还能提高现场工作效率，增加设备使用寿命，降低试验成本(图 6-4)。

图 6-4　实验 6S 前后对比

练一练

1. 关于 EDTA，下列说法不正确的是(　　)。
   A. EDTA 是乙二胺四乙酸的简称
   B. 分析工作中一般用乙二胺四乙酸二钠盐
   C. EDTA 与钙离子以 1∶2 的关系配合
   D. EDTA 与金属离子配合形成配合物

2. 乙二胺四乙酸根（—OOCCH$_2$）$_2$NCH$_2$CH$_2$N(CH$_2$COO—)$_2$ 可提供的配位原子数为（　　）。

　　A. 2　　　　　　B. 4　　　　　　C. 6　　　　　　D. 8

3. 直接与金属离子配位的 EDTA 型体为（　　）。

　　A. H$_6$Y^{2+}　　　B. H$_4$Y　　　C. H$_2$Y^{2-}　　　D. Y^{4-}

4. 分析室常用的 EDTA 水溶液呈（　　）性。

　　A. 强碱　　　　　B. 弱碱　　　　　C. 弱酸　　　　　D. 强酸

5. EDTA 同阳离子结合生成（　　）。

　　A. 配合物　　　　　　　　　　　B. 聚合物

　　C. 离子交换剂　　　　　　　　　D. 非化学计量的化合物

6. EDTA 与大多数金属离子的配位关系是（　　）。

　　A. 1∶1　　　　B. 1∶2　　　　C. 2∶2　　　　D. 2∶1

7. EDTA 滴定 Zn^{2+} 时，加入 NH$_3$—NH$_4$Cl 可以（　　）。

　　A. 防止干扰　　　　　　　　　B. 控制溶液的酸度

　　C. 使金属离子指示剂变色更敏锐　　D. 加大反应速率

8. 在配位滴定中，金属离子与 EDTA 形成配合物越稳定，在滴定时允许的 pH 值（　　）。

　　A. 越高　　　　B. 越低　　　　C. 中性　　　　D. 不要求

9. EDTA 滴定中，消除共存离子干扰的通用方法是控制溶液的酸度。（　　）

　　A. 正确　　　　　　　　　　　　B. 错误

10. 用 EDTA 标准滴定溶液滴定金属离子 M，若要求相对误差小于 0.1%，则要求（　　）。

　　A. $c_M K'_{MY} \geqslant 10^6$　　B. $c_M K'_{MY} \leqslant 10^6$　　C. $K'_{MY} \geqslant 10^6$　　D. $K_{MY}\alpha_{Y(H)} \geqslant 10^6$

11. EDTA 滴定金属离子 M。MY 的绝对稳定常数为 K_{MY}，当金属离子 M 的浓度为 0.01 mol/L 时，下列 $\lg \alpha_{Y(H)}$ 对应的 pH 值是滴定金属离子 M 的最高允许酸度的是（　　）。

　　A. $\lg \alpha_{Y(H)} \geqslant \lg K_{MY} - 8$　　B. $\lg \alpha_{Y(H)} = \lg K_{MY} - 8$

　　C. $\lg \alpha_{Y(H)} \geqslant \lg K_{MY} - 6$　　D. $\lg \alpha_{Y(H)} \leqslant \lg K_{MY} - 3$

12. EDTA 酸效应曲线不能回答的问题是（　　）。

　　A. 进行各金属离子滴定时的最低 pH 值

　　B. 在一定 pH 值范围内滴定某种金属离子时，哪些离子可能有干扰

　　C. 控制溶液的酸度，有可能在同一溶液中连续测定几种离子

　　D. 准确测定各离子时溶液的最低酸度

13. 关于 EDTA 标准溶液制备叙述，下列不正确的是（　　）。

　　A. 使用 EDTA 分析纯试剂先配成近似浓度再标定

　　B. 标定条件与测定条件应尽可能接近

　　C. EDTA 标准溶液直接储存于聚乙烯瓶中

　　D. 标定 EDTA 溶液须用二甲酚橙指示剂

14. 配制好的 EDTA 标准溶液，一般储存于聚乙烯塑料瓶中或硬质玻璃瓶中。（　　）

　　A. 正确　　　　　　　　　　　　B. 错误

15. 7.4 g $Na_2H_2Y \cdot 2H_2O$(M=372.24 g/mol)配制成 1 L 溶液，其浓度约为（ ）mol/L。

    A. 0.2   B. 0.01   C. 0.1   D. 0.2

16. 用 ZnO 标定 EDTA 溶液，称取 ZnO 颗粒 0.204 6 g，溶于水后控制溶液的酸度 pH=6，配制成 250 mL 溶液，准确移取 25.00 mL，以二甲酚橙为指示剂，用 EDTA 溶液滴定，消耗 25.10 mL 滴定至终点，EDTA 的浓度为（ ）mol/L[$M(ZnO)$=81.38 g/mol]。

    A. 0.020 02   B. 0.020 03   C. 0.200 2   D. 0.200 3

任务7　测定自来水中总硬度

任务分析

1. 水的硬度

水的硬度是指水中除碱金属外的全部金属离子的浓度。水中 Ca^{2+}、Mg^{2+} 含量远比其他金属离子高,所以通常以水中 Ca^{2+}、Mg^{2+} 总量表示水的硬度。它们通常以碳酸氢盐、氯化物、硫酸盐及硝酸盐的形式存在。总硬度包括暂时硬度和永久硬度。

(1)永久硬度(也称非碱性硬度):水中含有的钙、镁的硫酸盐、氯化物和硝酸盐等,在加热时也不沉淀。

(2)暂时硬度:水中含有的钙、镁的碳酸盐和酸式碳酸盐,遇热即成碳酸盐和 $Mg(OH)_2$ 沉淀而失去其硬性,反应式如下:

$$Ca(HCO_3)_2 \rightarrow CaCO_3 \downarrow + H_2O + CO_2 \uparrow$$

$$Mg(HCO_3)_2 \xrightarrow{\triangle} MgCO_3 \downarrow + H_2O + CO_2 \uparrow$$

$$MgCO_3 + H_2O \rightarrow Mg(OH)_2 \downarrow + CO_2 \uparrow$$

水的硬度又可分为钙硬和镁硬。钙硬是由 Ca^{2+} 引起的;镁硬是由 Mg^{2+} 引起的。

水的硬度是表示水质好坏的一个重要指标,与工业生产及人类生活密切相关。在工业生产中,水的硬度是形成锅垢和影响产品质量的主要因素,尤其是锅炉用水,如果硬度太大,形成的锅垢不但会妨碍热传导,严重时还会导致锅炉爆炸。由于硬水问题,工业上每年因设备、管线的维修和更换都要耗费巨大的人力和物力。在人们的日常生活中,如果生活用水的硬度太大,洗衣服时水中的钙、镁和肥皂反应产生不溶性沉淀,降低洗涤效果;硬水的饮用也会对人体健康与日常生活造成一定的影响,不经常饮硬水的人偶尔饮硬水,会造成肠胃功能紊乱,即所谓的"水土不服";用硬水烹调鱼肉、蔬菜,会因不易煮熟而破坏或降低食物的营养价值;用硬水泡茶会改变茶的色香味而降低其饮用价值;用硬水做豆腐不仅会使产量降低,而且影响豆腐的营养成分;用硬度超过4°的水酿酒,会使酒浑浊,影响产量。因此,在工业生产和人们日常生活中,经常要对水的总硬度即水中钙、镁总量进行测定。

水的硬度单位有各种表示法,如"mg/L""mmol/L""度""ppm"等,各国的表示方法都不相同。如德国,把 Ca^{2+} 和 Mg^{2+} 总量折合成 CaO 的量来计算水的硬度,以每升水中含 10 mg CaO 为 1°(度)来表示硬度单位,1°=10 ppm CaO(1 ppm 相当于 1 L 水中含有 1 mg 物质)。我国还未规定统一的硬度单位,但通常以每升水中含 $CaCO_3$ 的毫克数表示水的硬度,也有使用德国度来表示的。

按照水的硬度大小(德国度),水质分类见表7-1。

表 7-1　水质分类

总硬度	水质
0°~4°	很软水
4°~8°	软水
8°~15°	中等硬水
16°~30°	硬水
30°以上	很硬水

《生活饮用水卫生标准》(GB 5749—2022)中规定，生活饮用水的总硬度(以 $CaCO_3$ 计)不得超过 450 mg/L(相当于德国 25°)。各种工业用水的硬度要求要根据工艺过程对硬度的具体要求而定。

2. 水的硬度的测定原理

(1)总硬度的测定。用 EDTA 做滴定剂测定水的硬度是一个准确而又快速的方法，它是在 pH=10 的氨缓冲溶液中，以铬黑 T(简称 EBT)为指示剂，用 EDTA 直接滴定水中的 Ca^{2+} 和 Mg^{2+}。

如表 7-2 所示，pH=10 时，Ca^{2+} 和 Mg^{2+} 与 EDTA 生成无色配合物，铬黑 T 则与 Ca^{2+} 和 Mg^{2+} 生成红色配合物，从它们的配合物的 $\lg K_{稳}$ 值来看，$\lg K_{CaIn} < \lg K_{MgIn}$，当溶液中加入铬黑 T 指示剂时，铬黑 T 先与 Mg^{2+} 生成 $MgIn^-$，溶液呈红色，反应式如下：

$$Mg^{2+} + HIn^{2-} = MgIn^- + H^+$$
$$\text{(蓝色)}\qquad\text{(红色)}$$

表 7-2　用 EDTA 滴定 Ca^{2+} 和 Mg^{2+} 的 $\lg K_{稳}$

配合物	CaY^{2+}	$CaIn^-$	MgY^{2+}	$MgIn^-$
$\lg K_{稳}$	10.7	5.4	8.6	7.0

由于 $\lg K_{CaY} > \lg K_{MgY}$，当用 EDTA 滴定时，EDTA 首先和溶液中的 Ca^{2+} 配合，然后与 Mg^{2+} 配合。反应式如下：

$$Ca^{2+} + H_2Y^{2-} \rightleftharpoons CaY^{2-} + 2H^+$$
$$Mg^{2+} + H_2Y^{2-} \rightleftharpoons MgY^{2-} + 2H^+$$

到达化学计量点时，由于 $\lg K_{MgY} > \lg K_{MgIn}$，稍过量的 EDTA 将夺取 $MgIn^-$ 中 Mg^{2+}，使指示剂释放出来，溶液显示指示剂的纯蓝色，从而指示滴定终点的到达。反应式如下：

$$MgIn^- + H_2Y^{2-} \rightleftharpoons MgY^{2-} + HIn^{2-} + H^+$$
$$\text{(红色)}\qquad\qquad\qquad\text{(蓝色)}$$

如果水中含有 Fe^{3+}、Al^{3+} 等微量元素，为避免其对指示剂的封闭作用，可用三乙醇胺掩蔽 Fe^{3+}、Al^{3+} 等微量元素。

(2)钙硬度的测定。先用 NaOH 调节水样 pH>12，使 Mg^{2+} 形成 $Mg(OH)_2$ 沉淀，再用 EDTA 标准溶液滴定，以钙指示剂(N·N)确定滴定终点，终点时溶液由红色变为纯蓝色。滴定反应为

$$Ca^{2+} + HIn^{2-} \rightleftharpoons CaIn^- + H^+$$
$$Ca^{2+} + H_2Y^{2-} \rightleftharpoons CaY^{2-} + 2H^+$$

$$CaIn^- + H_2Y^{2-} \rightleftharpoons CaY^{2-} + HIn^{2-} + H^+$$
（红色）　　　　　　　（蓝色）

测定钙硬度时还要注意以下几项。

1）如果水样中含有 $Ca(HCO_3)_2$，当加入 NaOH 调节水样 pH>12 时，$Ca(HCO_3)_2$ 会生成 $CaCO_3$ 沉淀而使测定结果偏低，而且由于终点变化不敏锐，滴定终点也会拖长。

$$Ca(HCO_3)_2 + 2NaOH = CaCO_3\downarrow + Na_2CO_3 + 2H_2O$$

所以应该在加入 NaOH 前，先加入 HCl 酸化水样并加热煮沸，使 $Ca(HCO_3)_2$ 完全分解：

$$Ca(HCO_3)_2 + 2HCl = CaCl_2 + 2H_2O + 2CO_2\uparrow$$

2）加入 NaOH 的量不宜过多，否则一部分 Ca^{2+} 被 $Mg(OH)_2$ 吸附，致使钙硬度测定的结果偏低，但如果加入的 NaOH 的量不足，Mg^{2+} 沉淀不完全，又会使钙硬度测定结果偏高。

（3）镁硬度的测定。

镁硬度＝总硬度－钙硬度

学习目标	知识目标	1. 了解硬度的定义及表示方法； 2. 了解 EDTA 与钙、镁离子反应方程式； 3. 掌握 EDTA 滴定钙、镁离子的条件
	能力目标	1. 会用缓冲溶液调节溶液的 pH 值； 2. 能用 EDTA 配位滴定法测出水的总硬度
	素质目标	1. 具有分析工作者的法治意识、社会责任感； 2. 具有科学创新精神

相关知识

7.1　配位滴定法基本原理

想一想

①配位滴定是如何指示滴定终点的？②选择金属指示剂的依据是什么？

7.1.1　滴定曲线

在配位滴定中，被滴定的一般是金属离子。随着配位剂 EDTA 的不断加入，被滴定的金属离子浓度[M]不断发生改变，与酸碱滴定法类似，在化学计量点附近金属离子的浓度发生突变，表现出量变到质变的突跃规律。因此，可将配位滴定过程中金属离子浓度（以 $pM = -lg[M]$ 值表示）随滴定剂加入量不同而变化的规律绘制成滴定曲线。

如果只考虑 EDTA 的酸效应，那么可由 $K'_{MY}=\dfrac{K_{MY}}{\alpha_{Y(H)}}=\dfrac{[MY]}{[M]c_Y}$ 计算出在不同 pH 值的溶液中，滴定到不同阶段时被滴金属离子的浓度，并由此绘制出滴定曲线。在滴定过程中溶液的 pH 值不同，其 $K'_稳$ 也不同，故其稳定曲线也就不同，因此，讨论绘制配位滴定曲线，必须指明是在 pH 值为多少时的滴定曲线。

现以 pH=12 时，用 0.010 00 mol/L EDTA 标准溶液滴定 20.00 mL、0.010 00 mol/L Ca^{2+} 溶液为例进行讨论。EDTA 与 Ca^{2+} 反应为

$$Ca+Y \rightleftharpoons CaY \qquad \lg K_{CaY}=10.69$$

查表 6-3 得 pH=12 时，$\lg \alpha_{Y(H)}=0.01$，所以 $\lg K'_{CaY}=10.69-0.01=10.68$

滴定过程可分为四个阶段来讨论。

1. 滴定前：溶液的 pCa 取决于 Ca^{2+} 的起始浓度

$$[Ca^{2+}]=0.010\ 00\ mol/L \qquad pCa=2.00$$

2. 滴定开始至化学计量点前：溶液的 pCa 取决于剩余 Ca^{2+} 的浓度

当加入 19.98 mL EDTA 溶液时，剩余 Ca^{2+} 的浓度为

$$[Ca^{2+}]=0.010\ 00 \times \dfrac{20.00-19.98}{20.00+19.98}=10^{-5.30}\ (mol/L) \qquad pCa=5.30$$

3. 化学计量点时：Ca^{2+} 与 EDTA 几乎全部反应生成 CaY

所以 $[CaY]=0.010\ 00 \times \dfrac{20.00}{20.00+20.00}=5.00 \times 10^{-3}\ (mol/L)$

这时，溶液中 $[Ca^{2+}]=[Y]$，代入 $K'_{MY}=\dfrac{[MY]}{[M][Y]}$

$$\dfrac{[CaY]}{[Ca][Y]}=\dfrac{[CaY]}{[Ca]^2}=K'_{CaY}=10^{10.68}$$

$$[Ca^{2+}]=\sqrt{\dfrac{5\times 10^{-3}}{10^{10.68}}}=10^{-6.49}\ (mol/L) \qquad pCa=6.49$$

4. 化学计量点后：溶液的 pCa 取决于 EDTA 的过量浓度

设加入 20.02 mL EDTA 溶液，$[Y]=0.010\ 00 \times \dfrac{20.02-20.00}{20.00+20.02}=5.00 \times 10^{-6}\ (mol/L)$

$\dfrac{[CaY]}{[Ca][Y]}=\dfrac{5.00\times 10^{-3}}{[Ca]\times 5.00 \times 10^{-6}}=10^{10.68} \qquad [Ca^{2+}]=10^{-7.68}\ mol/L \qquad pCa=7.68$

将计算所得数据列于表 7-3 中。

表 7-3　pH=12 时，用 0.010 00 mol/L EDTA 标准溶液滴定
20.00 mL 0.010 00 mol/L Ca^{2+} 溶液 pCa 值的变化

滴入 EDTA 的溶液		剩余 Ca^{2+} 溶液/mL	过量 EDTA 溶液/mL	pCa
mL	%			
0.00	0.0	20.00		2.00
18.00	90.0	2.00		3.30
19.80	99.0	0.20		4.30

续表

滴入 EDTA 的溶液		剩余 Ca^{2+} 溶液/mL	过量 EDTA 溶液/mL	pCa
mL	%			
19.98	99.9	0.02		5.30
20.00	100.0	0.00		6.49
20.02	100.1		0.02	7.68

用这些数据绘制滴定曲线，如图 7-1 所示。

同上，可计算出 0.010 00 mol/L EDTA 在不同 pH 值时滴定 0.010 00 mol/L Ca^{2+} 的滴定曲线，如图 7-1 所示。

对于不同浓度的 EDTA 标准溶液，滴定同一离子 M 的滴定曲线绘制方法同上，如图 7-2 所示。

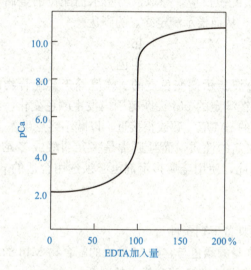

图 7-1　0.010 00 mol/L EDTA 滴定
0.010 00 mol/L Ca^{2+} 滴定曲线

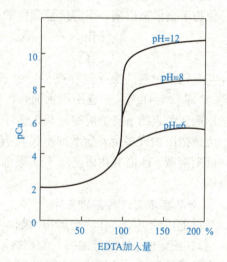

图 7-2　不同 pH 值时 0.010 00 mol/L EDTA
滴定 0.010 00 mol/L Ca^{2+} 滴定曲线

由滴定曲线可以看出，用 EDTA 滴定某一离子 M^{n+}（如 Ca^{2+}）时，配合物的条件稳定常数和被滴金属离子的浓度是影响配位滴定 pM 突跃的主要因素。

（1）配合物的稳定常数 K_{MY} 越大，化学计量点附近滴定的 pM 突跃越大。

（2）对同一金属离子，在滴定允许的酸度范围内，pH 值越大，滴定的 pM 突跃越大。

（3）对同一金属离子，其浓度越高，滴定的 pM 突跃越大，如图 7-3 所示。

这里需要特别指出，讨论配位滴定曲线的目的主要是选择滴定时适宜的 pH 值条件；

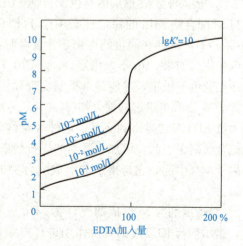

图 7-3　不同浓度 EDTA 与 M 的滴定曲线

其次是为选择指示剂提供一个大概的范围。这一点与讨论酸碱滴定曲线有所不同。

7.1.2 金属指示剂

在配位滴定中,确定滴定终点的方法很多,但最常用的还是金属指示剂法。

1. 金属指示剂的性质和作用原理

金属指示剂是一些结构复杂的有机配位剂,也是金属离子的显色剂,能与金属离子形成有色配合物,其颜色与游离指示剂的颜色不同,它能随溶液中金属离子浓度的变化而变色,所以这类指示剂称为金属指示剂,即

滴定前:　　M(少量) ＋　In　$\rightleftharpoons$　MIn
　　　　　　　　　　　　甲色　　　　乙色

滴定过程中:溶液中游离的 M 被滴定,M＋Y $\rightleftharpoons$ MY

终点时:再加入 EDTA 溶液则会发生置换配位反应,夺取已与指示剂配位的金属离子,使指示剂游离出来,引起溶液颜色的变化,从而指示滴定终点的到达。

　　　　　　　　MIn　＋　Y　$\rightleftharpoons$　MY　＋　In
　　　　　　　　乙色　　　　　　　　　　　　　　　　甲色

与酸碱指示剂的推导过程类似,可求得金属指示剂变色点的 pM 值等于其配合物的 $\lg K'_{MIn}$,即 $pM = \lg K'_{MIn}$。选用指示剂时,要求在滴定的 pM 突跃范围内发生颜色变化,并且指示剂变色点的 pM 值应尽量与化学计量点的 pM 值一致或很接近,以减小终点误差。

应该指出:许多金属指示剂不仅具有配位剂的性质,而且通常是多元弱酸或多元弱碱,能随溶液 pH 值变化而显示不同颜色,因此,使用金属指示剂也必须选用合适的 pH 值范围。

2. 金属指示剂应具备的条件

从以上讨论可知,作为金属指示剂,必须具备下列条件。

(1)在滴定的 pH 值范围内,游离指示剂本身的颜色与它和 M 形成的配合物 MIn 的颜色应有显著的区别,这样才能使终点颜色变化鲜明,便于滴定终点的判断。

(2)指示剂与 M 的显色反应要灵敏、迅速,且有良好的可逆性。

(3)指示剂与 M 形成的有色配合物 MIn 要有适当的稳定性。一般 $K_{MIn} > 10^4$,且指示剂与 M 配合物 MIn 的稳定性必须小于 EDTA 与 M 配合物 MY 的稳定性(满足 $\lg K'_{MY} - \lg K'_{MIn} \geqslant 2$),这样在滴定到达化学计量点时,指示剂才能被 EDTA 置换出来而显示终点的颜色变化。如果 MIn 不太稳定($K_{MIn} < 10^4$),则在化学计量点前指示剂就开始游离出来,使终点变色不敏锐,并使终点提前出现而引入负误差;另外,如果指示剂与 M 或其他金属离子 N 形成更稳定的配合物($K_{MIn} > K_{MY}$ 或 $K_{NIn} > K_{MY}$)而不能被 EDTA 置换,则即使加入大量 EDTA 也得不到终点,这种现象称为指示剂的封闭现象。若封闭现象是由溶液中其他金属离子引起,可加入适当的掩蔽剂来消除该离子的干扰;若封闭现象是由被滴定金属离子本身引起,它与指示剂形成配合物的颜色变化为不可逆,这时可用返滴定法予以消除。

(4)指示剂与 M 形成的配合物 MIn 应易溶于水。如果形成胶体溶液或沉淀,在滴定时,指示剂与 EDTA 的置换作用进行得缓慢,而使终点拖长,这种现象称为指示剂的僵化。为避免此现象的发生,可加入适当有机溶剂或将溶液加热,以增大有关物质的溶解

度。同时，加热还可以提高反应速度。在可能发生僵化时，临近终点更要缓缓滴定，剧烈摇瓶。

（5）指示剂应具有一定的选择性，即在一定条件下只对某一种（或某几种）金属离子发生显色反应。在此前提下，指示剂的颜色反应最好又具有一定的广泛性，即在改变了滴定条件后，它又能作为其他离子滴定的指示剂，这样就能在连续滴定两种或两种以上的金属离子时，避免因加入多种指示剂而发生颜色干扰。

另外，金属指示剂的化学性质要稳定，不易氧化变质或分解，便于储藏和使用。

3. 常用的金属指示剂简介

（1）铬黑 T（EBT）。EBT 是一种偶氮萘染料，黑褐色粉末，带有金属光泽，可用 NaH_2In 表示。在水溶液中 Na^+ 全部解离，而阴离子 H_2In^- 随溶液 pH 值的升高分二级解离，呈现三种不同的颜色。

$$H_2In^- \xrightleftharpoons[H^+]{pK_1=6.3} HIn^{2-} \xrightleftharpoons[H^+]{pK_2=11.6} In^{3-}$$

pH<6.3　　pH=8～10　　pH>11.6
紫红色　　　蓝色　　　　橙色

铬黑 T 与 M^{n+} 生成的配合物 MIn 一般显红色。由于 EBT 在 pH<6.3 和 pH>11.6 的溶液中，呈现的颜色与 MIn 的颜色靠近，滴定终点时颜色变化不明显，所以 EBT 使用的最适宜酸度 pH=8～10，可用 NH_3–NH_4Cl 缓冲溶液控制。在此 pH 值条件下可用 EBT 作为指示剂，用 EDTA 直接滴定 Mg^{2+}、Zn^{2+}、Cd^{2+}、Pb^{2+}、Ba^{2+}、Mn^{2+} 等离子。铬黑 T 作为指示剂，在 pH=10 的条件下，用 EDTA 滴定 Ca^{2+}、Mg^{2+} 时，Fe^{3+}、Al^{3+}、Ni^{2+} 等对铬黑 T 有封闭作用，这时，可加入少量三乙醇胺（掩蔽 Fe^{3+}、Al^{3+}）和 KCN（掩蔽 Ni^{2+}）以消除干扰。

（2）酸性铬蓝 K。其水溶液在 pH<7 时呈玫瑰红色，pH=8～13 时呈蓝色。在碱性溶液中它与 Ca^{2+}、Mg^{2+}、Zn^{2+}、Mn^{2+} 等离子容易形成红色配合物。因此，它适合在碱性溶液中使用。它对 Ca^{2+} 的灵敏度比 EBT 高。为了提高终点敏锐性，通常将酸性铬蓝 K 与萘酚绿 B 混合（1.2～2.5）使用，简称 KB 指示剂，它在碱性溶液中仍为蓝色，与 Mn^+ 形成配合物也为红色。KB 指示剂在 pH=10 时可用测定 Ca^{2+}、Mg^{2+} 总量，在 pH=12.5 时也可单独测定 Ca^{2+} 量［此时 Mg^{2+} 已生成 $Mg(OH)_2$ 沉淀不干扰 Ca^{2+} 的测定］。

（3）二甲酚橙（简称 XO）。通常用的是二甲酚橙的四钠盐，为紫色结晶，易溶于水，pH<6.3 呈黄色，pH>6.3 呈红色，它与金属离子形成的配合物 MIn 呈红紫色，为使终点颜色变化明显，一般在 pH<6.3 的溶液中使用。许多金属离子如 Bi^{2+}、Pb^{2+}、Zn^{2+}、Cd^{2+}、Hg^{2+} 等都可用 XO 做指示剂直接滴定，终点由红色变为亮黄色，很敏锐。Fe^{3+}、Al^{3+}、Ni^{2+} 等对 XO 有封闭作用，测定这些离子时，可先加入准确过量的 EDTA，然后加入 XO，用 Zn^{2+} 或 Pb^{2+} 标准溶液返滴剩余的 EDTA，终点由亮黄色变为紫红色。

（4）钙指示剂（N·N 指示剂）。钙指示剂的水溶液 pH≈7 时呈紫色，pH=12～13 时呈蓝色，pH=12～14 时与 Ca^{2+} 的配合物呈酒红色，可用于 Ca^{2+}、Mg^{2+} 共存时滴定 Ca^{2+}（pH>12.5），此时 Mg^{2+} 生成 $Mg(OH)_2$ 沉淀，对 Ca^{2+} 的测定不产生干扰。

Fe^{3+}、Al^{3+}、Ti^{3+}、Cu^{2+}、Co^{2+}、Ni^{2+} 等离子起封闭作用，Fe^{3+}、Al^{3+}、Ti^{3+} 可用三乙醇胺掩蔽，Cu^{2+}、Co^{2+}、Ni^{2+} 可用 KCN 掩蔽，少量 Cu^{2+}、Pb^{2+} 可加 Na_2S 消除其

影响。

常用金属指示剂见表 7-4。

表 7-4 常用金属指示剂

指示剂	适用的 pH 值范围	颜色变化 In	颜色变化 MIn	直接滴定的离子	指示剂配制	注意事项
铬黑 T (Eriochrome Black T) 简称 BT 或 EBT	8~10	蓝	红	pH=10, Mg^{2+}, Zn^{2+}, Cd^{2+}, Pb^{2+}, Mn^{2+}, 稀土	1:100 NaCl (固体)	Fe^{3+}, Al^{3+}, Cu^{2+}, Ni^{2+} 等离子封闭 EBT
酸性铬蓝 K (Acid Chrome Blue K)	8~13	蓝	红	pH=10, Mg^{2+}, Zn^{2+}, Mn^{2+}; pH=13, Ca^{2+}	1:100 NaCl (固体)	
二甲酚橙 (Xylenol Orange) 简称 XO	<6	亮黄	红	pH<1, ZrO^{2+}; pH=1~3.5, Bi^{3+}, Th^{4+}; pH=5~6, Tl^{3+}, Zn^{2+}, Pb^{2+}, Cd^{2+}, Hg^{2+}, 稀土	0.5%水溶液 (5 g/L)	Fe^{3+}, Al^{3+}, Ni^{2+}, Tl^{4+} 等离子封闭 XO
磺基水杨酸 (sulfo-salicylic acid) 简称 SSAL	1.5~2.5	无色	紫色	pH=1.5~2.5, Fe^{3+}	0.5%水溶液 (50 g/L)	SSAL 本身无色,FeY^- 呈黄色
钙指示剂 (calcon-carboxylic acid), 简称 N·N	12~13	蓝	红	pH=12~13, Ca^{2+}	1:100 NaCl (固体)	Tl^{4+}, Fe^{3+}, Al^{3+}, Cu^{2+}, Ni^{2+}, Co^{2+}, Mn^{2+}, 等离子封闭 N·N
PAN [1-(2-pyridylazo)-2-naphthol]	2~12	黄	紫色	pH=2~3, Th^{4+}, Bi^{3+}; pH=4~5, Cu^{2+}, Ni^{2+}, Pb^{2+}, Cd^{2+}, Zn^{2+}, Mn^{2+}, Fe^{2+}	0.1%乙醇溶液 (1 g/L)	MIn 在水中溶解度小,为防止 PAN 僵化,滴定时须加热

7.2 提高配位滴定选择性的方法

EDTA 滴定液中有多种金属离子存在怎么办?

由于 EDTA 能与多种金属离子形成稳定的配合物,而实际测定的分析试液中常常是多种离子共存,这样测定时可能会产生干扰。因此,如何减小或消除干扰,提高配位滴定的选择性,是配位滴定中必须解决的重要问题。

前面已讲述，当溶液中只存在一种金属离子 M 时，只要满足 $\lg(c_M K'_{MY}) \geqslant 6$ 就可准确滴定。但当溶液中有两种或两种以上金属离子共存时，情况就比较复杂了。若溶液中同时含有待测金属离子 M 和共存离子 N，则干扰情况与两者的 $K'_{稳}$ 值及浓度 c 有关。一般情况下满足：

$$\frac{c_M K'_{MY}}{c_N K'_{NY}} \geqslant 10^5$$

或 $\qquad \lg(c_M K'_{MY}) - \lg(c_N K'_{NY}) \geqslant 5 \quad [即 \Delta\lg(cK_{稳}) \geqslant 5] \qquad (7-1)$

就有可能通过控制溶液酸度的办法排除干扰。也就是说，在 M、N 离子共存时，要准确滴定 M 而 N 不干扰，必须同时满足下列条件：

$$\lg(c_M K'_{MY}) \geqslant 6$$
$$\lg(c_M K'_{MY}) - \lg(c_N K'_{NY}) \geqslant 5$$

由以上条件可见，提高配位滴定选择性的主要途径是降低干扰离子 N 的浓度或配合物 NY 的稳定性。

7.2.1 控制溶液酸度的方法

当溶液中有 M 和 N 两种离子时，通过控制溶液酸度的办法，使 M 的 $\lg(c_M K'_{MY}) \geqslant 6$，而 N 的 $\lg(c_N K'_{NY}) \leqslant 1$，这样就可准确滴定有 N 共存时的 M。这是一种最简便也是最重要的提高配位滴定选择性的方法。

为了确定滴定待测离子 M 的最适宜酸度，除计算出滴定该金属离子所允许的最小 pH 值外，还需计算出一个最大 pH 值，这个最大 pH 值取决于以下两点。

(1) 在什么酸度下，待测离子 M 开始水解而不好滴定，即 M 开始水解时的 pH 值。

(2) 在什么酸度下，共存离子 N 开始配位而干扰 M 的滴定，即 N 开始配位时的 pH 值。

取两者中较小的 pH 值，即配位滴定 M 的最大 pH 值。

【**例 7-1**】已知溶液中含有 Bi^{3+}、Pb^{2+} 两种离子且浓度均为 10^{-2} mol/L，试确定准确测定 Bi^{3+} 的适宜酸度。

解：查表 6-2 知：$\lg K_{BiY} = 27.94 \qquad \lg K_{PbY} = 18.04$

由式 (7-1) 得 $\Delta\lg K_{稳} = 27.94 - 18.04 = 9.9 > 5$

这说明，控制适宜的酸度可以选择滴定 Bi^{3+} 而 Pb^{2+} 不产生干扰。该适宜酸度即最佳 pH 值范围确定如下：

由式 $\lg\alpha_{Y(H)} \leqslant \lg K_{MY} - 8$ 得 $\lg\alpha_{Y(H)} \leqslant \lg K_{BiY} - 8 = 19.94$

查表 6-3 得对应的 pH = 0.7，此即为准确滴定 Bi^{3+} 的最低 pH 值。

由上面计算可知，准确滴定 Bi^{3+} 时必须使溶液的 pH ≥ 0.7，但 pH = 2 时，Bi^{3+} 开始水解析出沉淀，所以滴定应在 pH < 2 的溶液中进行，即就单一金属离子 Bi^{3+} 来说，在 pH = 0.7～2 的溶液中滴定即可。但由于 Pb^{2+} 的存在，还必须考虑 Pb^{2+} 的干扰情况。查 EDTA 酸效应曲线可知，Pb^{2+} 在 pH ≥ 3.3 时完全配位，而实际上在 pH < 3.3 的某一区域中 [相当于 $\lg(c_N K'_{NY}) = 1 \sim 6$ 的范围] Pb^{2+} 已部分配位，要使 Pb^{2+} 不产生干扰，则要求 Pb^{2+} 不发生配位。此时，必须满足

$$\lg(c_{Pb} K'_{PbY}) \leqslant 1，c_{Pb} = 10^{-2} \text{ mol/L 时，} \lg K'_{PbY} \leqslant 3$$

也就是要求 $\lg K_{PbY} - \lg \alpha_{Y(H)} \leqslant 3$

或 $\lg \alpha_{Y(H)} \geqslant \lg K_{PbY} - 3 = 18.04 - 3 = 15.04$

查表 6-3 或图 7-3 得 pH≈1.5，这说明，在 pH=1.5 时，Pb^{2+} 开始被 EDTA 配合，而在 pH<1.5 时 Pb^{2+} 基本不发生配位反应。也就是说，在 pH<1.5 时滴定 Bi^{3+}，Pb^{2+} 不产生干扰。而当溶液的 pH=1.5~2 时，虽然 Bi^{3+} 不水解，但 Pb^{2+} 已部分配位而干扰测定。所以，Pb^{2+} 共存时滴定 Bi^{3+} 的最大 pH 值应为 1.5 而不能是 2。这样，在有 Pb^{2+} 共存的溶液中选择滴定 Bi^{3+} 的适宜酸度就是 pH=0.7~1.5。通常，在 pH=1 时滴定 Bi^{3+}，以确保滴定时既没有 Bi^{3+} 的水解产物析出，同时，Pb^{2+} 又不被 EDTA 配合。为了实现连续分别滴定，可以在测定 Bi^{3+} 后，再调溶液的 pH>3.3 测定 Pb^{2+}。

从上例讨论可以看出，某金属离子 N($c_N = 10^{-2}$ mol/L) 开始被 EDTA 配合的 pH 值可依据下式计算：

$$\lg \alpha_{Y(H)} = \lg K_{NY} - 3$$

然后查表 6-3 得其对应的 pH 值，即该离子 N 开始配合的 pH 值，也即金属离子 N 不干扰 M 滴定的最大 pH 值。

如果在一定 pH 值条件下，$\lg(c_M K'_{MY}) \geqslant 6$ 且 $\lg(c_N K'_{NY}) \leqslant 1$，则可在 N 离子存在的情况下准确滴定 M；若在另一 pH 值条件下 $\lg(c_N K'_{NY}) \geqslant 6$，那么滴定 M 后，还可以改变 pH 值条件，继续滴定 N，从而实现混合离子的连续分别滴定。

当溶液中有两种以上离子共存时，能否用控制酸度的方法连续分别滴定，应首先考虑稳定常数 $K_{稳}$ 最大及稳定常数和它相近的那两种离子。

【例 7-2】 溶液中有 Fe^{3+}、Mg^{2+}、Zn^{2+} 各 10^{-2} mol/L，能否控制酸度连续测定其含量？

解： 查表 6-2 知，$\lg K_{FeY} = 25.1$ $\lg K_{ZnY} = 16.5$ $\lg K_{MgY} = 8.7$

可见，滴 Fe^{3+} 时最可能发生干扰的是 Zn^{2+}，$\Delta \lg K_{稳} = 25.1 - 16.5 = 8.6 > 5$

滴 Fe^{3+} 时共存的 Zn^{2+} 可以没有干扰，Mg^{2+} 则更不干扰。

滴定 Fe^{3+} 的最高酸度 pH=1，Fe^{3+} 开始水解的 pH=2.2，$\lg \alpha_{Y(H)} = \lg K_{ZnY} - 3 = 16.5 - 3 = 13.5$，查得在 Zn^{2+} 存在下，滴定 Fe^{3+} 的最低酸度是 pH=2，故可在 pH=1~2 时滴定 Fe^{3+}；同样，滴定 Zn^{2+} 的最高酸度是 pH=4，由 $\lg \alpha_{Y(H)} = \lg K_{MgY} - 3 = 8.7 - 3 = 5.7$，查得在 Mg^{2+} 存在下，滴定 Zn^{2+} 的最低酸度是 pH=5.4，故可在 pH=4~5.4 连续滴定 Zn^{2+}，最后在 pH>9.6 时滴定 Mg^{2+}。

另外，配位滴定时溶液适宜酸度的确定，还应考虑指示剂的颜色变化对 pH 值的要求，以及其他辅助配位剂存在的影响等，最后通过试验找出滴定时的最佳酸度条件，并通过加入适当缓冲溶液的办法，来维持滴定过程中所需要的 pH 值条件。

7.2.2 利用掩蔽和解蔽的方法

若待测金属离子 M 的配合物 MY 与干扰离子 N 的配合物 NY 的稳定常数 $K_{稳}$ 相差不大，$\Delta \lg K_{稳} < 5$，则用控制酸度的方法不能实现选择滴定，此时可用掩蔽剂来降低干扰离子的浓度，以消除干扰。但必须考虑干扰离子存在的量，一般干扰离子存在的量不能太大，否则将难以得到满意的结果。

1. 用于配位滴定的掩蔽剂 L 应具备的条件

所谓掩蔽剂，是指无须分离干扰离子而能消除其干扰作用的试剂。它应符合下列条件。

(1)掩蔽剂 L 与干扰离子 N 形成无色或浅色的、稳定的水溶性配合物，或生成溶解度很小且不影响终点判断的沉淀，或使干扰离子 N 氧化或还原而不与 EDTA 配位。

(2)掩蔽剂 L 不影响被测离子 M 与 EDTA 配位，如形成的 NL 必须使 $K_{NL}>K_{NY}$ 且 L 不与 M 配位，即使配位，要求 $K_{ML}\ll K_{MY}$，易于置换。

(3)掩蔽剂 L 的加入对溶液的 pH 值变动不大，即掩蔽剂 L 适用的 pH 值范围应与滴定 M 所要求的 pH 值范围一致。

凡具备以上条件的试剂，就可作为配位滴定的掩蔽剂。

2. 常用的掩蔽方法

(1)配位掩蔽法。配位掩蔽法是利用掩蔽剂 L 与干扰离子 N 发生配位反应，形成更稳定配合物以消除干扰的方法。这是化学分析中应用最广的一种掩蔽方法。

例如，用 EDTA 滴定水中的 Ca^{2+}、Mg^{2+} 以测定水的硬度时，Fe^{3+}、Al^{3+} 的存在对测定有干扰，通常可加入三乙醇胺，使之与 Fe^{3+}、Al^{3+} 生成更稳定的配合物将 Fe^{3+}、Al^{3+} 掩蔽。由于 Fe^{3+}、Al^{3+} 在碱性溶液中形成氢氧化物沉淀，故应在酸性溶液中加入三乙醇胺，然后调 pH=10 测定 Ca^{2+}、Mg^{2+} 总量。

一些常用的配位掩蔽剂见表 7-5。

表 7-5 常用的配位掩蔽剂

掩蔽剂	pH 值范围	被掩蔽的离子	备注
KCN	pH>8	Co^{2+}、Ni^{2+}、Cu^{2+}、Zn^{2+}、Hg^{2+}、Cd^{2+}、Ag^+、Tl^+ 及铂族元素	
NH_4F	pH=4~6	Al^{3+}、Ti(Ⅳ)、Sn^{4+}、Zr^{4+}、W(Ⅵ)等	用 NH_4F 比 NaF 好，优点是加入后溶液 pH 值变化不大
	pH=10	Al^{3+}、Mg^{2+}、Ca^{2+}、Sr^{2+}、Ba^{2+} 及稀土元素	
三乙醇胺 (TEA)	pH=10	Al^{3+}、Sn^{4+}、Ti(Ⅳ)、Fe^{3+}	与 KCN 并用，可提高掩蔽效果
	pH=11~12	Fe^{3+}、Al^{3+} 及少量 Mn^{2+}	
二巯基丙醇	pH=10	Hg^{2+}、Cd^{2+}、Zn^{2+}、Bi^{3+}、Pb^{2+}、Ag^+、As^{3+}、Sn^{4+} 及少量 Cu^{2+}、Co^{2+}、Ni^{2+}、Fe^{3+}	
铜试剂 (DDTC)	pH=10	能与 Cu^{2+}、Hg^{2+}、Pb^{2+}、Cd^{2+}、Bi^{3+} 生成沉淀，其中 Cu-DDTC 为褐色，Bi-DDTC 为黄色，故其存在量应分别小于 2 mg 和 10 mg	
酒石酸	pH=1.2	Sb^{3+}、Sn^{4+}、Fe^{3+} 及 5 mg 以下的 Cu^{2+}	在抗坏血酸存在条件下
	pH=2	Fe^{3+}、Sn^{4+}、Mn^{2+}	
	pH=5.5	Fe^{3+}、Al^{3+}、Sn^{4+}、Ca^{2+}	
	pH=6~7.5	Mg^{2+}、Cu^{2+}、Fe^{3+}、Al^{3+}、Mo^{4+}、Sb^{3+}、W(Ⅵ)	
	pH=10	Al^{3+}、Sn^{4+}	
邻二氮菲	pH=5~6	Cu^{2+}、Ni^{2+}、Co^{2+}、Zn^{2+}、Cd^{2+}、Hg^{2+}、Mn^{2+}	
硫脲	pH=5~6	Cu^{2+}、Hg^{2+}、Tl^+	
乙酰丙酮	pH=5~6	Fe^{3+}、Al^{3+}、Be^{2+}	

(2)沉淀掩蔽法。沉淀掩蔽法是利用掩蔽剂 L 与干扰离子 N 发生沉淀反应，形成沉淀以消除干扰的方法。这种掩蔽方法在实际应用中有一定的局限性。

例如，在 Ca^{2+}、Mg^{2+} 共存的溶液中测定 Ca^{2+}，由于 $\Delta \lg K_{稳} < 5$，所以 Mg^{2+} 干扰 Ca^{2+} 的测定，因此可加入 NaOH 作为沉淀剂，使 Mg^{2+} 形成 $Mg(OH)_2$ 沉淀，从而消除 Mg^{2+} 的干扰。

一些常用的沉淀掩蔽剂见表 7-6。

表 7-6　常用的沉淀掩蔽剂

掩蔽剂	pH 值范围	被掩蔽的离子	被滴定的离子	指示剂
NH_4F	pH=10	Mg^{2+}、Ca^{2+}、Sr^{2+}、Ba^{2+}、Ti^{4+} 及稀土元素	Zn^{2+}、Cd^{2+}、Mn^{2+}（在还原剂存在条件下）	铬黑 T
			Cu^{2+}、Ni^{2+}、Co^{2+}	紫脲酸铵
K_2CrO_4	pH=10	Ba^{2+}	Sr^{2+}	Mg-EDTA+铬黑 T
Na_2S 或铜试剂	pH=10	微量重金属	Ca^{2+}、Mg^{2+}	铬黑 T
H_2SO_4	pH=1	Pb^{2+}	Bi^{3+}	二甲酚橙
$K_4[Fe(CN)_6]$	pH=5～6	微量 Zn^{2+}	Pb^{2+}	二甲酚橙
KI	pH=5～6	Cu^{2+}	Zn^{2+}	PAN

(3)氧化还原掩蔽法。氧化还原掩蔽法是利用掩蔽剂 L 与干扰离子 N 发生氧化还原反应，改变 N 的价态，降低 N 与 EDTA 配合物的稳定性以消除干扰的方法。这种掩蔽方法仅适用于那些容易发生氧化还原反应的离子，且其氧化还原产物又不干扰测定的情况，符合此要求的离子不多。

1)高价态变为低价态：如测定 Fe^{3+}、Bi^{3+} 中的 Bi^{3+} 时，Fe^{3+} 产生干扰，此时可在溶液中加入还原性的物质（如抗坏血酸或盐酸羟胺），将 Fe^{3+} 还原为 Fe^{2+}，由于 Fe^{2+} 与 EDTA 配合物的稳定性比 Fe^{3+} 与 EDTA 配合物的稳定性小得多，因而能消除 Fe^{3+} 的干扰。

2)低价态变为高价态：如在某项测定中 Cr^{3+} 产生干扰，则可通过氧化性的物质使 Cr^{3+} 氧化为高价态的 $Cr_2O_7^{2-}$，从而消除 Cr^{3+} 的干扰。

常用的还原掩蔽剂有抗坏血酸、羟胺、联氨、硫脲、半胱氨酸、$Na_2S_2O_3$ 等。其中有的氧化还原掩蔽剂既具有氧化性或还原性，同时又是配位剂，能与干扰离子生成配合物，使干扰因素消除得更彻底，如抗坏血酸对 Fe^{3+}、$Na_2S_2O_3$ 对 Cu^{2+} 的作用。

3. 利用选择性的解蔽方法

在金属离子与 EDTA 配合物的溶液中，加入一种试剂，将已被 EDTA 或掩蔽剂配位的金属离子释放出来，称为解蔽，所用的试剂称为解蔽剂。解蔽后，再对该离子进行滴定。利用某些选择性的解蔽剂，可提高配位滴定的选择性。

例如，用配位滴定法测定铜样中 Zn^{2+} 和 Pb^{2+}，试液调至碱性后，加 KCN（氰化钾）掩蔽 Zn^{2+}、Cu^{2+}（氰化钾是剧毒物，只允许在碱性溶液中使用），此时 Pb^{2+} 不能被 KCN 掩蔽，故可在 pH=10 以铬黑 T 为指示剂，用 EDTA 标准溶液进行滴定。在滴定 Pb^{2+} 后的溶液中，加入甲醛做解蔽剂破坏$[Zn(CN)_4]^{2-}$，使原来被 CN^- 配位了的 Zn^{2+} 重新释放出来，再用 EDTA 继续滴定。

某些离子的解蔽示例见表 7-7。

表 7-7 某些离子的解蔽示例

欲测离子	掩蔽方法	解蔽方法
Ca^{2+}	CaF	加入 Al^{3+}，以生成 AlF_6^{3-}
Mg^{2+}	pH>12，$Mg(OH)_2$	pH<10，沉淀溶解
Ni^{2+}	CN^-，$Ni(CN)_4^{2-}$	加入 Ag^+，生成 $Ag(CN)_2^-$
Sn^{4+}	SnF_6^{2-}	加入 H_3BO_3，生成 BF_4^-
TiO^{2+}	$TiO(H_2O_2)^{2+}$	加入 HCHO、SO_3^{2-}、NO_2^- 使分解 H_2O_2
UO_2^{2+}	PO_4^{3-}	加入 Al^{3+}，生成 $AlPO_4$
Mo^{6+}、W^{6+}	过氧化氢配合物	加入 HCHO，使 H_2O_2 分解
Zr^{4+}	ZrF_6^{2-}	加入 Be^{2+}、Al^{3+}，生成 BeF_4^{2-}、AlF_6^{3-}

7.2.3 预先分离

在利用控制溶液酸度进行分别滴定或掩蔽解蔽方法都无法排除干扰时，只有对试液进行预先分离。分离是指将待测组分与其他组分分开。

7.2.4 选用其他配位剂滴定

随着配位滴定法的发展，除 EDTA 外选用其他一些新型的氨羧配位剂作为滴定剂，它们与金属离子形成的配合物的稳定性各有特点，可以用来提高配位滴定的选择性。

例如，EGTA(乙二醇二乙醚二胺四乙酸)与 Ca^{2+}、Mg^{2+} 形成的配合物，其稳定性相差较大，故可在 Ca^{2+}、Mg^{2+} 共存时，用 EGTA 选择性滴定 Ca^{2+}。

任务准备

1. 明确试验步骤

(1)领取或配制试剂。

1)水试样(自来水)；

2)铬黑 T 指示剂(5 g/L)：称取 0.50 g 铬黑 T 和 2.0 g 盐酸羟胺，溶于乙醇，用乙醇稀释至 100 mL。此溶液使用前制备；

3)NH_3-NH_4Cl 缓冲溶液(pH=10)：称取 54 g 氯化铵，溶于水，加 350 mL 氨水，稀释至 1 000 mL；

4)刚果红试纸；

5)HCl，6 mol/L；

6)氢氧化钠溶液 $c(NaOH)=4$ mol/L；

7)盐酸溶液 $c(HCl)=6$ mol/L；

8)钙指示剂：钙指示剂与固体氯化钠以(1+250)混合；

9)EDTA 标准溶液 $c(EDTA)=0.02$ mol/L。

(2)总硬度的测定。用 100 mL 容量瓶取水样 100.00 mL，放入 250 mL 锥形瓶，加入 pH＝10 的 NH_3-NH_4Cl 缓冲溶液 5 mL 及 5 滴铬黑 T 指示剂。用 0.02 mol/L EDTA 标准溶液滴定到溶液由红色变为纯蓝色为终点。记下消耗的 EDTA 标准溶液的量，平行测定 2～3 次。

自来水总硬度的测定

(3)钙硬度的测定。用 100 mL 容量瓶取水样 100.00 mL，放入 250 mL 锥形瓶，加入一小片刚果红试纸(pH＝3 蓝～5 红)。加入 6 mol/L 盐酸酸化，至刚果红试纸变蓝紫色为止。煮沸 2 min，冷却至 40 ℃～50 ℃，加入 4 mol/L NaOH 溶液 4 mL，再加少量钙指示剂，用 0.02 mol/L EDTA 标准溶液滴定至溶液由红色变纯蓝色为终点。记下消耗的 EDTA 标准溶液的量，平行测定 2～3 次。

2. 列出任务要素

(1)检测对象＿＿＿＿＿＿＿＿＿＿＿＿＿＿＿＿＿＿＿＿＿＿＿＿

(2)检测项目＿＿＿＿＿＿＿＿＿＿＿＿＿＿＿＿＿＿＿＿＿＿＿＿

(3)依据标准＿＿＿＿＿＿＿＿＿＿＿＿＿＿＿＿＿＿＿＿＿＿＿＿

3. 制订试验计划

(1)填写药品领取单(一般溶液需自己配制，标准滴定溶液可直接领取)。

序号	药品名称	等级或浓度	个人用量/g 或 mL	小组用量/g 或 mL	使用安全注意事项

(2)填写仪器清单(个人)。

序号	仪器名称	规格	数量

任务实施

1. 领取药品，组内分工配制溶液

序号	溶液名称及浓度	体积/mL	配制方法	负责人

2. 领取仪器，各人负责清洗干净

清洗后，玻璃仪器内壁：□都不挂水珠　　　□部分挂水珠　　　□都挂水珠

3. 独立完成试验，填写数据记录

(1)总硬度的测定。

试验日期：　　　年　　　月　　　日　　　　　水温：　　　℃

内容	测定次数	1	2	3
取样量/mL				
EDTA 标液的浓度/(mol·L^{-1})				
标定试验	滴定管初读数/mL			
	滴定管终读数/mL			
	滴定消耗 EDTA 溶液的体积 V_1/mL			
空白试验	滴定管初读数/mL			
	滴定管终读数/mL			
	滴定消耗 EDTA 溶液的体积 V_0/mL			
总硬度/(mg·L^{-1})				
平均值/(mg·L^{-1})				
平行测定结果的相对极差/%				

计算公式：

$$总硬度\ \rho(CaCO_3)(mg/L) = \frac{(cV)_{EDTA} M(CaCO_3) \times 10^3}{V(水样)}$$

$$总硬度\ \rho(CaO)(mg/L) = \frac{(cV)_{EDTA} M(CaO) \times 10^3}{V(水样)}$$

(2)钙硬度的测定。

试验日期：　　　年　　　月　　　日　　　　　室温：　　　℃

内容	测定次数	1	2	3
取样量/mL				
EDTA 标液的浓度(mol·L^{-1})				
标定试验	滴定管初读数/mL			
	滴定管终读数/mL			
	滴定消耗 EDTA 溶液的体积 V_1/mL			
空白试验	滴定管初读数/mL			
	滴定管终读数/mL			
	滴定消耗 EDTA 溶液的体积 V_0/mL			
钙硬度/(mg·L^{-1})				

续表

内容 \ 测定次数	1	2	3
钙硬度平均值$(mg·L^{-1})$			
平行测定结果的相对极差/%			
镁硬度/$(mg·L^{-1})$			
镁硬度平均值/$(mg·L^{-1})$			
平行测定结果的相对极差/%			

请推导出钙硬度(mg/L)和镁硬度(mg/L)计算公式：

4. 检查评价

根据以上试验操作和数据计算结果，进行自评、小组内互评，教师考核评价，完成任务考核评价表的填写。

项目	评分标准	分值	自评/30%	互评/30%	师评/40%	合计
滴定管使用	按照洗涤—润洗—装液顺序使用，滴定速度4~6 mL/min；能控制颜色恰好从红色变成蓝色	15				
颜色变化观察	能判断溶液颜色由红色变成蓝色	15				
容量瓶使用	能准确熟练量取100.00 mL自来水	10				
液体、固体指示剂取用	能熟练准确取用液体、固体指示剂	5				
溶液pH值调节	能利用刚果红试纸熟练调节溶液pH值	5				
结果计算	能根据公式正确计算出结果	25				
试验结果相对极差	<0.2%，不扣分；≥0.2%，扣5分；≥0.4%，扣10分；≥0.6%，扣15分；≥0.8%，扣20分；≥1.0%，扣25分	25				
最后得分						

技能总结

1. 溶液固定体积取用；
2. 滴定管的使用；
3. 固体分散稀释(固体指示剂配制)；
4. 溶液使用过程中pH值调节；
5. 红色、蓝色终点变色判断和控制。

练一练

1. 在配位滴定中，指示剂与金属离子所形成的配合物的稳定常数(　　)。
   A. $K_{MIn} < K_{MY}$ B. $K_{MIn} > K_{MY}$ C. K_{MIn} 应尽量小   D. K_{MIn} 应尽量大

2. EDTA 和金属离子配合物为 MY，金属离子和指示剂的配合物为 MIn，当 $K'_{MIn} > K'_{MY}$ 时，称为指示剂的(　　)。
   A. 僵化   B. 失效   C. 封闭   D. 掩蔽

3. 直接配位滴定终点呈现的是(　　)的颜色。
   A. 金属指示剂配合物   B. 配位剂和指示剂混合物
   C. 游离金属指示剂   D. 配位剂金属配合物

4. 滴定近终点时，滴定速度一定要慢，摇动一定要特别充分，原因是(　　)。
   A. 指示剂易发生僵化现象   B. 近终点时存在一个滴定突跃
   C. 指示剂易发生封闭现象   D. 近终点时溶液不易混匀

5. 在 EDTA 配位滴定中，有关酸效应系数的叙述，下列正确的是(　　)。
   A. 酸效应系数越大，配合物的稳定性越大
   B. 酸效应系数越小，配合物的稳定性越大
   C. pH 值越大，酸效应系数越大
   D. 酸效应系数越大，配位滴定曲线的 pM 突跃范围越大

6. 金属指示剂的僵化现象可以通过(　　)方法消除。
   A. 加入掩蔽剂   B. 将溶液稀释
   C. 加入有机溶剂或加热   D. 冷却

7. 配位滴定一般在缓冲溶液中进行。(　　)
   A. 正确   B. 错误

8. 配位滴定中加入缓冲溶液的原因是(　　)。
   A. EDTA 配位能力与酸度有关
   B. 金属指示剂有其使用的酸度范围
   C. EDTA 与金属离子反应过程中会释放出 H^+
   D. K'_{MY} 会随酸度改变而改变

9. 提高配位滴定的选择性可采用的方法是(　　)。
   A. 控制溶液的酸度   B. 控制溶液温度
   C. 增大滴定剂的浓度   D. 减小滴定剂的浓度

10. 在 EDTA 配位滴定中，下列有关掩蔽剂的叙述中错误的是(　　)。
    A. 配位掩蔽剂必须可溶且无色
    B. 氧化还原掩蔽剂必须改变干扰离子的价态
    C. 掩蔽剂的用量越多越好
    D. 掩蔽剂最好是无毒的

11. 用 EDTA 测定 Ca^{2+}、Mg^{2+} 总量时，以铬黑 T 作为指示剂应控制 pH=12。(　　)
    A. 正确   B. 错误

12. 在测定水硬度的过程中，加入 NH_3-NH_4Cl 是为了保持溶液酸度基本不变。（ ）

    A. 正确   B. 错误

13. 直接配位测定自来水的硬度，定量依据是 $n(M)=n(EDTA)$，M 为 Ca^{2+}、Mg^{2+} 离子。（ ）

    A. 正确   B. 错误

14. 直接配位测定自来水的硬度，测定结果是 303.2 mg/L。该自来水的硬度不符合我国的生活饮用水标准。（ ）

    A. 正确   B. 错误

15. 取水样 100 mL，用 $c(EDTA)=0.020\ 00$ mol/L 标准溶液测定水的总硬度，用去 4.00 mL，计算水的总硬度是（ ）mg/L[用 $CaCO_3$ mg/L 表示，$M(CaCO_3)=100.09$ g/mol]。

    A. 20.02   B. 40.04   C. 60.06   D. 80.07

16. 将 0.560 0 g 含钙试样溶解成 250 mL 试液，用 0.020 00 mol/L 的 EDTA 溶液滴定，消耗 30.00 mL，则试样中 CaO 的含量为（ ）[$M(CaO)=56.08$ g/mol]。

    A. 0.03   B. 0.060 1   C. 0.120 2   D. 0.3

任务8 测定工业硫酸铝的含量

任务分析

铝元素在地壳中的含量仅次于氧和硅,居第三位,是地壳中含量最丰富的金属元素。航空、建筑、汽车等工业的材料对铝及其合金的独特性质有很大需求,这使得金属铝的生产和应用极为广泛。

目前,通用的测定铝含量的化学分析法是 EDTA 法。由于样品中的 Al^{3+} 与 EDTA 的配合反应速度比较慢,通常采用返滴定法来测定铝的含量。但返滴定法只适用于测定组成比较单一的铝盐,对于组成比较复杂的铝盐、铝合金、铝土矿等,返滴定法缺乏选择性,所有能与 EDTA 形成稳定配合物的离子都干扰测定,使得测定结果偏高,所以对于组成比较复杂的铝盐、铝合金、铝土矿等样品,往往采用置换滴定法来进行测定。

返滴定法测定铝含量的原理是试样中的铝与过量的 EDTA 反应,生成配合物。在 pH 值约为 6 时,以二甲酚橙(XO)为指示剂,用氯化锌标准滴定溶液滴定过量的 EDTA,计算氧化铝含量。有关反应如下:

$$Al^{3+} + H_2Y^{2-} = AlY^- + 2H^+$$
$$Zn^{2+} + H_2Y^{2-} = ZnY^{2-} + 2H^+$$
$$XO + Zn^{2+} = Zn-XO$$
$$\text{(黄色)} \qquad \text{(粉红色)}$$

硫酸铝是一种无机物,一般以水合物形式存在,分子式为 $Al_2(SO_4)_3 \cdot xH_2O$。某企业新生产出一批工业硫酸铝,出厂前需检测产品工业硫酸铝的含量(以 Al_2O_3 计)以确定产品质量。请根据《工业硫酸铝》(HG/T 2225—2018)的要求,完成该批产品硫酸铝含量的测定,平行测定结果的极差不大于 0.3%。

小知识:

(1)硫酸铝是一种被广泛运用的工业试剂。硫酸铝通常作为絮凝剂,用于提纯饮用水及污水处理设备,也用于造纸工业。

(2)自然状况下,硫酸铝不以无水盐形式存在。它会形成一系列的水合物,其中十八水硫酸铝较为常见。

(3)硫酸铝也是一种很有效的软体动物杀虫剂,能杀灭西班牙鼻涕虫。

(4)硫酸铝的液体形态与它的固体形态除含量、使用操作上的不同外,在包装储存上也是不同的。其固体产品多以编织袋包装为主,存放于干燥通风、阴凉处,并与碱、氧化剂、还原剂等其他药剂分开存放。

学习目标	知识目标	1. 了解《工业硫酸铝》(HG/T 2225—2018)有关要求； 2. 熟悉铝离子与 EDTA 反应方程式； 3. 掌握 EDTA 滴定铝离子的条件
	能力目标	1. 会用返滴定法进行滴定； 2. 正确使用二甲酚橙(XO)指示剂并准确判断终点； 3. 能正确操作和计算，并得到工业硫酸铝含量测定值
	素质目标	1. 树立正确的职业发展观； 2. 养成认真、求实的工作态度

相关知识

配位滴定法的滴定方式

配位滴定法选择不同滴定方式的原因是什么？

在配位滴定中，采用不同的滴定方式，不但可以扩大配位滴定的应用范围，同时还可以提高配位滴定的选择性。

8.1.1 直接滴定法

直接滴定法是配位滴定中最基本的方法。这种方法是将待测物质的溶液调节至滴定所需的酸度，加入指示剂，有时还需要加入适当的辅助配位体或掩蔽剂，直接用 EDTA 标准溶液进行滴定，然后根据标准溶液的浓度和体积计算出被测组分的含量。

采用直接滴定法，必须符合以下条件。

(1) 待测离子 M 与 EDTA 的配位速度要快，其配合物稳定常数应满足 $\lg(c_M K'_{MY}) \geqslant 6$ 的要求。

(2) 在选定的滴定条件下，指示剂变色要敏锐，且没有封闭作用。

(3) 在选定的滴定条件下，待测离子 M 不发生其他副反应，如有副反应发生，要求在允许的误差范围之内。

许多金属离子如 Ca^{2+}、Mg^{2+}、Co^{2+}、Ni^{2+}、Zn^{2+}、Cd^{2+}、Pb^{2+}、Cu^{2+}、Fe^{3+}、Bi^{3+} 等在一定酸度下，都可用 EDTA 直接滴定。

8.1.2 返滴定法

当被测金属离子与 EDTA 配位缓慢或在滴定的 pH 值下发生水解，或对指示剂有封闭作用，或使指示剂产生僵化，或无合适的指示剂，均可采用返滴定法。即先加入已知过量的 EDTA 标准溶液，使之与被测离子配位，待反应完全后，再用另一种金属离子的标准溶液滴定剩余的 EDTA，由两种标准溶液所消耗的物质的量之差计算被测金属离子的含量。

例如，Al^{3+} 与 EDTA 配位缓慢，对二甲酚橙等指示剂也有封闭作用，又易水解，因此一般采用返滴定法测定。先加过量的 EDTA 于试液中，调节 pH 值，加热煮沸使 Al^{3+} 与 EDTA 配位完全，冷却后调节 pH＝5～6，加入二甲酚橙，用 Zn^{2+} 标准溶液滴定剩余的 EDTA。

8.1.3 置换滴定法

利用置换反应，从配合物中置换出等物质的量的另一种金属离子或 EDTA，然后进行滴定。

例如，lgK_{AgY}＝7.32，不能用 EDTA 直接滴定 Ag^+，但若将 Ag^+ 加入 $[Ni(CN)_4]^{2-}$ 溶液，则发生置换反应

$$2Ag^+ + [Ni(CN)_4]^{2-} \rightleftharpoons 2[Ag(CN)_2]^- + Ni^{2+}$$

在 pH＝10 的氨性溶液中，用 EDTA 滴定置换出来的 Ni^{2+}，即可计算出 Ag^+ 的含量。

又如，测定有 Zn^{2+}、Cu^{2+} 等离子共存的 Al^{3+} 时，可向试液中先加入过量的 EDTA，并加热使 Al^{3+} 及共存的 Zn^{2+}、Cu^{2+} 等离子都与 EDTA 配位，然后在 pH＝5～6 时，以二甲酚橙为指示剂，用 Zn^{2+} 标准溶液返滴定除去多余的 EDTA。再加入 NH_4F，F^- 能与 Al^{3+} 生成更稳定的配合物 AlF_6^{3-}，将 AlY 中的 Y 置换出来，再用 Zn^{2+} 标准溶液滴定释放出来的 Y，即可得到 Al 的含量。

8.1.4 间接滴定法

有些金属离子(如 Li^+、Na^+、K^+、Rb^+、Cs^+ 等)和一些非金属离子(如 SO_4^{2-}、PO_4^{2-} 等)由于和 EDTA 形成的配合物不稳定或不能与 EDTA 配位，这时可采用间接滴定法进行测定。

例如，测定 CN^-，可加入已知过量的 Ni^{2+}，此时，CN^- 与 Ni^{2+} 形成 $[Ni(CN)_4]^{2-}$，以紫脲酸铵为指示剂，用 EDTA 滴定剩余的 Ni^{2+}，从而计算出 CN^- 的含量。

任务准备

1. 明确试验步骤

(1)领取或配制试剂。

1)盐酸溶液(1+1)；

2)189 g/L 乙酸钠溶液；

3)氯化锌标准滴定溶液(0.025 mol/L)；

4)2 g/L 二甲酚橙指示剂；

5)硫酸铝样品；

6)0.05 mol/L EDTA 标准滴定溶液。

(2)硫酸铝含量的测定。准确称取约 5 g 固体试样，置于 250 mL 烧杯，加入 100 mL 水和 2 mL 盐酸溶液(1+1)，加热溶解并煮沸 5 min(必要时过滤)，冷却后全部转移至 500 mL 容量瓶，用水稀释至刻度，摇匀。用移液管准确移取 20.00 mL 此试样溶液，置于 250 mL 锥形瓶，再用移液管准确加入 20.00 mL、0.05 mol/L EDTA 标准滴定溶液，煮沸 1 min，冷却后加入 5 mL 乙酸钠溶液和 2 滴 2 g/L 二甲酚橙指示剂，用氯化锌标准滴定溶液滴定至浅粉红色，即终点。记下消耗的氯化锌标准溶液体积。平行测定 3 次，同时做空白试验。

2. 列出任务要素

(1)检测对象＿＿＿＿＿＿＿＿＿＿＿＿＿＿＿＿＿＿＿＿＿＿＿＿＿＿＿＿＿＿＿

(2)检测项目＿＿＿＿＿＿＿＿＿＿＿＿＿＿＿＿＿＿＿＿＿＿＿＿＿＿＿＿＿＿＿

(3)依据标准＿＿＿＿＿＿＿＿＿＿＿＿＿＿＿＿＿＿＿＿＿＿＿＿＿＿＿＿＿＿＿

3. 制订试验计划

(1)填写药品领取单(一般溶液需自己配制，标准滴定溶液可直接领取)。

序号	药品名称	等级或浓度	个人用量/g 或 mL	小组用量/g 或 mL	使用安全注意事项

(2)填写仪器清单(个人)。

序号	仪器名称	规格	数量

● 任务实施

1. 领取药品，组内分工配制溶液

序号	溶液名称及浓度	体积/mL	配制方法	负责人

2. 领取仪器，各人负责清洗干净

清洗后，玻璃仪器内壁：□都不挂水珠 　　□部分挂水珠 　　□都挂水珠

3. 独立完成试验，填写数据记录

试验日期： 　　年　　月　　日　　　　水温：　　℃

内容	测定次数	1	2	3
	称量瓶和铝盐的质量（第一次读数）			
	称量瓶和铝盐的质量（第二次读数）			
	铝盐试样的质量 m/g			
	Zn^{2+}标准溶液的浓度/(mol·L^{-1})			
	EDTA标准溶液的浓度/(mol·L^{-1})			
标定试验	滴定管初读数/mL			
	滴定管终读数/mL			
	实际消耗Zn^{2+}标准溶液的体积V_1/mL			
空白试验	滴定管初读数/mL			
	滴定管终读数/mL			
	实际消耗Zn^{2+}标准溶液的体积V_2/mL			
	样品中Al_2O_3的含量/%			
	测定结果平均值/%			
	平行测定结果的相对极差/%			

样品中Al_2O_3(%)含量按下式计算（不考虑样品含铁）：

$$Al_2O_3(\%) = \frac{c(V_2-V_1)\times 0.05098}{m\times\left(\frac{20}{500}\right)}\times 100$$

式中，c为锌离子标准溶液的物质的量浓度(mol/L)；V_1为滴定试验消耗锌离子标准溶液的用量(mL)；V_2为空白试验消耗锌离子标准溶液的用量(mL)；m为称取试样的质量(g)；0.05098为与1.00 mL锌离子标准溶液[$c(Zn^{2+})=1.0000$ mL/L]相当的以克表示的Al_2O_3的质量。

4. 检查评价

根据以上试验操作和数据计算结果，进行自评、小组内互评，教师考核评价，完成任务考核评价表的填写。

项目	评分标准	分值	自评/30%	互评/30%	师评/40%	合计
滴定管使用	按照洗涤—润洗—装液顺序使用，滴定速度为4~6 mL/min；能控制颜色恰好从黄色变成浅粉红色	15				
溶液加热、溶解及转移	能正确加热溶解和转移溶液	10				

续表

项目	评分标准	分值	自评/30%	互评/30%	师评/40%	合计
容量瓶使用	能准确定容和稀释	10				
吸量管的使用	能正确量取规定体积溶液	5				
过热防护	会进行过热防护	5				
结果计算	能根据公式正确计算出结果	30				
试验结果相对极差	<0.4%，不扣分；≥0.4%，扣5分；≥0.6%，扣10分；≥0.8%，扣15分；≥1.0%，扣20分；≥1.2%，扣25分	25				
最后得分						

技能总结

1. 氯化锌标准溶液配制；
2. EDTA 标准溶液配制；
3. 滴定管、容量瓶、吸量管的使用；
4. 溶液加热、溶解、转移、稀释及定容操作；
5. 浅粉红色显现判断和控制。

练一练

1. 在直接配位滴定分析中，定量依据是 $n(M)=n(EDTA)$，M 为待测离子。（　　）
   A. 正确　　　　　　　　　　　B. 错误

2. 用 EDTA 溶液滴定法测定工业硫酸铝含量时，以二甲酚橙为指示剂，则滴定终点的颜色为（　　）。
   A. 黑色　　　　B. 酒红色　　　　C. 纯蓝色　　　　D. 浅粉红色

3. 用 EDTA 溶液滴定法测定工业硫酸铝含量时，下列仪器中需用操作溶液淋洗 3 次的是（　　）。
   A. 容量瓶　　　B. 量筒　　　　C. 移液管　　　　D. 锥形瓶

4. 用 EDTA 滴定法测定工业硫酸铝含量时，应选择的指示剂是（　　）。
   A. 二甲酚橙　　B. 铬黑T　　　C. 钙指示剂　　　D. 酚酞

5. 滴定近终点时，滴定速度一定要慢，摇动一定要特别充分，原因是（　　）。
   A. 近终点时存在滴定突跃　　　　B. 指示剂易发生僵化现象
   C. 指示剂易发生封闭现象　　　　D. 近终点时溶液不易混匀

6. 以配位滴定法测定铝：30.00 mL、0.010 00 mol/L 的 EDTA 溶液相当于 Al_2O_3（其摩尔质量为 101.96 g/mol）（　　）mg？
   A. 30.59　　　B. 15.29　　　C. 0.015 29　　　D. 10.2

项目3 氧化还原法

任务9 制备高锰酸钾标准溶液

🔵 任务分析

高锰酸钾为黑紫色细长的棱形结晶，带蓝色金属光泽，分子量为158.04，味甜而涩，高于240 ℃分解，在水中溶解，高锰酸钾溶液呈紫红色。在日常生活中，高锰酸钾常用作消毒剂、除臭剂、水质净化剂。高锰酸钾为强氧化剂，遇有机物即放出新生态氧而具有杀灭细菌作用，杀菌力极强，但杀菌力极易为有机物所减弱，故作用并不持久。高锰酸钾可除臭消毒，用于杀菌、消毒，且具有收敛作用。0.1%浓度溶液用于清洗溃疡及脓肿，0.025%浓度溶液用于漱口或坐浴，0.01%浓度溶液用于水果等消毒。由于高锰酸钾分解放出氧气的速度慢，浸泡时间一定要达到5 min才能杀死细菌。高锰酸钾在发生氧化作用的同时，还原生成二氧化锰，后者与蛋白质结合而形成蛋白盐类复合物，此复合物和高锰离子一样具有收敛作用。

在化学分析中，高锰酸钾法是以强氧化剂$KMnO_4$为标准滴定溶液的氧化还原法。在强酸介质中，MnO_4^-获得5个电子被还原成Mn^{2+}。

$$MnO_4^- + 8H^+ + 5e^- = Mn^{2+} + 4H_2O$$

由于固体$KMnO_4$常含有少量的杂质，如二氧化锰、氯化物、硫酸盐、硝酸盐等；同时，由于$KMnO_4$是强氧化剂，$KMnO_4$溶液在放置过程中，易与水中的有机物、空气中的尘埃及氨等还原性物质作用；$KMnO_4$又能自身分解，分解反应式如下：

$$4KMnO_4 + 2H_2O = 4MnO_2 + 4KOH + 3O_2\uparrow$$

分解速度随溶液pH值而变化。在中性溶液中分解很慢，但Mn^{2+}和MnO_2的存在能加速$KMnO_4$的分解，见光则分解更快。因此，高锰酸钾标准溶液不能采用直接法配制，而应先配制成所需的近似浓度的溶液，放置并净化后再进行标定。

为了使$KMnO_4$标准溶液浓度稳定，配制$KMnO_4$标准溶液时，常常采取以下措施。

(1) 称取多于理论量的固体$KMnO_4$。

(2) 使用煮沸并冷却的蒸馏水，以除去还原性物质。

(3) 将配制的溶液放在暗处保存两周或加热煮沸，微沸1 h，在煮沸过程应及时补充水，然后用$P_{16}(G_4)$玻璃砂芯漏斗过滤，以除去MnO_2。过滤后的溶液装入棕色的瓶子，放在暗处保存，待标定。

玻璃砂芯漏斗上的 MnO_2，可用浓盐酸泡洗，然后用水冲洗干净，其反应式为

$$MnO_2 + 4H^+ + 4Cl^- = MnCl_2 + 2H_2O + Cl_2 \uparrow$$

标定高锰酸钾溶液浓度的基准物质有 $Na_2C_2O_4$、$H_2C_2O_4 \cdot 2H_2O$、$(NH_4)_2Fe(SO_4)_2 \cdot 6H_2O$、$As_2O_3$ 和纯铁丝等。其中，$Na_2C_2O_4$ 容易提纯，性质稳定，不含结晶水，所以常用 $Na_2C_2O_4$ 作为基准物质。$Na_2C_2O_4$ 在 105 ℃～110 ℃烘 2 h，冷却后即可使用。$Na_2C_2O_4$ 在 H_2SO_4 溶液中与 $KMnO_4$ 的反应为

$$5C_2O_4^{2-} + 2MnO_4^- + 16H^+ = 2Mn^{2+} + 8H_2O + 10CO_2 \uparrow$$

该反应速度很慢，为了加速反应，使反应定量地进行，在标定时应注意掌握好以下条件。

(1) 滴定速度：MnO_4^- 和 $C_2O_4^{2-}$ 反应速度很慢，当有 Mn^{2+} 存在时可使反应速度加快。滴定开始时，加入 1 滴 $KMnO_4$ 后，溶液褪色较慢，待红色褪去后再滴加第二滴，由于产生的 Mn^{2+} 离子起自动催化作用而加快反应速度，然后滴定速度可逐渐加快。

(2) 酸度：为了使滴定反应按反应式进行，溶液必须保持足够的酸度。要求滴定开始时的酸度为 0.5～1 mol/L，滴定终了时酸度不低于 0.5 mol/L。酸度太高，会促使 $H_2C_2O_4$ 分解，酸度不够则反应产物会出现 MnO_2 沉淀。

(3) 温度：近终点时应稍稍加热，使溶液温度为 65 ℃～75 ℃，否则，如果温度太低，终点变化不敏锐，而温度太高 $H_2C_2O_4$ 会分解，这些都会导致标定结果不准确。

(4) 终点判断：当滴定到稍微过量的 $KMnO_4$ 在溶液中呈粉红色并保持 30 s 不褪即终点，因此也称 $KMnO_4$ 为自身指示剂。如果溶液在空气中放置的时间过长，则由于空气中还原性物质及尘埃等杂质落入溶液，引起 $KMnO_4$ 缓慢分解而使溶液的粉红色逐渐褪去。

学习目标	知识目标	1. 了解高锰酸钾试剂的特点； 2. 熟悉高锰酸钾标准溶液制备操作要求及其理由； 3. 掌握高锰酸钾标准溶液的浓度的计算
	能力目标	1. 会计算并配制得到高锰酸钾溶液； 2. 会进行高锰酸钾标准溶液标定的滴定操作； 3. 会判断高锰酸钾自身指示剂的终点颜色
	素质目标	1. 理解实践—认识—再实践—再认识的辩证发展关系； 2. 树立科技强国的意识

相关知识

9.1 氧化还原滴定法的分类和特点

①氧化还原滴定法是什么？②氧化还原滴定的方法有哪些？

氧化还原滴定法是以溶液中氧化剂和还原剂之间的电子转移为基础的一种滴定分析方法。与酸碱滴定法和配位滴定法相比较，氧化还原滴定法应用非常广泛，它不仅可用于无机分析，而且可以广泛用于有机分析，许多具有氧化性或还原性的有机化合物可以用氧化还原滴定法来加以测定。

9.1.1 分类

可以用来进行氧化还原滴定的反应很多。根据所应用的氧化剂或还原剂，可以将氧化还原滴定法分为 $KMnO_4$ 法、$K_2Cr_2O_7$ 法、碘量法、铈量法、溴酸盐法和矾酸盐法等。

9.1.2 特点

氧化还原反应的特点是反应机理比较复杂，是基于电子转移的反应，反应通常是分步进行的，需较长时间才能完成。有些氧化还原反应虽然从理论上看是可以进行的，但由于反应速度太慢而被认为反应实际上没有发生。因此，当讨论氧化还原反应时，除从平衡观点判断反应的可能性外，还应考虑反应机理和反应速度问题。

9.2 氧化还原反应平衡

想一想

①氧化还原反应的本质是什么？②哪些因素会影响氧化还原反应？

9.2.1 标准电极电位和条件电极电位

氧化剂和还原剂的强弱，可以用有关电对的标准电极电位（简称标准电位）来衡量。电对的标准电位越高，其氧化型的氧化能力就越强；反之，电对的标准电位越低，则其还原型的还原能力就越强。因此，作为一种氧化剂，它可以氧化电位比它低的还原剂；同样，作为一种还原剂，它可以还原电位比它高的氧化剂。根据电对的标准电位，可以判断氧化还原反应进行的方向、次序和反应进行的程度。氧化还原电对的电极电位可根据电对的标准电极电位利用能斯特（Nernst）方程式求得，如对下述半电池反应：

$$O_x + ne^- \rightleftharpoons Red$$

由 Nernst 方程，得

$$\varphi_{O_x/Red} = \varphi^{\ominus}_{O_x/Red} + \frac{RT}{nF} \ln \frac{a_{O_x}}{a_{Red}} \tag{9-1}$$

式中，$\varphi_{O_x/Red}$ 为氧化型 O_x 与还原型 Red 电对的电极电位；$\varphi^{\ominus}_{O_x/Red}$ 为标准电极电位；R 为理想气体常数，8.314 J/(K·mol)；F 为法拉第常数，96 500 C/mol；n 为半反应中电子的转移数；T 为绝对温度；a_{O_x}、a_{Red} 为氧化态 O_x 和还原态 Red 的活度。

将以上常数代入式(9-1)，取常用对数，在 25 ℃时得到

$$\varphi_{O_x/Red} = \varphi^{\ominus}_{O_x/Red} + \frac{0.059}{n} \lg \frac{a_{O_x}}{a_{Red}} \tag{9-2}$$

其中，标准电极电位 $\varphi^{\ominus}_{O_x/Red}$ 是在特定条件下测定的，即温度为 25 ℃，有关离子的浓度（严格讲应该为活度）都是 1 mol/L（或其比值为 1），气体压力为 1.013×10^5 Pa 时测得的相对于标准氢电极的电位值。

当反应条件（主要为离子浓度和酸度）改变时，$\varphi^{\ominus}_{O_x/Red}$ 值就会发生相应的变化。故影响电极电位 $\varphi_{O_x/Red}$ 的因素如下。

(1) 氧化还原电对（氧化还原半电池反应）的性质决定 $\varphi^{\ominus}_{O_x/Red}$ 的大小。

(2) 氧化还原电对的有关离子（包括 H^+）浓度的大小及比值。

利用能斯特方程式，可以计算各种可逆均相氧化还原半电池的电极电位。但是，上面使用能斯特公式时，用的是活度。而通常溶液中离子的浓度不是活度，活度等于浓度与活度系数的乘积，因而式(9-2)可写成

$$\varphi_{O_x/Red} = \varphi^{\ominus}_{O_x/Red} + \frac{0.059}{n} \lg \frac{\gamma_O [O_x]}{\gamma_{Red}} \tag{9-3}$$

式中，γ_O、γ_{Red} 分别代表氧化型和还原型的活度系数，n 为半电池反应转移的电子数。为简化起见，有时在计算时忽略了溶液中离子强度的影响，通常就以溶液的浓度代替活度进行计算。但在实际工作中，应用能斯特方程式时还应注意下述两个因素：一是溶液中浓度不是活度，为简化起见，往往将溶液中离子强度的影响加以忽略；二是当溶液组成改变时，电对的氧化型和还原型的存在形式也往往随之改变，从而引起电极电位的改变。因此，当利用能斯特方程式计算有关电对的电极电位时，如果采用该电对的标准电极电位，不考虑离子强度及氧化型和还原型的存在形式，则计算结果与实际情况就会相差较大。

例如，计算 HCl 溶液中 Fe^{3+}/Fe^{2+} 体系的电极电位时，则

$$\varphi_{Fe^{3+}/Fe^{2+}} = \varphi^{\ominus}_{Fe^{3+}/Fe^{2+}} + 0.059 \lg \frac{a_{Fe^{3+}}}{a_{Fe^{2+}}} \tag{9-4}$$

实际上，溶液中离子强度是很大的，故必须考虑离子强度的影响，则以浓度代替活度，Nernst 方程为

$$\varphi_{Fe^{3+}/Fe^{2+}} = \varphi^{\ominus}_{Fe^{3+}/Fe^{2+}} + 0.059 \lg \frac{\gamma_{Fe^{3+}}[Fe^{3+}]}{\gamma_{Fe^{2+}}[Fe^{2+}]} \tag{9-5}$$

但实际上在 HCl 溶液中，由于有以下副反应：

$$\begin{array}{ccc}
Fe^{3+} & \xrightarrow{\text{HCl介质}} & Fe^{2+} \\
Cl^- \quad OH^- & & OH^- \quad Cl^- \\
FeCl^{2+} \quad Fe(OH)^{2+} & & Fe(OH)^{2+} \quad FeCl^+ \\
FeCl_2^+ & & Fe(OH)_2 \quad FeCl_2
\end{array}$$

则有 $c_{Fe^{3+}} = [Fe^{3+}] + [Fe(OH)^{2+}] + [Fe(OH)_2^+] + [FeCl^{2+}] + [FeCl_2^+] + \cdots$

$$c_{Fe^{2+}} = [Fe^{2+}] + [Fe(OH)^{2+}] + [Fe(OH)_2] + [FeCl^+] + [FeCl_2] + \cdots$$

若用 $c_{Fe^{3+}}$、$c_{Fe^{2+}}$ 表示溶液中 Fe^{3+}、Fe^{2+} 总浓度，则

$$c_{Fe^{3+}} = \alpha_{Fe^{3+}}[Fe^{3+}] \tag{9-6}$$

$$c_{Fe^{2+}} = \alpha_{Fe^{2+}}[Fe^{2+}] \tag{9-7}$$

将式(9-6)、式(9-7)代入式(9-5)则有

$$\varphi_{Fe^{3+}/Fe^{2+}} = \varphi^{\ominus}_{Fe^{3+}/Fe^{2+}} + 0.059 \lg \frac{\gamma_{Fe^{3+}} \alpha_{Fe^{2+}} c_{Fe^{3+}}}{\gamma_{Fe^{2+}} \alpha_{Fe^{3+}} c_{Fe^{2+}}} \tag{9-8}$$

当溶液的离子强度很大时，γ 很难求得；当副反应较多时，求 α 值变得较困难。因此，式(9-8)应用受到限制。这种情况下可将式(9-8)改写为

$$\varphi_{Fe^{3+}/Fe^{2+}} = \varphi^{\ominus}_{Fe^{3+}/Fe^{2+}} + 0.059 \lg \frac{\gamma_{Fe^{3+}} \alpha_{Fe^{2+}}}{\gamma_{Fe^{2+}} \alpha_{Fe^{3+}}} + 0.059 \lg \frac{c_{Fe^{3+}}}{c_{Fe^{2+}}} \tag{9-9}$$

当 $c_{Fe^{3+}} = c_{Fe^{2+}} = 1 \text{ mol/L}$（或其浓度比 $c_{Fe^{3+}}/c_{Fe^{2+}} = 1$）时，得

$$\varphi_{Fe^{3+}/Fe^{2+}} = \varphi^{\ominus}_{Fe^{3+}/Fe^{2+}} + 0.059 \lg \frac{\gamma_{Fe^{3+}} \alpha_{Fe^{2+}}}{\gamma_{Fe^{2+}} \alpha_{Fe^{3+}}} = \varphi^{of}_{Fe^{3+}/Fe^{2+}} \tag{9-10}$$

式(9-10)中，γ 及 α 在一定情况下，是一固定值，因而式(9-10)中 $\varphi_{Fe^{3+}/Fe^{2+}}$ 应为一常数，若 γ 及 α 发生变化，则 $\varphi_{Fe^{3+}/Fe^{2+}}$ 随之而变。

可以认为 $\varphi^{of}_{Fe^{3+}/Fe^{2+}}$ 为条件电位，它是在特定情况下，氧化型和还原型浓度均为 1 mol/L（或其浓度比为 $c_{O_x}/c_{Red}=1$）时，校正了各种外界因素影响后的实际电极电位，在条件不变时为一常数，则式(9-9)就变为

$$\varphi_{Fe^{3+}/Fe^{2+}} = \varphi^{of}_{Fe^{3+}/Fe^{2+}} + 0.059 \lg \frac{c_{Fe^{3+}}}{c_{Fe^{2+}}} \tag{9-11}$$

对于一般反应，可写成

$$\varphi_{O_x/Red} = \varphi^{of}_{O_x/Red} + \frac{0.059}{n} \lg \frac{c_{O_x}}{c_{Red}} (25\ ℃)$$

$$\varphi^{of}_{O_x/Red} = \varphi^{\ominus}_{O_x/Red} + \frac{0.059}{n} \lg \frac{\gamma_{O_x} \alpha_{Red}}{\gamma_{Red} \alpha_{O_x}} \tag{9-12}$$

标准电极电位与条件电位的关系，与配位反应中的稳定常数 K_{MY} 和条件稳定常数 K'_{MY} 的关系相似。这样使处理实际问题较简单，但测 $\varphi^{of}_{O_x/Red}$ 很难，到目前为止，还有许多体系的条件电位没有测量出来。当缺少相同条件下的条件电位值时，可采用条件相近的条件电位值。但是，对于尚无条件电位数据的氧化还原电对，只好采用标准电位来做粗略的近似计算。但应指出，在许多情况下，上述条件不一定满足，故 $\varphi^{of}_{O_x/Red}$ 值并不真正是常数。因此，我们用 $\varphi^{\ominus}_{O_x/Red}$ 值所进行的计算，也具有近似的性质。本书在处理有关氧化还原反应的电位计算时，如无特别说明，一般仍采用 $\varphi^{\ominus}_{O_x/Red}$。

9.2.2 影响条件电位的因素

一般情况下，可根据氧化还原反应中两个电对的 $\varphi^{\ominus}_{O_x/Red}$ 来判断氧化还原反应的方向；在一定条件下，也可根据两电对的 $\varphi^{of}_{O_x/Red}$ 值来进行判断。但条件改变时，$\varphi^{of}_{O_x/Red}$ 值也随之而变，影响氧化还原反应进行的程度，甚至改变反应方向。因此，下面着重讨论几种主要因素对 $\varphi^{of}_{O_x/Red}$ 值的影响。

1. 离子强度对反应 $\varphi^{of}_{O_x/Red}$ 影响

从条件电位定义式可知，γ 是 $\varphi^{of}_{O_x/Red}$ 值的影响因素之一。而活度系数又取决于溶液的离子强度。所以离子强度不同时，同一电对的 $\varphi^{of}_{O_x/Red}$ 值就不同。但是 γ 往往不易计算，而各种副反应及其他因素的影响一般又大大超过离子强度的影响，所以在下面的讨论中，如果涉及计算 $\varphi^{of}_{O_x/Red}$，一般忽略离子强度的影响，即 $\gamma \approx 1$。

2. 沉淀生成对 $\varphi^{of}_{O_x/Red}$ 影响

对一个氧化还原电对，如果加入一种可以与氧化型或还原型生成沉淀的沉淀剂，则由于游离态的氧化型或还原型浓度的改变，使其电极电位发生改变。也可以把电极电位的这种改变按照在沉淀剂存在下的条件电位来处理。

【例 9-1】 计算当溶液中 Cu^{2+} 和 KI 浓度均为 1.0 mol/L 时，Cu^{2+}/Cu^+ 电对的条件电位（忽略离子强度影响）。

解：已知：$\varphi^{\ominus}_{Cu^{2+}/Cu^+} = 0.17\ V$，$K_{sp}(CuI) = 1.1 \times 10^{-12}$，且 $K_{sp}(CuI) = [Cu^+][I^-]$

$$\varphi^{of}_{Cu^{2+}/Cu^+} = \varphi^{\ominus}_{Cu^{2+}/Cu^+} + 0.059 \lg \frac{[Cu^{2+}]}{[Cu^+]}$$

$$= \varphi^{\ominus}_{Cu^{2+}/Cu^+} + 0.059 \lg \frac{[Cu^{2+}][I^-]}{K_{sp}(Cu^+)}$$

$$= \varphi^{\ominus}_{Cu^{2+}/Cu^+} + 0.059 \lg \frac{1}{K_{sp}(CuI)} + 0.059 \lg[Cu^{2+}][I^-]$$

当 $[Cu^{2+}] = [I^-] = 1.0\ mol/L$ 时，$\varphi_{Cu^{2+}/Cu^+} = \varphi^{of}_{Cu^{2+}/Cu^+}$

$$\varphi^{of}_{Cu^{2+}/Cu^+} = \varphi^{\ominus}_{Cu^{2+}/Cu^+} - 0.059 \lg K_{sp}(CuI) + 0.059 \lg[Cu^{2+}][I^-]$$

$$= 0.17 - 0.059 \lg(1.1 \times 10^{-12}) = 0.88(V)$$

3. 形成的配合物对 $\varphi^{of}_{O_x/Red}$ 影响

对于一个氧化还原电对，如果有能与氧化型或还原型生成配合物的配位剂存在，则从 $\varphi^{of}_{O_x/Red}$ 定义可见，氧化型和还原型的副反应系数必然会影响 $\varphi^{of}_{O_x/Red}$ 值。

4. 溶液酸度对 $\varphi^{of}_{O_x/Red}$ 影响

凡是有 H^+ 或 OH^- 直接参与的氧化还原反应，或物质的氧化态或还原态是弱酸或弱碱时，酸度对电对的条件电位的影响较大。

【例 9-2】 分别计算 1.0 mol/L 和 0.10 mol/L HCl 溶液中 As^V/As^{III} 电对的条件电位（忽略离子强度的影响）（$\varphi^{\ominus}_{H_3As_3O_4/HAs_3O_2} = 0.059\ V$）。

解：此电对反应为

$$H_3As_3O_4 + 2H^+ + 2e^- \rightleftharpoons HAs_3O_2 + 2H_2O$$

$$\varphi_{H_3As_3O_4/HAs_3O_2} = \varphi^{\ominus}_{H_3As_3O_4/HAs_3O_2} + \frac{0.059}{2} \lg \frac{[H_3As_3O_4][H^+]^2}{[HAs_3O_2]}$$

$$= \varphi^{\ominus}_{H_3As_3O_4/HAs_3O_2} + \frac{0.059}{2} \lg \frac{[H_3As_3O_4]}{[HAs_3O_2]} + 0.059 \lg[H^+]$$

当 $[H_3As_3O_4] = [HAs_3O_2] = 1.0\ mol/L$ 时，$\varphi_{H_3As_3O_4/HAs_3O_2} = \varphi^{of}_{H_3As_3O_4/HAs_3O_2}$

$$\varphi^{of}_{H_3As_3O_4/HAs_3O_2} = \varphi^{\ominus}_{H_3As_3O_4/HAs_3O_2} + 0.059 \lg[H^+]$$

酸度为 1.0 mol/L 时，$\varphi^{of}_{H_3As_3O_4/HAs_3O_2} = 0.559\ V$

酸度为 0.10 mol/L 时，$\varphi_{H_3AsO_4/HAsO_2}^{o\prime} = 0.559 - 0.059 = 0.50(V)$

9.2.3 氧化还原反应进行的次序

溶液中若同时含有几种还原剂，若加入氧化剂，则氧化剂首先与溶液中最强的还原剂作用。同理，溶液中同时含有几种氧化剂时，若加入还原剂，则还原剂首先与溶液中最强的氧化剂作用。即在适宜的条件下，所有可能发生的氧化还原反应中，标准电极电位相差最大的电对首先进行反应。

如 $K_2Cr_2O_7$ 标准溶液滴定 Fe^{2+}、Sn^{2+} 时

$$\varphi_{Cr_2O_7^{2-}/Cr^{3+}}^{\ominus} = 1.33 \text{ V}$$

$$\varphi_{Fe^{3+}/Fe^{2+}}^{\ominus} = 0.771 \text{ V}$$

$$\varphi_{Sn^{4+}/Sn^{2+}}^{\ominus} = 0.154 \text{ V}$$

$Cr_2O_7^{2-}$ 是其中最强的氧化剂，Sn^{2+} 是最强的还原剂；滴加的 $Cr_2O_7^{2-}$ 首先氧化 Sn^{2+}，只有将 Sn^{2+} 完全氧化后，才能氧化 Fe^{2+}。

9.2.4 氧化还原反应进行的程度

对于一般的氧化还原反应，可以通过计算反应达到平衡时的平衡常数 K，来了解反应进行的程度。而 K 又与该反应有关电对的电极电位有着确定的数量关系。如反应如下：

$$n_2 O_{x1} + n_1 \text{Red}_2 \rightleftharpoons n_2 \text{Red}_1 + n_1 O_{x2}$$

平衡常数

$$K = \frac{a_{\text{Red}_1}^{n_2} a_{O_{x2}}^{n_1}}{a_{O_{x1}}^{n_2} a_{\text{Red}_2}^{n_1}}$$

对于物质 1 的半反应为

$$O_{x1} + n_1 e^- \rightleftharpoons \text{Red}_1$$

$$\varphi_{O_{x1}/\text{Red}_1} = \varphi_{O_{x1}/\text{Red}_1}^{\ominus} + \frac{0.059}{n_1} \lg \frac{a_{O_{x1}}}{a_{\text{Red}_1}}$$

对于物质 2 的半反应为

$$O_{x2} + n_2 e^- \rightleftharpoons \text{Red}_2$$

$$\varphi_{O_{x2}/\text{Red}_2} = \varphi_{O_{x2}/\text{Red}_2}^{\ominus} + \frac{0.059}{n_2} \lg \frac{a_{O_{x2}}}{a_{\text{Red}_2}}$$

当反应达到平衡时

$$\varphi_{O_{x1}/\text{Red}_1} = \varphi_{O_{x2}/\text{Red}_2}$$

$$\varphi_{O_{x1}/\text{Red}_1}^{\ominus} + \frac{0.059}{n_1} \lg \frac{a_{O_{x1}}}{a_{\text{Red}_1}} = \varphi_{O_{x2}/\text{Red}_2}^{\ominus} + \frac{0.059}{n_2} \lg \frac{a_{O_{x2}}}{a_{\text{Red}_2}}$$

等式两边同时乘以 $n_1 n_2$，则

$$n_1 n_2 \varphi_{O_{x1}/\text{Red}_1}^{\ominus} + 0.059 \lg \frac{a_{O_{x1}}^{n_2}}{a_{\text{Red}_1}^{n_2}} = n_1 n_2 \varphi_{O_{x2}/\text{Red}_2}^{\ominus} + 0.059 \lg \frac{a_{O_{x2}}^{n_1}}{a_{\text{Red}_2}^{n_1}}$$

$$n_1 n_2 (\varphi_{O_{x1}/\text{Red}_1}^{\ominus} - \varphi_{O_{x2}/\text{Red}_2}^{\ominus}) = 0.059 \lg \frac{a_{O_{x2}}^{n_1} a_{\text{Red}_1}^{n_2}}{a_{O_{x1}}^{n_2} a_{\text{Red}_2}^{n_1}}$$

式中，$\varphi^{\ominus}_{O_{x1}/Red_1}$、$\varphi^{\ominus}_{O_{x2}/Red_2}$ 分别为氧化剂和还原剂的标准电位，n_1、n_2 为两个半电池反应转移的电子数，且 n_1、n_2 互为质数。

从上式可以看出，氧化还原反应平衡常数 K 值的大小是直接由氧化剂和还原剂两电对的标准电位之差决定的。一般来说，$\varphi^{\ominus}_{O_{x1}/Red_1}$ 和 $\varphi^{\ominus}_{O_{x2}/Red_2}$ 之差越大，平衡常数 K 值也越大，反应进行得就比较完全。如果 $\varphi^{\ominus}_{O_{x1}/Red_1}$ 和 $\varphi^{\ominus}_{O_{x2}/Red_2}$ 相差不大，则反应进行得就不完全。那么平衡常数 K 值达到多大时，反应才能进行完全呢？以上述反应为例，则

设滴定分析的允许误差 $\leqslant 0.1\%$，则终点时：

$$[O_{x2}] \geqslant 99.9\% \cdot c_{Red_2}$$
$$[Red_1] \geqslant 99.9\% \cdot c_{O_{x1}}$$

而剩下来的物质必须小于或等于原始浓度的 0.1%，即

$$[Red_2] \leqslant 0.1\% \cdot c_{Red_2}$$
$$[O_{x1}] \leqslant 0.1\% \cdot c_{O_{x1}}$$

$$\lg K \geqslant \lg \frac{(99.9\%)^{n_1} \cdot c_{Red_2}^{n_1} \cdot (99.9\%)^{n_2} \cdot c_{O_{x1}}^{n_2}}{(0.1\%)^{n_2} c_{O_{x1}}^{n_2} \cdot (0.1\%)^{n_1} c_{Red_2}^{n_1}}$$

所以 $\lg K \geqslant \lg 10^{3n_2} \cdot 10^{3n_1}$

所以 $\lg K \geqslant \lg 10^{3(n_1+n_2)}$

此时 $\lg K \geqslant \dfrac{n_1 n_2 (\varphi^{\ominus}_{O_{x1}/Red_1} - \varphi^{\ominus}_{O_{x2}/Red_2})}{0.059} \geqslant \lg 10^{3(n_1+n_2)}$

所以 $\Delta\varphi \geqslant \dfrac{0.059}{n_1 n_2} \cdot 3(n_1+n_2)$

如果 $n_1 = n_2 = 1$ 时

$$\lg K \geqslant 6 \qquad \Delta\varphi \geqslant 0.35 \text{ V}$$

$n_1 = 1$，$n_2 = 2$ 时

$$\lg K \geqslant 9 \qquad \Delta\varphi \geqslant 9 \times \frac{0.059}{2} \approx 0.27 (\text{V})$$

$n_1 = 1$，$n_2 = 3$ 时

$$\lg K \geqslant 12 \qquad \Delta\varphi \geqslant 12 \times \frac{0.059}{3} \approx 0.24 (\text{V})$$

即两电对的条件电位之差，一般应大于 0.4 V，这样的氧化还原反应，可以用于滴定分析。实际上，当外界条件（如介质浓度、酸度等）改变时，电对的条件电位是要改变的，因此，只要能创造一个适当的外界条件，使两电对的条件电位差超过 0.4 V，这样的氧化还原反应也能用于滴定分析了。

必须指出，某些氧化还原反应，虽然两个电对的标准电位相差足够大，也符合上述要求，但由于副反应的发生，该氧化还原反应不能定量地进行，氧化剂和还原剂之间没有一定的当量关系（或摩尔比关系）。显然，这样的氧化还原反应仍不能用于滴定分析。如 $KMnO_4$ 与 Na_3AsO_3 的反应（在稀 H_2SO_4 存在下）就是如此，虽说它们之间电位的差值（0.95 V）远远大于 0.4 V，但 AsO_3^{3-} 只能将 MnO_4^- 还原为平均氧化数为 3.3 的 Mn（溶液为黄绿色或棕色），因此就不能用于滴定分析。

任务准备

1. 明确试验步骤

(1)领取或配制试剂。

1)$KMnO_4$（分析纯）；

2)无水 $Na_2C_2O_4$（基准物质）；

3)硫酸：(8+92)，取 8 mL 浓 H_2SO_4，在搅拌下注入 92 mL 水。

4)硫酸：3 mol/L；取 166 mL 浓 H_2SO_4，在搅拌下缓慢注入 834 mL 水。

(2)$KMnO_4$ 标准溶液$[c(1/5KMnO_4)=0.1\ mol/L]$的配制。称取 1.6～1.7 g 高锰酸钾，溶于 525 mL 水中，缓缓煮沸 15 min，冷却后置于暗处保存两周。以 P16(G4)号玻璃滤埚过滤，于干燥的棕色瓶中保存，贴上标签。

(3)$c(1/5\ KMnO_4)=0.1\ mol/L\ KMnO_4$ 标准溶液的标定[按《化学试剂 标准滴定溶液的制备》(GB/T 601—2016)进行]。称取 0.2 g 于 105 ℃～110 ℃烘干至恒重的基准草酸钠，称准至 0.000 1 g，溶于 100 mL 硫酸溶液(8+92)中，用待标定的 $c(1/5KMnO_4)=0.1\ mol/L\ KMnO_4$ 溶液滴定，近终点时加热至 65 ℃，继续滴定至溶液呈粉红色保持 30 s 不褪色为终点，记下 $KMnO_4$ 溶液消耗的体积，同时做空白试验。

2. 列出任务要素

(1)检测对象_____

(2)检测项目_____

(3)依据标准_____

3. 制订试验计划

(1)填写药品领取单(一般溶液需自己配制，标准滴定溶液可直接领取)。

序号	药品名称	等级或浓度	个人用量/g 或 mL	小组用量/g 或 mL	使用安全注意事项

(2)填写仪器清单(个人)。

序号	仪器名称	规格	数量

$KMnO_4$ 标准溶液的标定

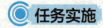 **任务实施**

1. 领取药品，组内分工配制溶液

序号	溶液名称及浓度	体积/mL	配制方法	负责人

2. 领取仪器，各人负责清洗干净

清洗后，玻璃仪器内壁：□都不挂水珠　　□部分挂水珠　　□都挂水珠

3. 独立完成试验，填写数据记录

试验日期：　　年　　月　　日　　　　水温：　　℃

内容	测定次数	1	2	3
	称量瓶和无水草酸钠的质量（第一次读数）			
	称量瓶和无水草酸钠的质量（第二次读数）			
	基准物无水草酸钠的质量 m/g			
标定试验	滴定管初读数/mL			
	滴定管终读数/mL			
	滴定消耗 $KMnO_4$ 溶液的体积 V_1/mL			
空白试验	滴定管初读数/mL			
	滴定管终读数/mL			
	滴定消耗 $KMnO_4$ 溶液的体积 V_0/mL			
	$c(1/5KMnO_4)/(mol·L^{-1})$			
	测定平均值/$(mol·L^{-1})$			
	平行测定结果的相对极差/%			

高锰酸钾溶液浓度按下式计算：

$$c(1/5KMnO_4) = \frac{m}{(V_1 - V_0) \times 0.067\ 00}$$

式中，$c(1/5KMnO_4)$ 为高锰酸钾溶液的物质的量浓度（mol/L）；m 为草酸钠的质量（g）；V_1 为高锰酸钾溶液的用量（mL）；V_0 为空白试验高锰酸钾溶液的用量（mL）；0.067 00 为与 1.00 mL 高锰酸钾标准溶液 $[c(1/5KMnO_4)=1.000\ mol/L]$ 相当的以克表示的草酸钠的质量。

4. 检查评价

根据以上试验操作和数据计算结果，进行自评、小组内互评，教师考核评价，完成任务考核评价表的填写。

项目	评分标准	分值	自评/30%	互评/30%	师评/40%	合计
称量	称量范围±10%以内；有洒落，0分	5				
滴定管使用	按照洗涤—润洗—装液顺序使用，滴定速度为4~6 mL/min	10				
溶液配制	会计算并配制得到高锰酸钾溶液	10				
颜色变化观察	能控制终点溶液颜色由无色变为浅红色	15				
硫酸稀释	能正确稀释硫酸溶液（酸入水，边加边搅）	5				
结果计算	能根据公式正确计算出结果	30				
试验结果相对极差	<0.2%，不扣分；≥0.2%，扣5分；≥0.4%，扣10分；≥0.6%，扣15分；≥0.8%，扣20分；≥1.0%，扣25分	25				
最后得分						

技能总结

1. 天平的使用；
2. 溶解及溶液转移操作；
3. 溶液配制、标签及试剂保存；
4. 硫酸稀释；
5. 滴定操作；
6. 淡浅红色变色判断及控制。

拓展阅读

时代宠儿"锂电池"

锂电池是一种氧化还原电池，具有高能量、高功率密度、长寿命和安全可靠性等优点，现今流行的新能源汽车中，大多采用锂离子电池为动力源，其他类型的电池还远远达不到要求。

锂离子电池以碳素材料为负极，以含锂的化合物为正极，充放电过程就是锂离子的嵌入和脱嵌过程，实质是在正负极发生氧化还原反应。如负极反应：$C_6Li - xe^- = C_6Li_{(1-x)} + xLi^+$（$C_6Li$表示锂原子嵌入石墨形成复合材料）；正极反应：$Li_{(1-x)}MO_2 + xLi^+ + xe^- = LiMO_2$（$LiMO_2$表示含锂的过渡金属氧化物）。

随着新能源产业的发展，大量使用锂电池，锂电池成为当之无愧的"时代宠儿"。如我国新能源汽车2014年开始快速发展，新能源汽车产销量大幅上升。根据中国汽车工业协会统计数据显示，2019年全国新能源汽车产量是124.2万辆，2020全国新能源汽车产量达到136.6万辆，2021年全国新能源汽车产量达到354.5万辆，2022年新能源汽车产量突破700万辆，2021年和2022年分别实现了159.5%和96.9%的惊人增幅。在销量方面，自2015年起，中国新能源汽车产销量已经连续7年位居全球第一位。经过过去10年快速的市场化应用，我国新能源汽车产业已经达到世界一流水平，未来，绿色制造水平的提升对全球新能源汽车的发展将是一个非常重要的考验，而中国正在以积极的姿态参与这项挑战（图 9-1）。

图 9-1　新电源汽车

青年学生正处在充满机遇与挑战的时代，应当努力学好知识，做好投身国家建设的准备。正如习近平在中国共产党第二十次全国代表大会报告中所说，"青年强，则国家强。当代中国青年生逢其时，施展才干的舞台无比广阔，实现梦想的前景无比光明……广大青年要坚定不移听党话、跟党走，怀抱梦想又脚踏实地，敢想敢为又善作善成，立志做有理想、敢担当、能吃苦、肯奋斗的新时代好青年，让青春在全面建设社会主义现代化国家的火热实践中绽放绚丽之花"。

 练一练

1. 用 $Na_2C_2O_4$ 标定高锰酸钾时，刚开始褪色较慢，但之后褪色变快的原因是（　　）。
　　A. 温度过低　　　　　　　　　B. 反应进行后，温度升高
　　C. Mn^{2+} 催化作用　　　　　D. 高锰酸钾浓度变小

2. 用 $Na_2C_2O_4$ 标定 $KMnO_4$ 溶液时，溶液的温度一般不超过（　　）℃，以防止 $H_2C_2O_4$ 的分解。
　　A. 60　　　　　B. 75　　　　　C. 40　　　　　D. 85

3. $KMnO_4$ 滴定所需的介质最好是（　　）。
　　A. 硫酸　　　　B. 盐酸　　　　C. 磷酸　　　　D. 硝酸

4. 对高锰酸钾滴定法，下列说法不正确的是（　　）。
　　A. 标准滴定溶液用标定法制备　　B. 直接法可测定还原性物质
　　C. 可在盐酸介质中进行滴定　　　D. 在硫酸介质中进行滴定

5. 标定 $KMnO_4$ 溶液时，第 1 滴 $KMnO_4$ 加入后溶液的红色褪去很慢，而以后红色褪去越来越快。（　　）
　　A. 正确　　　　　　　　　　　　B. 错误

6. 用高锰酸钾滴定时，从开始就快速滴定，因为 $KMnO_4$ 不稳定。（　　）
　　A. 正确　　　　　　　　　　　　B. 错误

7. 配制 $KMnO_4$ 标准溶液时，需要将 $KMnO_4$ 溶液煮沸一定时间并放置数天，配制好的 $KMnO_4$ 溶液要用滤纸过滤后才能保存。（　　）
　　A. 正确　　　　　　　　　　　　B. 错误

8. 标定高锰酸钾标准溶液用酚酞指示剂。(　　)
   A. 正确　　　　　　　　　　　　　　B. 错误

9. 在高锰酸钾法测定铁含量时,一般使用硫酸而不是盐酸来调节酸度,其主要原因是(　　)。
   A. 盐酸强度不足　　　　　　　　　　B. 硫酸可起催化作用
   C. Cl^- 能与高锰酸钾作用　　　　　　D. 以上均不对

10. 标定 $KMnO_4$ 时,第1滴加入后褪色以前,不能加入第2滴,加入几滴后,方可加快滴定速度的原因是(　　)。
    A. $KMnO_4$ 自身是指示剂,待有足够 $KMnO_4$ 时才能加快滴定速度
    B. O_2 为该反应催化剂,待有足够氧气时才能加快滴定速度
    C. Mn^{2+} 为该反应催化剂,待有足够 Mn^{2+} 才能加快滴定速度
    D. MnO_2 为该反应催化剂,待有足够 MnO_2 才能加快滴定速度

11. 用 $Na_2C_2O_4$ 标定高锰酸钾溶液,称取 $Na_2C_2O_4$ 0.204 6 g,溶于水后,用高锰酸钾溶液滴定,消耗 25.00 mL 滴定至终点,高锰酸钾的浓度为(　　)mol/L[$M(Na_2C_2O_4)$=134.00 g/mol]。
    A. 0.012 21　　　B. 0.024 43　　　C. 0.036 64　　　D. 0.048 86

12. 标定高锰酸钾溶液浓度时,用适量的 NaC_2O_4 作为基准物质,则 $KMnO_4$ 与 NaC_2O_4 的物质的量的关系是(　　)。
    A. $n(1/2NaC_2O_4)=n(1/5KMnO_4)$　　　B. $n(NaC_2O_4)=n(KMnO_4)$
    C. $1/2n(NaC_2O_4)=n(1/5KMnO_4)$　　　D. $n(1/2NaC_2O_4)=1/5n(KMnO_4)$

任务 10　测定工业过氧化氢的含量

任务分析

过氧化氢(也称双氧水)既具有氧化性又具有还原性。它在工业、生物、医药等方面有着广泛的应用。例如，第一，利用 H_2O_2 的氧化性漂白毛、丝织物。第二，医药上常用它来消毒和杀菌。3%双氧水具有消毒杀菌能力，是因为过氧化氢不稳定，很容易发生下列反应：

$$H_2O_2 \rightarrow H_2O+(O)$$

当它与皮肤、口腔和黏膜的伤口、脓液或污物相遇时，立即分解生成氧(O)。这种尚未结合成氧分子的氧原子，具有很强的氧化能力，与细菌接触时，能破坏细菌菌体，杀死细菌。杀灭细菌后剩余的物质是无任何毒害、无任何刺激作用的水。不会形成二次污染。因此，双氧水是伤口消毒理想的消毒剂。但不能用浓度大的双氧水进行伤口消毒，以防止灼伤皮肤及患处。第三，纯 H_2O_2 用作火箭燃料的氧化剂。第四，工业上利用 H_2O_2 的还原性除去氯气，其反应为

$$H_2O_2 + Cl_2 = 2Cl^- + O_2\uparrow + 2H^+$$

在实际生产中，常用高锰酸钾法测定过氧化氢的含量。测定原理是 H_2O_2 在酸性溶液中是强氧化剂，但遇强氧化剂时，又表现为还原剂，因此，在稀的硫酸溶液中(不能使用 HCl 或 HNO_3，因为 Cl^- 具有还原性也能与 $KMnO_4$ 作用；而 HNO_3 具有氧化性，它可能氧化被测物质)可用 $KMnO_4$ 标准溶液直接滴定，其反应为

$$2MnO_4^- + 5H_2O_2 + 6H^+ = 2Mn^{2+} + 8H_2O + 5O_2\uparrow$$

反应开始时进行得比较缓慢，但不能为了加快反应速度而加热，否则会引起 H_2O_2 分解：

$$2H_2O_2 = 2H_2O + O_2\uparrow$$

待反应产生 Mn^{2+} 离子后，由于 Mn^{2+} 离子的催化作用，反应速度加快，然后逐渐加快滴定速度。最后以 $KMnO_4$ 自身为指示剂，滴定至溶液呈粉红色 30 s 不消失为终点。

如 H_2O_2 中含有稳定剂乙酰苯胺，也消耗 $KMnO_4$ 而使分析结果偏高。如遇到这种情况，应采用碘量法或铈量法进行测定。

学习目标	知识目标	1. 了解工业过氧化氢的特点； 2. 熟悉取用工业过氧化氢时的防护方法； 3. 熟悉高锰酸钾法测定工业过氧化氢的操作要求及其理由； 4. 掌握工业过氧化氢含量的计算
	能力目标	1. 会正确取用腐蚀性液体； 2. 会进行高锰酸钾法测定工业过氧化氢的滴定操作
	素质目标	具有爱国情怀，树立报国强国的远大抱负

氧化还原反应的速度及其影响因素

想一想

影响氧化还原反应速度的因素有哪些？

与酸碱反应和配位反应比较，氧化还原反应的速度一般要慢得多。而氧化还原平衡常数 K 值的大小，只能表示氧化还原反应的完全程度，不能说明氧化还原反应的速度。如 H_2 和 O_2 反应生成 H_2O，$K=10^{41}$。但是在通常情况下很难觉察反应的进行，只有在点火或有催化剂存在的条件下，反应才能很快进行，甚至发生爆炸。因此，在讨论氧化还原滴定时，除考虑反应进行的方向和程度外，还要考虑反应的速度问题。

10.1.1 氧化还原反应是分步进行的

对任何氧化还原反应，可以根据反应物和生成物，写出有关化学反应式。例如，H_2O_2 氧化 I^- 的反应式为

$$H_2O_2 + 2I^- + 2H^+ \rightleftharpoons I_2 + 2H_2O \tag{10-1}$$

式(10-1)只能表示反应的最初状态和最终状态，不能说明反应进行的真实情况，实际上这个反应是分步进行的。以上反应式为

$$I^- + H_2O_2 \rightleftharpoons IO^- + H_2O (慢) \tag{10-2}$$

$$IO^- + H^+ \rightleftharpoons HIO (快) \tag{10-3}$$

$$HIO + I^- + H^+ \rightleftharpoons I_2 + H_2O (快) \tag{10-4}$$

将式(10-2)、式(10-3)、式(10-4)相加，才得到式(10-1)所示的总反应式。其中，反应速度最慢的是式(10-2)，其决定总的反应的速度。

10.1.2 影响氧化还原反应速度的因素

1. 反应物浓度对反应速度的影响

一般来说，增加反应物浓度都能加快反应速度。对于 H^+ 参加的反应，提高酸度也能加快反应速度，例如，在酸性溶液中 $K_2Cr_2O_7$ 与 KI 的反应：

$$Cr_2O_7^{2-} + 6I^- + 14H^+ = 2Cr^{3+} + 3I_2 + 7H_2O$$

此反应的速度较慢，通常采用增加 H^+ 和 I^- 浓度加快反应速度。试验证明，$[H^+]$ 保持在 $0.2 \sim 0.4$ mol/L，KI 过量约为 5 倍，放置 5 min，反应可进行完全。

2. 温度对反应速度的影响

试验证明，一般温度每升高 10 ℃，反应速度可增加 $2 \sim 4$ 倍。如在酸性溶液中 MnO_4^- 与 $C_2O_4^{2-}$ 的反应：

$$2MnO_4^- + 5C_2O_4^{2-} + 16H^+ = 2Mn^{2+} + 10CO_2\uparrow + 8H_2O$$

在室温下，反应速度很慢，加热却能加快反应速度。因此，当用 $KMnO_4$ 溶液滴定

$H_2C_2O_4$ 溶液时，必须将溶液加热到 75 ℃～85 ℃。对于易挥发物质（如 I_2），只能用其他办法加快反应速度。

3. 催化反应和诱导反应对反应速度的影响

（1）催化反应。使用催化剂是提高反应速度的方法。催化剂可分为正催化剂和负催化剂两类。正催化剂加快反应速度；负催化剂减慢反应速度。

催化反应的机理非常复杂。在催化反应中，由于催化剂的存在，可能新产生了一些不稳定的中间价态的离子、游离基或活泼的中间配合物，从而改变了原来的氧化还原反应历程，或者降低了原来进行反应时所需的活化能，使反应速度发生变化。例如，在酸性溶液中，用 $Na_2C_2O_4$ 标定 $KMnO_4$ 溶液的浓度时，其反应为

$$2MnO_4^- + 5C_2O_4^{2-} + 16H^+ = 2Mn^{2+} + 10CO_2\uparrow + 8H_2O$$

此反应较慢，若加入适量的 Mn^{2+}，就能促使反应加速进行。通常情况下，即使不加入 Mn^{2+}，而利用 MnO_4^- 和 $C_2O_4^{2-}$ 反应后生成微量的 Mn^{2+} 做催化剂，也可以加快反应速度。这种生成物本身起催化剂作用的反应叫作自身催化剂。

自身催化作用有一个特点，就是开始时的反应速度比较慢，随着滴定剂的不断加入，生成物（催化剂）的浓度逐渐增大，反应速度逐渐加快；随后由于反应物的浓度越来越小，反应速度又逐渐减低。在氧化还原反应中，通过加入催化剂来促进反应的很多。

以上讨论的是属于正催化剂的情况。在分析化学中也经常应用到负催化剂。例如，在配制 $SnCl_2$ 试剂时，加入甘油，目的是减慢 $SnCl_2$ 与空气中氧的作用；配制 $Na_2S_2O_3$ 试剂时，加入 Na_3AsO_3 也可以防止 SO_3^{2-} 与空气中氧的作用。负催化剂也具有一定的氧化还原性，它们的存在能减慢某些氧化还原反应的反应速度。

（2）诱导反应。在氧化还原反应中，一种反应（主反应）的进行能够诱发反应速度极慢或不能进行的另一种反应的现象，叫作诱导作用；后一反应（副反应）叫作被诱导的反应（简称诱导反应）。

例如，$KMnO_4$ 氧化 Cl^- 的速度极慢，但是当溶液中同时存在 Fe^{2+} 时，由于 MnO_4^- 与 Fe^{2+} 的反应而促使 $KMnO_4$ 氧化 Cl^- 的反应速度加快：

$$MnO_4^- + 5Fe^{2+} + 8H^+ \rightarrow Mn^{2+} + 5Fe^{3+} + 4H_2O（初级反应或主反应）$$

$$2MnO_4^- + 10Cl^- + 16H^+ \rightarrow 2Mn^{2+} + 5Cl_2\uparrow + 8H_2O（诱导反应）$$

其中，MnO_4^- 称为作用体，Fe^{2+} 称为诱导体，Cl^- 称为受诱体。

诱导反应和催化反应是不同的。在催化反应中，催化剂参加反应后又变回原来的组成，而在诱导反应中，诱导体参加反应后，变为其他物质。诱导反应的产生与氧化还原反应中产生的不稳定中间价态离子或游离基等因素有关。

诱导反应在滴定分析中往往是有害的，但也可以在适当的情况下得到应用。在分析化学中，利用一些诱导效应很大的反应进行有选择性的分离和鉴定。

任务准备

1. 明确试验步骤

（1）领取或配制试剂。

1）$KMnO_4$ 标准溶液 $c(1/5KMnO_4) = 0.1$ mol/L；

2）H_2SO_4 溶液 $c(H_2SO_4) = 3$ mol/L；

3）双氧水试样。

(2)过氧化氢含量的测定。准确称取 0.2 g 左右的双氧水样品,放入预先装有 25 mL 水的 250 mL 锥形瓶,加 3 mol/L H_2SO_4 溶液 10 mL,用 $c(1/5KMnO_4)=0.1$ mol/L 标准溶液滴定至溶液呈粉红色 30 s 不褪色为终点,记下消耗高锰酸钾标准溶液的量。平行测定 3 次,同时做空白试验。

过氧化氢
含量的测定

2. 列出任务要素

(1)检测对象_____

(2)检测项目_____

(3)依据标准_____

3. 制订试验计划

(1)填写药品领取单(一般溶液需自己配制,标准滴定溶液可直接领取)。

序号	药品名称	等级或浓度	个人用量/g 或 mL	小组用量/g 或 mL	使用安全注意事项

(2)填写仪器清单(个人)。

序号	仪器名称	规格	数量

任务实施

1. 领取药品,组内分工配制溶液

序号	溶液名称及浓度	体积/mL	配制方法	负责人

2. 领取仪器,各人负责清洗干净

清洗后,玻璃仪器内壁: □都不挂水珠 □部分挂水珠 □都挂水珠

3. 独立完成试验，填写数据记录

内容 \ 测定次数	1	2	3
称量瓶和过氧化氢的质量（第一次读数）			
称量瓶和过氧化氢的质量（第二次读数）			
过氧化氢样品的质量 m/g			
1/5 $KMnO_4$ 标准溶液的浓度/(mol·L^{-1})			
测定试验 滴定管初读数/mL			
测定试验 滴定管终读数/mL			
测定试验 滴定消耗 $KMnO_4$ 溶液的体积 V_1/mL			
空白试验 滴定管初读数/mL			
空白试验 滴定管终读数/mL			
空白试验 滴定消耗 $KMnO_4$ 溶液的体积 V_0/mL			
过氧化氢的含量/%			
测定结果平均值/%			
平行测定结果的相对极差/%			

过氧化氢含量由下式计算：

$$H_2O_2(\%) = \frac{c \times (V_1 - V_0) \times 0.017\ 01}{m} \times 100$$

式中，c 为 1/5 $KMnO_4$ 标准溶液的物质的量浓度（mol/L）；V_1 为高锰酸钾标准溶液的用量（mL）；V_0 为空白试验高锰酸钾标准溶液的用量（mL）；m 为双氧水试样的量（g）；0.017 01 为与 1.00 mL 高锰酸钾标准溶液 [c(1/5 $KMnO_4$) = 1.000 mol/L] 相当的以克表示的双氧水的质量。

4. 检查评价

根据以上试验操作和数据计算结果，进行自评、小组内互评，教师考核评价，完成任务考核评价表的填写。

项目	评分标准	分值	自评/30%	互评/30%	师评/40%	合计
称量	称量范围±10%以内；有洒落，0分	10				
滴定管使用	按照洗涤—润洗—装液顺序使用，滴定速度为 4~6 mL/min	15				
颜色变化观察	能控制终点溶液颜色为浅红色	15				
腐蚀性液体的取用	能正确移取腐蚀性液体	10				
结果计算	能根据公式正确计算出结果	25				
试验结果相对极差	<0.2%，不扣分；≥0.2%，扣5分；≥0.4%，扣10分；≥0.6%，扣15分；≥0.8%，扣20分；≥1.0%，扣25分	25				
最后得分						

技能总结

1. 液体样品称量;
2. 腐蚀性液体的取用及操作;
3. 标签及试剂保存;
4. 计算并配制 3 mol/L H_2SO_4 溶液;
5. 滴定操作;
6. 高锰酸钾变色判断。

练一练

1. 用高锰酸钾法测定 H_2O_2 时,需通过加热来加速反应。(　　)
   A. 正确　　　　　　　　　　　B. 错误
2. 在酸性介质中,当 $KMnO_4$ 溶液滴定 H_2O_2 溶液时,滴定应(　　)。
   A. 像酸碱滴定那样快速进行
   B. 始终缓慢地进行
   C. 在开始时缓慢,以后逐步加快,近终点时又减慢滴定速度
   D. 开始时快,然后减慢
3. 在拟订氧化还原滴定操作时,不属于滴定操作应涉及的问题是(　　)。
   A. 滴定条件的选择和控制　　　B. 被测液酸碱度的控制
   C. 滴定终点确定的方法　　　　D. 滴定过程中溶剂的选择
4. 用 $KMnO_4$ 法测定 H_2O_2,滴定必须在(　　)。
   A. 中性或弱酸性介质中　　　　B. $c(H_2SO_4)=1$ mol/L 介质中
   C. pH=10 氨性缓冲溶液中　　　D. 强碱性介质中
5. 用 $KMnO_4$ 法测定 H_2O_2,可选用的指示剂是(　　)。
   A. 绿甲基红—溴甲酚　　　　　B. 二苯胺磺酸钠
   C. 铬黑 T　　　　　　　　　　D. 自身指示剂
6. 关于影响氧化还原反应速率的因素,下列说法不正确的是(　　)。
   A. 不同性质的氧化剂反应速率可能相差很大
   B. 一般情况下,增加反应物的浓度就能加快反应速率
   C. 所有的氧化还原反应都可通过加热的方法来加快反应速率
   D. 催化剂的使用是提高反应速率的有效方法
7. $KMnO_4$ 能与具有还原性的阴离子反应,如 $KMnO_4$ 和 H_2O_2 能产生氧气。(　　)
   A. 正确　　　　　　　　　　　B. 错误
8. 利用电极电位可判断氧化还原反应的性质,但它不能判别(　　)。
   A. 氧化还原反应速率　　　　　B. 氧化还原反应方向
   C. 氧化还原能力大小　　　　　D. 氧化还原的完全程度
   E. 氧化还原的次序

9. 在氧化还原反应中，两电对电极电位差值越大，反应速率越快。（   ）
   A. 正确   B. 错误
10. 增加反应物浓度，可使反应速率变快。（   ）
    A. 正确   B. 错误
11. 用高锰酸钾标准溶液测定双氧水的浓度，结果分别是 30.15%、30.13%、30.17%、30.18%、30.16%，其极差是（   ）。
    A. 0.15%   B. 0.10%   C. 0.17%   D. 0.20%
12. 用标定高锰酸钾溶液测定双氧水的浓度，结果分别是 30.15%、30.13%、30.17%、30.18%、30.16%，若已知双氧水的准确含量是 30.12%，其相对误差是（   ）。
    A. 0.13%   B. 0.10%   C. 0.17%   D. 0.20%
13. 用高锰酸钾溶液滴定 H_2O_2 时，则 $KMnO_4$ 与 H_2O_2 的物质的量的关系是（   ）。
    A. $n(H_2O_2)=n(KMnO_4)$ B. $n(1/2H_2O_2)=n(1/5KMnO_4)$
    C. $1/2n(H_2O_2)=n(1/5KMnO_4)$ D. $n(1/2H_2O_2)=1/5n(KMnO_4)$

任务 11　制备硫代硫酸钠标准溶液

任务分析

碘量法是常用的氧化还原滴定法之一，它是以 I_2 的氧化性和 I^- 的还原性为基础的滴定分析法。硫代硫酸钠标准溶液是碘量法常用的标准溶液之一，可以用于测定多种物质含量。

实验室中常用 $K_2Cr_2O_7$ 作为基准物质，以淀粉溶液作为指示剂标定 $Na_2S_2O_3$ 溶液浓度，其反应如下：

$$Cr_2O_7^{2-} + 6I^- + 14H^+ = 2Cr^{3+} + 3I_2 + 7H_2O \tag{1}$$

$$I_2 + 2S_2O_3^{2-} = 2I^- + S_4O_6^{2-} \tag{2}$$

学习目标		
	知识目标	1. 了解碘量法的基本化学反应； 2. 熟悉硫代硫酸钠溶液配制方法和要求； 3. 熟悉称量重铬酸钾的用途及相关的滴定化学反应； 4. 熟悉硫代硫酸钠标准溶液制备操作要求及其理由； 5. 掌握硫代硫酸钠标准溶液的浓度的计算
	能力目标	1. 能按照规定范围称取重铬酸钾质量； 2. 会进行标定硫代硫酸钠标准溶液的滴定操作； 3. 能看清楚并控制淀粉指示液终点变色程度
	素质目标	1. 节约使用试验药品，具有节约意识； 2. 领会个人和合作的关系，树立社会奉献意识

相关知识

11.1　碘量法

想一想

碘量法的主要误差来源有哪些？为什么碘量法不适宜在高酸度或高碱度介质中进行？

11.1.1　方法简介

碘量法也是常用的氧化还原滴定法之一。它以 I_2 的氧化性和 I^- 的还原性为基础的滴定分析法。因此，碘量法的基本反应是：

$$I_2 + 2e^- = 2I^- \qquad \varphi^{\ominus}_{I_2/I^-} = 0.535 \text{ V}$$

由 $\varphi^{\ominus}_{I_2/I^-}$ 可知，I_2 是一种较弱的氧化剂，能与较强的还原剂作用，而 I^- 是一种中等强度的还原剂，能与许多氧化剂作用，因此，碘量法又可以用直接和间接的两种方式进行滴定。

1. 碘滴定法（直接碘量法）

电位比 $\varphi^{\ominus}_{I_2/I^-}$ 低的还原性物质，可以直接用 I_2 的标准溶液滴定的并不多，只限于较强的还原剂，如 S^{2-}、SO_3^{2-}、Sn^{2+}、$S_2O_3^{2-}$、AsO_3^{2-} 等。

2. 滴定碘法（间接碘量法）

电位比 $\varphi^{\ominus}_{I_2/I^-}$ 高的氧化性物质，可在一定条件下，用碘离子来还原，定量析出 I_2，多数用 $Na_2S_2O_3$ 标液滴定，其反应如下：

$$Cr_2O_7^{2-} + 6I^- + 14H^+ = 2Cr^{3+} + 3I_2 + 7H_2O$$

$$I_2 + 2S_2O_3^{2-} = 2I^- + S_4O_6^{2-}$$

利用这一方法可以测定很多氧化性物质，如 ClO_3^-、ClO^-、CrO_4^{2-}、IO_3^-、BrO_3^- 等，以及能与 CrO_4^{2-} 生成沉淀的阳离子，如 Pb^{2+}、Ba^{2+} 等，所以滴定碘法应用相当广泛。所需指示剂为淀粉（需 I^- 存在，pH 中性左右，接近终点时加入）。

间接碘量法注意事项如下。

(1) pH 值影响：pH 为中性或弱酸性溶液，因为在碱性溶液中有：

$$S_2O_3^{2-} + 4I_2 + 10OH^- = 2SO_4^{2-} + 8I^- + 5H_2O$$

$$3I_2 + 6OH^- = IO_3^- + 5I^- + 3H_2O$$

在强酸性溶液中，有

$$S_2O_3^{2-} + 2H^+ = SO_2 + S\downarrow + H_2O$$

$$4I^- + 4H^+ + O_2 = 2I_2 + 2H_2O$$

(2) 过量 KI 的作用。KI 与 I_2 形成 I_3^-，以增大 I_2 的挥发性，提高淀粉指示剂的灵敏度。另外，加入过量的 KI，可加快反应速度和提高反应的完全程度。

(3) 温度的影响。反应时溶液的温度不能太高，一般在室温下进行。升高温度会增大 I_2 挥发性，降低淀粉指示剂的灵敏度。保存 $Na_2S_2O_3$ 溶液时，室温升高，增大细菌的活性，加速 $Na_2S_2O_3$ 的分解。

(4) 光线的影响。光线能催化 I^- 被空气氧化。

(5) 滴定前的放置。当氧化性物质与 KI 作用时，一般在暗处放置 5 min，使其反应后，立即用 $Na_2S_2O_3$ 进行滴定（避免 I_2 挥发，I^- 被空气氧化）。

11.1.2 标准溶液的配制与标定

1. $Na_2S_2O_3$ 标准溶液配制与标定。

硫代硫酸钠（$Na_2S_2O_3 \cdot 5H_2O$）一般含有少量 S、SO_3^{2-}、SO_4^{2-}、CO_3^{2-}、Cl^- 等杂质，因此不能直接配制标准溶液，且配好的硫代硫酸钠也不稳定，易分解。其原因如下。

(1) 水中的 CO_2 促进 $Na_2S_2O_3$ 的分解：$Na_2S_2O_3 + H_2CO_3 = NaHCO_3 + NaHSO_3 + S$

(2) 空气的氧化作用：$2Na_2S_2O_3 + O_2 = 2Na_2SO_4 + 2S$

(3) 微生物作用：$Na_2S_2O_3 = Na_2SO_3 + S$

2. 配制

采用新煮沸后冷却的蒸馏水配制，加入少许 Na_2CO_3，使溶液呈微碱性，放入棕色瓶中,置于暗处,放置一段时间后再标定。

3. 标定
基准物包括 $K_2Cr_2O_7$、KIO_3、$KBrO_3$、$K_3[Fe(CN)_6]$。

$$Cr_2O_7^{2-} + 6I^- + 14H^+ = 2Cr^{3+} + 3I_2 + 7H_2O$$

$$I_2 + 2S_2O_3^{2-} = 2I^- + S_4O_6^{2-}$$

4. 注意事项
(1) 酸度:0.8~1 mol/L。

(2) 速率:重铬酸钾与碘化钾的反应速度较慢,应在暗处放置 10 min 使反应完全。

(3) 稀释:使反应生成的 Cr^{3+} 浓度降低,颜色变浅,有利于观察;使酸度降低,减慢 I^- 被氧化的速度,降低 $Na_2S_2O_3$ 的分解。

(4) 滴定终点:至溶液呈稻黄色时,预示终点临近,可加入指示剂;滴定至深蓝色消失,出现亮绿色。

(5) 回蓝现象:终点后溶液就回蓝,说明 $K_2Cr_2O_7$ 与 KI 作用不完全,溶液稀释过早,应重做试验;终点后几分钟才回蓝,不影响滴定结果。

11.1.3 碘量法的应用实例

铜矿石中铜的测定。在待测 Cu^{2+} 溶液中加入过量 I^-,发生反应

$$2Cu^{2+} + 5I^- = 2CuI\downarrow + I_3^-$$

这里 I^- 既是还原剂(将 Cu^{2+} 还原为 Cu^+),又是沉淀剂(将 Cu^+ 沉淀为 CuI),还是络合剂(将 I_2 络合为 I_3^-)。生成的 I_2(或 I_3^-)用 $Na_2S_2O_3$ 标准溶液滴定,以淀粉为指示剂,以蓝色褪去为终点。方程式为

$$I_2 + 2S_2O_3^{2-} = 2I^- + S_4O_6^{2-}$$

CuI 沉淀表面吸附 I_2,往往使这部分 I_2 还未被滴定而溶液已经褪色,造成分析结果偏低。为此,可在临近终点时加入 SCN^-,使 CuI 转化为溶解度更小的 CuSCN 沉淀。

$$CuI\downarrow + SCN^- = CuSCN\downarrow + I^-$$

CuSCN 不吸附 I_2,消除了由部分 I_2 被吸附造成的误差。

若待测溶液中有 Fe^{3+} 共存,由于 Fe^{3+} 也能氧化 I^- 而干扰铜的测定,可加入 NH_4HF_2

$$HF_2^- \rightleftharpoons HF + F^-$$

F^- 与 Fe^{3+} 生成 FeF_6^{3-},降低了铁电对电位,使 Fe^{3+} 不能氧化 I^-。同时,HF_2^- 实际上是一个酸碱缓冲体系(pH=3~4),可保证间接碘量法所要求的弱酸性条件。

11.2 氧化还原滴定曲线

想一想

①哪些因素会影响氧化还原反应的速率?②氧化完全的含义是什么?它受什么因素影响?

在酸碱滴定过程中，研究的是溶液中 pH 值的改变。在配位滴定中，研究的是溶液中 pM 的改变。而在氧化还原滴定过程中，研究的则是由氧化剂和还原剂所引起的电极电位的改变，这种电位改变的情况可以用与其他滴定法相似的滴定曲线来表示，即以滴定过程中的电极电位和加入滴定剂的体积来作一曲线。

现以 0.100 0 mol/L $Ce(SO_4)_2$ 标液滴定 20.00 mL、0.100 0 mol/L Fe^{2+} 溶液为例，说明滴定过程中电极电位的计算方法。设溶液的酸度为 1 mol/L H_2SO_4，此时

$$Fe^{3+}+e^- \rightleftharpoons Fe^{2+} \qquad \varphi^{of}_{Fe^{3+}/Fe^{2+}}=0.68\ V$$

$$Ce^{4+}+e^- \rightleftharpoons Ce^{3+} \qquad \varphi^{of}_{Ce^{4+}/Ce^{3+}}=1.44\ V$$

Ce^{4+} 滴定 Fe^{2+} 的反应式为

$$Ce^{4+}+Fe^{2+} \rightleftharpoons Fe^{3+}+Ce^{3+}$$

滴定过程中电位的变化可计算如下。

1. 滴定前

滴定前虽是 0.100 0 mol/L 的 Fe^{2+} 溶液，但是由于空气中氧的氧化作用，不可避免地会有痕量 Fe^{3+} 存在，组成 Fe^{3+}/Fe^{2+} 电对。但由于 Fe^{3+} 的浓度不定，此时的电位也就无法计算。

2. 计量点前溶液中电极电位的计算

在化学计量点前，溶液中存在有 Fe^{3+}/Fe^{2+} 和 Ce^{4+}/Ce^{3+} 两个电对，此时

$$\varphi_{Fe^{3+}/Fe^{2+}} = \varphi^{of}_{Fe^{3+}/Fe^{2+}} + 0.059 \lg \frac{c_{Fe^{3+}}}{c_{Fe^{2+}}}$$

$$\varphi_{Ce^{4+}/Ce^{3+}} = \varphi^{of}_{Ce^{4+}/Ce^{3+}} + 0.059 \lg \frac{c_{Ce^{4+}}}{c_{Ce^{3+}}}$$

达到平衡时，溶液中 Ce^{4+} 浓度很小，且能够直接求得，故此时可利用 Fe^{3+}/Fe^{2+} 电对计算 $\varphi_{Fe^{3+}/Fe^{2+}}$ 值。另外，为简便计算，采用 Fe^{3+} 与 Fe^{2+} 浓度的百分比来代替 $c_{Fe^{3+}}/c_{Fe^{2+}}$ 之比。代入上式计算。

例如，若加入 12.00 mL、0.100 0 mol/L Ce^{4+} 标准溶液，则溶液中 Fe^{2+} 将有 60% 被氧化为 Fe^{3+}，这时溶液中：

$$c_{Fe^{3+}} = \frac{12.00}{20.00} \times 100\% = 60\%$$

$$c_{Fe^{2+}} = \frac{20.00-12.00}{20.00} \times 100\% = 40\%$$

则得 $\varphi_{Fe^{3+}/Fe^{2+}} = \varphi^{of}_{Fe^{3+}/Fe^{2+}} + 0.059 \lg \frac{c_{Fe^{3+}}}{c_{Fe^{2+}}}$

$$= 0.68 + 0.059 \lg \frac{60}{40} = 0.69(V)$$

同样计算，当加入 19.98 mL Ce^{4+} 标准溶液时 $\varphi_{Fe^{3+}/Fe^{2+}} = 0.86\ V$。

3. 化学计量点时，溶液电极电位的计算

化学计量点时，已加入 20.00 mL、0.100 0 mol/L Ce^{4+} 标液，此时 Ce^{4+} 和 Fe^{3+} 的浓度均很小不能直接求得，但两电对的电位相等，即

$$\varphi_{Ce^{4+}/Ce^{3+}} = \varphi_{Fe^{3+}/Fe^{2+}} = \varphi_{sp}$$

故
$$\varphi_{sp}=\varphi_{Ce^{4+}/Ce^{3+}}=1.44+0.059\lg\frac{c_{Ce^{4+}}}{c_{Ce^{3+}}}$$

$$\varphi_{sp}=\varphi_{Fe^{3+}/Fe^{2+}}=0.68+0.059\lg\frac{c_{Fe^{3+}}}{c_{Fe^{2+}}}$$

将以上两式相加,整理后得 $2\varphi_{sp}=1.44+0.68+0.059\lg\dfrac{c_{Ce^{4+}}\cdot c_{Fe^{3+}}}{c_{Ce^{3+}}\cdot c_{Fe^{2+}}}$

当达到计量点时,溶液中:

$c_{Fe^{3+}}=c_{Ce^{3+}}$,$c_{Ce^{4+}}=c_{Fe^{2+}}$ 代入上式:

$$2\varphi_{sp}=1.44+0.68+0.059\lg\frac{c_{Ce^{4+}}\cdot c_{Fe^{3+}}}{c_{Ce^{3+}}\cdot c_{Fe^{2+}}}$$

$$\varphi_{sp}=\frac{1.44+0.68}{2}=1.06(V)$$

对于一般的氧化还原反应:

$$n_2O_{x1}+n_1Red_2=n_1O_{x2}+n_2Red_1$$

有关电对为

$$O_{x1}+n_1e^-\rightleftharpoons Red_1$$
$$O_{x2}+n_2e^-\rightleftharpoons Red_2$$

$$\varphi_{O_{x1}/Red_1}=\varphi^{\ominus}_{O_{x1}/Red_1}+\frac{0.059}{n_1}\lg\frac{[O_{x1}]}{[Red_1]} \tag{11-1}$$

$$\varphi_{O_{x2}/Red_2}=\varphi^{\ominus}_{O_{x2}/Red_2}+\frac{0.059}{n_2}\lg\frac{[O_{x2}]}{[Red_2]} \tag{11-2}$$

当达到计量点时,两电对的电位相等,即 $\varphi_{O_{x1}/Red_1}=\varphi_{O_{x2}/Red_2}=\varphi_{sp}$,将式(11-1)×$n_1$+式(11-2)×$n_2$ 得

$$(n_1+n_2)\varphi_{sp}=n_1\varphi^{\ominus}_{O_{x1}/Red_1}+n_2\varphi^{\ominus}_{O_{x2}/Red_2}+0.059\lg\frac{[O_{x1}][O_{x2}]}{[Red_1][Red_2]}$$

当反应达到计量点时

$$\frac{[O_{x1}]}{[Red_2]}=\frac{n_2}{n_1},\quad \frac{[O_{x2}]}{[Red_1]}=\frac{n_1}{n_2} \text{ 代入上式:}$$

$$(n_1+n_2)\varphi_{sp}=n_1\varphi^{\ominus}_{O_{x1}/Red_1}+n_2\varphi^{\ominus}_{O_{x2}/Red_2}$$

$$\varphi_{sp}=\frac{n_1\varphi^{\ominus}_{O_{x1}/Red1}+n_2\varphi^{\ominus}_{O_{x2}/Red_2}}{n_1+n_2}$$

4. 化学计量点后溶液电极电位的计算

此时溶液中 Ce^{4+}、Ce^{3+} 浓度均容易求得,而 Fe^{2+} 浓度不易直接求出,故此时若按 Ce^{4+}/Ce^{3+} 电对计算 φ 值则比较方便。

$$\varphi_{Ce^{4+}/Ce^{3+}}=1.44+0.059\lg\frac{c_{Ce^{4+}}}{c_{Ce^{3+}}}$$

例如,当 Ce^{4+} 有 0.1% 过量(加入 20.02 mL)时,则

$$\varphi_{Ce^{4+}/Ce^{3+}}=1.44+0.059\lg\frac{0.1}{100}=1.26(V)$$

同样可计算加入不同量的 Ce^{4+} 溶液时的电位值。

将滴定过程中不同滴定点的电位计算结果列于表 11-1。由此可以绘制出 0.100 0 mol/L Ce(SO₄)₂ 标液滴定 0.100 0 mol/L Fe²⁺ 溶液的滴定曲线（1 mol/L H₂SO₄），如图 11-1 所示。

表 11-1　在 1 mol/L H₂SO₄ 溶液中，用 0.100 0 mol/L Ce(SO₄)₂ 标液滴定 20.00 mL 0.100 0 mol/L Fe²⁺ 溶液时电极电位的变化

加入 Ce⁴⁺ 溶液/mL	滴定分数/%	体系的电极电位/V
1.00	5.00	0.60
2.00	10.0	0.62
4.00	20.0	0.64
8.00	40.0	0.67
10.00	50.00	0.68
12.00	60.0	0.69
18.00	90.0	0.74
19.80	99.00	0.80
19.98	99.90	0.86
20.00	100.0	1.06
20.02	100.1	1.26
22.00	110.0	1.32
30.00	150.0	1.42
40.00	200.0	1.44

可以看出，从化学计量点前 Fe²⁺ 剩余 0.1% 到化学计量点后 Ce⁴⁺ 过量 0.1%，电位增加了 1.26−0.86=0.40(V)，有一个相当大的突跃范围。知道这个突跃范围，对选择氧化还原指示剂很有用处。

氧化还原滴定曲线突跃的长短和氧化剂与还原剂两电对的条件电位（或标准电位）相差的大小有关。电位差较大，滴定突跃较长，电位差较小，滴定突跃较短。那么，两电对电位之差多大时，滴定曲线上才有明显的突跃呢？

一般来说，两个电对的条件电位（或标准电位）之差大于 0.20 V 时，突跃范围才明显，才有可能进行滴定。差值为 0.20~0.40 V，可采用电位法确定终点；差值大于 0.40 V 时，可选用氧化还原指示剂（当然也可以用电位法）指示终点。

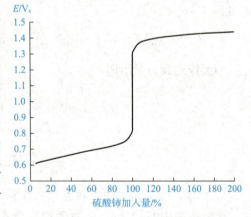

图 11-1　在 1 mol/L 硫酸溶液中，用 0.100 0 mol/L Ce(Ⅳ) 滴定 20.00 mL、0.100 0 mol/L Fe(Ⅱ) 的滴定曲线

任务准备

1. 明确试验步骤

(1)领取或配制试剂。

1)$Na_2S_2O_3·5H_2O$,固体;

2)K_2CrO_7,基准物质;

3)KI(分析纯),固体;

4)H_2SO_4 溶液 $c(H_2SO_4)=3$ mol/L;

$Na_2S_2O_3$ 标准溶液的标定

5)淀粉溶液 5 g/L:称取 1.0 g 淀粉,加 5 mL 水搅拌成糊状,在搅拌下将糊状物加入 90 mL 沸腾的水,煮沸 1~2 min,冷却,稀释至 100 mL,使用期两周。

(2)$c(Na_2S_2O_3)=0.1$ mol/L $Na_2S_2O_3$ 标准溶液的配制。称取硫代硫酸钠($Na_2S_2O_3·5H_2O$)13 g(或 8 g 无水硫代硫酸钠),溶于 500 mL 水中,缓缓煮沸 10 min,冷却,放置两周后过滤标定。

(3)$c(Na_2S_2O_3)=0.1$ mol/L $Na_2S_2O_3$ 标准溶液的标定。称取 0.15 g 于 120 ℃烘干至恒重的基准重铬酸钾,称准至 0.000 1 g,置于碘量瓶中,溶于 25 mL 水,加 2 g 碘化钾及 10 mL、3 mol/L 硫酸溶液,摇匀,在瓶口封以少量水,于暗处静置 10 min。加 100 mL 水,用配制好的硫代硫酸钠溶液[$c(Na_2S_2O_3)=0.1$ mol/L]滴定。近终点时(溶液为浅黄绿色)加 3 mL 淀粉指示液(5 g/L),继续滴定至溶液由蓝色变为亮绿色。同时做空白试验。

2. 列出任务要素

(1)检测对象_____

(2)检测项目_____

(3)依据标准_____

3. 制订试验计划

(1)填写药品领取单(一般溶液需自己配制,标准滴定溶液可直接领取)。

序号	药品名称	等级或浓度	个人用量/g 或 mL	小组用量/g 或 mL	使用安全注意事项

(2)填写仪器清单(个人)。

序号	仪器名称	规格	数量

任务实施

1. 领取药品，组内分工配制溶液

序号	溶液名称及浓度	体积/mL	配制方法	负责人

2. 领取仪器，各人负责清洗干净

清洗后，玻璃仪器内壁：□都不挂水珠　　□部分挂水珠　　□都挂水珠

3. 独立完成试验，填写数据记录

试验日期：　　年　　月　　日　　　　水温：　　℃

内容	测定次数	1	2	3
	称量瓶和 $K_2Cr_2O_7$ 质量（第一次读数）			
	称量瓶和 $K_2Cr_2O_7$ 质量（第二次读数）			
	基准 $K_2Cr_2O_7$ 的质量 m/g			
测定试验	滴定管初读数/mL			
	滴定管终读数/mL			
	滴定消耗 $Na_2S_2O_3$ 溶液的体积 V_1/mL			
空白试验	滴定管初读数/mL			
	滴定管终读数/mL			
	滴定消耗 $Na_2S_2O_3$ 溶液的体积 V_0/mL			
	$Na_2S_2O_3$ 标准溶液的浓度/(mol·L^{-1})			
	测定结果平均值/(mol·L^{-1})			
	平行测定结果的相对极差/%			

硫代硫酸钠标准溶液的浓度可由下式计算：

$$c(Na_2S_2O_3) = \frac{m}{(V_1 - V_0) \times 0.049\,03}$$

式中，$c(Na_2S_2O_3)$ 为硫代硫酸钠标准溶液的物质的量浓度(mol/L)；m 为重铬酸钾的质量(g)；V_1 为标定试验硫代硫酸钠的用量(mL)；V_0 为空白试验硫代硫酸钠溶液的用量(mL)；0.049 03 为与 1.00 mL 硫代硫酸钠标准溶液[$c(Na_2S_2O_3)=1.000$ mol/L]相当的以克表示的重铬酸钾的质量。

由于 $Cr_2O_7^{2-} + 6I^- + 14H^+ = 2Cr^{3+} + 3I_2 + 7H_2O$ 反应速度慢，为使反应完全，必须按下列条件操作。

(1)溶液的酸度越大，反应速度越快，但酸度太大时 I^- 易被空气氧化，一般保持 0.4 mol/L H^+ 为宜。

(2)采用过量的 I^-，提高 I^- 浓度可加速反应速度，同时使 I_2 形成 I_3^-，减少挥发，在暗处放置 5~10 min，使之反应完全。

(3)用 $Na_2S_2O_3$ 滴定生成的 I_2 时，应保持溶液呈弱酸性或近中性。

(4)近终点前再加入淀粉指示剂。

4. 检查评价

根据以上试验操作和数据计算结果，进行自评、小组内互评，教师考核评价，完成任务考核评价表的填写。

项目	评分标准	分值	自评/30%	互评/30%	师评/40%	合计
称量	称量范围±10%以内；有洒落，0 分	5				
滴定管使用	按照洗涤—润洗—装液顺序使用，滴定速度为 4~6 mL/min	15				
溶液配制	会计算并配制得到硫代硫酸钠溶液	10				
颜色变化观察	由蓝色变为亮绿色	10				
碘量瓶使用	能熟练使用碘量瓶	10				
结果计算	能根据公式正确计算出结果	25				
试验结果相对极差	<0.2%，不扣分；≥0.2%，扣 5 分；≥0.4%，扣 10 分；≥0.6%，扣 15 分；≥0.8%，扣 20 分；≥1.0%，扣 25 分	25				
最后得分						

技能总结

1. 天平称量操作；
2. 标签及试剂保存；
3. 计算并配制硫代硫酸钠溶液；
4. 滴定操作；
5. 碘量瓶的使用；
6. 淀粉指示液配制；
7. 淀粉指示液终点变色判断和控制。

练一练

1. 使用间接碘量法标定 $Na_2S_2O_3$ 时要求在碱性溶液中进行。（　　）

  A. 正确　　　　　　　　　　　　B. 错误

2. 标定 I_2 溶液时，既可以用 $Na_2S_2O_3$ 滴定 I_2 溶液，也可以用 I_2 滴定 $Na_2S_2O_3$ 溶液，且都采用淀粉指示剂。这两种情况下加入淀粉指示剂的时间是相同的。（　　）

  A. 正确　　　　　　　　　　　　B. 错误

3. 使用直接碘量法标定 $Na_2S_2O_3$ 时，淀粉指示剂应在近终点时加入；使用间接碘量法滴定时，淀粉指示剂应在滴定开始时加入。(   )

　　A. 正确　　　　　　　　　　　　B. 错误

4. 配制好 $Na_2S_2O_3$ 标准滴定溶液后煮沸约 10 min。其作用主要是除去 CO_2 和杀死微生物，促进 $Na_2S_2O_3$ 标准滴定溶液趋于稳定。(   )

　　A. 正确　　　　　　　　　　　　B. 错误

5. 增加碘化钾的用量，可加快重铬酸钾氧化碘的速率，它属于(   )。

　　A. 催化剂的影响　　　　　　　　B. 温度的影响

　　C. 反应物浓度的影响　　　　　　D. 诱导反应的影响

6. $Na_2S_2O_3$ 标准溶液可以直接配制。因为结晶的 $Na_2S_2O_3 \cdot 5H_2O$ 容易风化，并含有少量杂质，只能采用标定法。(   )

　　A. 正确　　　　　　　　　　　　B. 错误

7. 在 $Na_2S_2O_3$ 标准滴定溶液的标定过程中，下列操作正确的是(   )。

　　A. 边滴定边剧烈摇动

　　B. 加入过量 KI，并在室温和避免阳光直射的条件下滴定

　　C. 滴定一开始就加入淀粉指示剂

　　D. 在 70 ℃～80 ℃恒温条件下滴定

8. 在碘量法中为了减少 I_2 的挥发，常采用的措施是(   )。

　　A. 加入过量 KI

　　B. 溶液酸度控制在 pH<8

　　C. 适当加热增加 I_2 的溶解度，减少挥发

　　D. 使用碘量瓶

9. 间接碘量法加入 KI 一定要过量，淀粉指示剂要在接近终点时加入。(   )

　　A. 正确　　　　　　　　　　　　B. 错误

10. 用间接碘量法测定试样时，最好在碘量瓶中进行，并应避免阳光照射，为减少 I^- 与空气接触，滴定时不宜过度摇动。(   )

　　A. 正确　　　　　　　　　　　　B. 错误

11. 在间接碘量法中，滴定终点的颜色变化是(   )。

　　A. 蓝色恰好消失　　　　　　　　B. 出现蓝色

　　C. 出现浅黄色　　　　　　　　　D. 黄色恰好消失

12. 称取 0.150 0 g 在 120 ℃烘干至恒重的基准重铬酸钾，溶于碘量瓶中，加入过量的 KI，用配制好待标的硫代硫酸钠溶液滴定至终点。消耗硫代硫酸钠溶液 28.50 mL，空白溶液消耗硫代硫酸钠溶液 2.50 mL。硫代硫酸钠溶液的浓度为(   )mol/L。

　　A. 0.238 8　　B. 0.235 3　　C. 0.119 4　　D. 0.117 7

任务 12　测定工业硫酸铜的含量

任务分析

铜矿、铜合金、铜化合物中铜的含量均可以用间接碘量法测定。其测定原理：样品中的 Cu^{2+} 可以与过量 KI 作用，并析出 I_2。析出的 I_2 以淀粉为指示剂，用 $Na_2S_2O_3$ 标准溶液滴定。其反应如下：

$$2Cu^{2+} + 4I^- = 2CuI\downarrow + I_2$$
$$I_2 + 2S_2O_3^{2-} = 2I^- + S_4O_6^{2-}$$

测定时应注意以下几项。

(1) Cu^{2+} 与 I^- 之间的反应是可逆的，任何引起 Cu^{2+} 浓度减少（如形成配合物等）或引起 CuI 溶解度增加的因素均能使反应不完全。加入过量的 KI 可使 Cu^{2+} 的还原趋于完全，并使生成的 I_2 形成 I_3^-，增大 I_2 的溶解性，减少 I_2 的挥发，提高滴定的准确度。由于 CuI 沉淀的表面吸附 I_3^-，测定结果偏低。为了减少 CuI 对 I_3^- 的吸附，可在临近终点时加入 KSCN，使 CuI 转化为溶解度更小的 CuSCN 沉淀。

$$CuI + SCN^- = CuSCN\downarrow + I^-$$

并在转化过程中将吸附的 I_3^- 释放出来，以防止测定结果偏低。

SCN^- 只能在临近终点时加入，否则 SCN^- 有可能直接将 Cu^{2+} 还原成 Cu^+，使测定结果偏低。

$$6Cu^{2+} + 7SCN^- + 4H_2O = 6CuSCN\downarrow + SO_4^{2-} + CN^- + 8H^+$$

(2) 为了防止铜盐水解，试液需加 H_2SO_4（不能加 HCl，避免形成 $CuCl_3^-$ 等配合物）。要控制 pH 值为 3～4。酸度过低，Cu^{2+} 易水解，使反应不完全，结果偏低，而且反应速率也很慢，终点拖长；酸度过高，则 I^- 易被空气氧化为 I_2（Cu^{2+} 催化此反应），使结果偏高。

(3) Fe^{3+} 离子对测定有干扰，因 Fe^{3+} 离子能将 I^- 氧化为 I_2，使结果偏高。

$$Fe^{3+} + 2I^- = Fe^{2+} + I_2$$

可加入 NH_4HF_2 与之形成稳定的 $(FeF_6)^{3-}$，以消除干扰。

本试验参照测定胆矾含量的国标方法进行测定，不考虑 CuI 沉淀吸附等因素的影响。

学习目标	知识目标	1. 了解 Cu^{2+} 氧化 I^- 的原因及相关化学反应； 2. 熟悉测定过程中碘化钾加入的作用； 3. 熟悉滴定过程中溶液颜色变化； 4. 掌握硫酸铜测定的操作要求及其理由； 5. 掌握硫酸铜含量的计算
	能力目标	1. 能按照规定范围称取硫酸铜样品质量； 2. 会使用碘量瓶进行操作； 3. 能分清楚棕色、黄色、浅黄、蓝色变化并控制蓝色刚好消失
	素质目标	会真实记录原始数据，养成精细、准确、踏实的工作作风

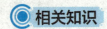

12.1 氧化还原滴定法的指示剂

氧化还原滴定中的指示剂分为几类？各自如何指示滴定终点？

在氧化还原滴定中，除用电位法确定终点外，还可以根据所使用的标准溶液的不同，选用不同类型的指示剂来确定滴定的终点。

12.1.1 氧化还原指示剂

氧化还原指示剂是一些复杂的有机化合物，它们本身具有氧化还原性质。它的氧化型和还原型具有不同的颜色。通常以 $In(O_x)$ 代表指示剂的氧化型；$In(Red)$ 代表指示剂的还原型；n 代表反应中电子得失数。如果反应中没有 H^+ 参加，则氧化还原指示剂的半反应可用下式表示：

$$In(O_x) + ne^- \rightleftharpoons In(Red)$$

根据能斯特方程，则

$$\varphi_{In} = \varphi_{In}^{of} + \frac{0.059}{n} \lg \frac{c_{In}(O_x)}{c_{In}(Red)} \quad (12\text{-}1)$$

对于不同的指示剂，则 φ_{In}^{of} 值不同；同一指示剂、溶液介质不同，φ_{In}^{of} 值也有差别。当 $c_{In}(O_x)/c_{In}(Red)$ 比值为 $\frac{1}{10} \sim 10$ 时，可观察到指示剂颜色的改变，则指示剂变色的电位范围为

$$\varphi_{In} = \varphi_{In}^{of} \pm \frac{0.059}{n} (V) \quad (12\text{-}2)$$

在实际滴定中，指示剂的变色范围应包括在滴定进行 99.9%～100.1%（指示剂的变色范围应落在滴定突跃范围之内），如以 O_{x1} 滴定 Red_2，则

$$n_2 O_{x1} + n_1 Red_2 \rightleftharpoons n_2 Red_1 + n_1 O_{x2}$$

计量点前 99.9% 的电位值为

$$\varphi_{O_{x2}/Red_2} = \varphi_{O_{x2}/Red_2}^{of} + \frac{0.059}{n_2} \lg \frac{99.9}{0.1}$$

$$\approx \varphi_{O_{x2}/Red_2}^{of} + \frac{0.059}{n_2} \times 3$$

计量点后 100.1% 的电位值为

$$\varphi_{O_{x1}/Red_1} = \varphi_{O_{x1}/Red_1}^{of} + \frac{0.059}{n_1} \lg \frac{0.1}{100}$$

$$\approx \varphi_{O_{x1}/Red_1}^{of} + \frac{0.059}{n_1} \times 3$$

因此，指示剂的变色电位(φ_{In})值应在突跃范围之间，即

$$\varphi^{of}_{O_{x1}/Red_1} + \frac{0.059}{n_2} \times 3 < \varphi_{In} < \varphi^{of}_{O_{x1}/Red_1} - \frac{0.059}{n_1} \times 3 \tag{12-3}$$

式(12-3)即选择氧化还原指示剂的依据。

常用的几种氧化还原指示剂如下。

1. 二苯胺磺酸钠

二苯胺磺酸钠是以 Ce^{4+} 滴定 Fe^{2+} 时常用的指示剂，其 $\varphi^{of}_{In}=0.85$ V。在酸性溶液中，主要以二苯胺磺酸的形式存在。当二苯胺磺酸遇到氧化剂 Ce^{4+} 时，它首先被氧化为无色的二苯胺联胺磺酸(不可逆)，再进一步被氧化为二苯联胺磺酸等(可逆)紫色化合物，显示出颜色的变化，过程中 φ_{In} 为

$$\varphi_{In} = 0.85 \pm \frac{0.059}{2} = 0.85 \pm 0.03 \text{(V)}$$

即二苯胺磺酸钠变色时电位范围为 0.82~0.88 V。而 $\varphi^{of}_{Ce^{4+}/Ce^{3+}}=1.44$ V，$\varphi^{of}_{Fe^{3+}/Fe^{2+}}=0.68$ V，用 Ce^{4+} 滴定 Fe^{2+} 时，其突跃范围的电位值

$$0.68 + \frac{0.059}{1}\lg\frac{99.9}{0.1} = 0.68 + 0.059 \times 3 = 0.86 \text{(V)}$$

$$1.44 + \frac{0.059}{1}\lg\frac{0.1}{100} = 1.44 - 0.059 \times 3 = 1.26 \text{(V)}$$

突跃范围的电位值为 0.86~1.26 V。

若用二苯胺磺酸钠作为指示剂，则变色电位与突跃范围只有很少一部分重合，滴定误差必然很大。故可加入一些 H_3PO_4，降低 Fe^{3+}/Fe^{2+} 电对的电位，使突跃范围加大。例如，使 Fe^{3+} 浓度降低 10 000 倍，则突跃范围起点电位为

$$0.68 + 0.059\lg\left(\frac{99.9}{0.1} \times \frac{1}{10\,000}\right) = 0.62 \text{(V)}$$

突跃范围起点电位为 0.62~1.26 V。

2. 邻二氮菲－Fe(Ⅱ)

邻二氮菲也称邻菲罗啉，其分子式为 $C_{12}H_8N_2$，易溶于亚铁盐溶液形成红色的 $Fe(C_{12}H_8N_2)_3^{2+}$ 配离子，遇到氧化剂时改变颜色，其反应式如下：

$$Fe(C_{12}H_8N_2)_3^{2+} - e^- = Fe(C_{12}H_8N_2)_3^{3+}$$
$$\text{(深红色)} \qquad\qquad \text{(浅蓝色)}$$

氧化产物为浅蓝色的 $Fe(C_{12}H_8N_2)_3^{3+}$ 配离子，在 1 mol/L H_2SO_4 溶液中，它的条件电位 $\varphi^{of}_{In}=1.06$ V。实际上它在 1.12 V 左右变色，这是因为它的还原型颜色(红)比氧化型颜色(浅蓝)的强度大得多。在以 Ce^{4+} 滴定 Fe^{2+} 时，用邻二氮菲－Fe^{2+} 作为指示剂最为合适。终点时溶液由红色变为极浅的蓝色；也可以用 Fe^{2+} 滴定 Ce^{4+}，终点时溶液由浅蓝色变为深红色(橘红色)。

12.1.2 其他指示剂

1. 专属指示剂

某种试剂如果能与标准溶液或被滴定物产生显色反应，就可以利用该试剂作为指示剂。例如，在碘量法中，用淀粉作为指示剂。淀粉遇碘(碘在溶液中以 I_3^- 形式存在)生

成蓝色络合物（I_2 的浓度可小至 $2×10^{-5}$ mol/L）。通过蓝色的出现或消失，表示终点的到达。

2. 自身指示剂

在氧化还原滴定中，利用标准溶液本身的颜色变化以指示终点的叫作自身指示剂。例如，用 $KMnO_4$ 作为标准溶液时，当滴定达到化学计量点后，只要有微过量的 MnO_4^- 存在，就可使溶液呈粉红色，这就是滴定的终点。虽然 $KMnO_4$ 自身可以作为指示剂，但是它的颜色可被觉察的最低浓度约为 $2×10^{-6}$ mol/L。如果在硫酸溶液（0.2 mol/L）中使用二苯胺作为指示剂，则所需的 MnO_4^- 浓度可降低到 $8×10^{-7}$ mol/L。因为使用指示剂更为灵敏，所以在高锰酸钾法中也有使用指示剂指示滴定终点的。

必须指出的是，氧化还原指示剂本身的氧化还原作用也要消耗一定量的标准溶液。虽然这种消耗量是很小的，一般可以忽略不计，但在较精确的测定中需要做空白校正。尤其是以 0.01 mol/L 以下极稀的标准溶液进行滴定时，更应考虑校正问题。

12.2 待测组分滴定前的预处理

> 想一想
>
> 在进行氧化还原滴定之前，为什么要进行预氧化或预还原的处理？预处理时对所用的预氧化剂或还原剂有哪些要求？

为了能成功地完成氧化还原滴定，在滴定之前往往需要将被测组分处理成能与滴定剂迅速、完全，并按照一定化学计量反应的状态，或者处理成高价态后用还原剂进行滴定，或者处理成低价态后用氧化剂滴定。滴定前使被测组分转变为一定价态的步骤称为滴定前的预处理。预处理时，所用的氧化剂或还原剂应符合下列要求：反应进行完全而且速度要快；过量的氧化剂或还原剂易于除去；反应具有一定的选择性。

预处理典型实例——铁矿石中铁含量的测定。

用氧化剂做标准溶液测定铁矿石中铁的含量时，是将矿石溶解，用过量还原剂将 Fe^{3+} 定量地还原为 Fe^{2+}，然后用氧化剂滴定 Fe^{2+}。可用的还原剂很多，其中 $SnCl_2$ 是一种很方便而又常用的还原剂。其反应式为

$$2Fe^{3+} + SnCl_2 + 4Cl^- = 2Fe^{2+} + SnCl_6^{2-}$$

然后用 $KMnO_4$、$K_2Cr_2O_7$ 或 Ce^{4+} 标准溶液滴定。用 $KMnO_4$ 滴定的反应式为

$$MnO_4^- + 5Fe^{2+} + 8H^+ = Mn^{2+} + 5Fe^{3+} + 4H_2O$$

使用 $SnCl_2$ 还原 Fe^{3+} 时，应当注意以下各点。

（1）必须破坏过量的 $SnCl_2$。否则会消耗过多的标准溶液，常用 $HgCl_2$ 将其氧化，反应式为

$$Sn^{2+} + 2HgCl_2 + 4Cl^- = SnCl_6^{2-} + Hg_2Cl_2↓（白）$$

(2)生成的 Hg_2Cl_2 沉淀应当很少且呈丝状。大量絮状 Hg_2Cl_2 沉淀也能慢慢与 $KMnO_4$ 作用(不与 $K_2Cr_2O_7$ 作用)，反应为

$$5Hg_2Cl_2+2MnO_4^-+16H^+=10Hg^{2+}+10Cl^-+2Mn^{2+}+8H_2O$$

为了只生成少量的丝状沉淀 Hg_2Cl_2，溶液中过量的 $SnCl_2$ 必须很少，因此，$SnCl_2$ 溶液必须逐渐慢慢加入。当 $FeCl_4^-$ 的黄色消失时，只需要加入 1~2 滴过量的 $SnCl_2$，以防止 Fe^{2+} 被空气氧化。

(3)不可使 Hg_2Cl_2 进一步被还原为金属 Hg：

$$Hg_2Cl_2+Sn^{2+}+4Cl^-=2Hg\downarrow+SnCl_6^{2-}$$

因为这种黑色或灰色的微细金属汞，不仅能影响等当点的确定，同时也能慢慢与 $KMnO_4$ 反应，反应式为

$$10Hg+2MnO_4^-+16H^++10Cl^-=5Hg_2Cl_2\downarrow+2Mn^{2+}+8H_2O$$

为了避免这种情况，$HgCl_2$ 必须始终保持过量，使 $SnCl_2$ 不能过量太多。在操作上，应先将溶液适当稀释并冷却后，再快速加入 $HgCl_2$。

(4)应当尽快地完成滴定，因为 Hg_2Cl_2 与 Fe^{3+} 也有慢慢地进行反应的趋向，反应式为

$$Hg_2Cl_2+2FeCl_4^-=2Hg^{2+}+2Fe^{2+}+10Cl^-$$

致使测定结果偏高。而 Fe^{2+} 也有被空气氧化的可能，致使结果偏低。

任务准备

1. 明确试验步骤

(1)领取或配制试剂。

1)工业硫酸铜试样；

2)$c(Na_2S_2O_3)=0.1\ mol/L\ Na_2S_2O_3$ 标准溶液；

3)碘化钾，固体；

4)$c(H_2SO_4)=1\ mol/L$；

5)淀粉指示剂 5 g/L。

(2)工业硫酸铜含量的测定。准确称取硫酸铜试样 0.5 g 左右，称准至 0.000 1 g。放于 250 mL 碘量瓶中，加入 1 mol/L H_2SO_4 溶液 5 mL、水 100 mL 使之溶解，再加 2 g 碘化钾，盖上瓶塞，摇匀，在瓶口封以少量水，放于暗处 3 min，用 $c(Na_2S_2O_3)=0.1\ mol/L\ Na_2S_2O_3$ 标准溶液滴定至溶液呈浅黄色，加 3 mL 淀粉指示剂，继续滴定至蓝色消失为终点，平行测定 3 次。

2. 列出任务要素

(1)检测对象＿＿＿＿＿＿＿＿＿＿＿＿＿＿＿＿＿＿＿＿＿＿＿＿＿＿＿＿＿＿＿＿＿

(2)检测项目＿＿＿＿＿＿＿＿＿＿＿＿＿＿＿＿＿＿＿＿＿＿＿＿＿＿＿＿＿＿＿＿＿

(3)依据标准＿＿＿＿＿＿＿＿＿＿＿＿＿＿＿＿＿＿＿＿＿＿＿＿＿＿＿＿＿＿＿＿＿

3. 制订试验计划

(1)填写药品领取单(一般溶液需自己配制，标准滴定溶液可直接领取)。

序号	药品名称	等级或浓度	个人用量/g 或 mL	小组用量/g 或 mL	使用安全注意事项

(2)填写仪器清单(个人)。

序号	仪器名称	规格	数量

任务实施

1. 领取药品，组内分工配制溶液

序号	溶液名称及浓度	体积/mL	配制方法	负责人

2. 领取仪器，各人负责清洗干净

清洗后，玻璃仪器内壁：□都不挂水珠　　□部分挂水珠　　□都挂水珠

3. 独立完成试验，填写数据记录

试验日期：　　年　　月　　日　　　　水温：　　℃

内容	测定次数	1	2	3
标定试验	称量瓶和硫酸铜试样的质量(第一次读数)			
	称量瓶和硫酸铜试样的质量(第二次读数)			
	硫酸铜试样的质量 m/g			
	$Na_2S_2O_3$ 标准溶液的浓度/$(mol·L^{-1})$			
	滴定管初读数/mL			
	滴定管终读数/mL			
	滴定消耗 $Na_2S_2O_3$ 溶液的体积 V_1/mL			

续表

内容		测定次数	1	2	3
空白试验	滴定管初读数/mL				
	滴定管终读数/mL				
	滴定消耗 $Na_2S_2O_3$ 溶液的体积 V_0/mL				
	$CuSO_4 \cdot 5H_2O$ 含量/%				
	测定结果平均值/%				
	平行测定结果的相对极差/%				

硫酸铜($CuSO_4 \cdot 5H_2O$)含量按下式计算：

$$CuSO_4 \cdot 5H_2O(\%) = \frac{c \times (V_1 - V_0) \times 0.2497}{m} \times 100$$

式中，$CuSO_4 \cdot 5H_2O(\%)$ 为硫酸铜百分含量(%)；c 为 $Na_2S_2O_3$ 标准溶液的浓度(mol/L)；V_1 为 $Na_2S_2O_3$ 标准溶液用量(mL)；V_0 为空白试验 $Na_2S_2O_3$ 标准溶液的用量(mL)；m 为工业硫酸铜试样的质量(g)；0.2497 为与 1.00 mL $Na_2S_2O_3$ 标准溶液[$c(Na_2S_2O_3)$ = 1.000 mol/L]相当的以克表示的硫酸铜的质量。

4. 检查评价

根据以上试验操作和数据计算结果，进行自评、小组内互评，教师考核评价，完成任务考核评价表的填写。

项目	评分标准	分值	自评/30%	互评/30%	师评/40%	合计
称量	称量范围±10%以内；有洒落，0分	5				
滴定管使用	按照洗涤—润洗—装液顺序使用，滴定速度为4~6 mL/min	15				
颜色变化观察	能准确观察溶液颜色变化：棕色→黄色→浅黄	15				
指示剂加入判断	能正确判断指示剂加入时机，加入3~6滴后滴定终点到达	10				
碘量瓶的使用	能熟练使用碘量瓶	5				
结果计算	能根据公式正确计算出结果	25				
试验结果相对极差	<0.2%，不扣分；≥0.2%，扣5分；≥0.4%，扣10分；≥0.6%，扣15分；≥0.8%，扣20分；≥1.0%，扣25分	25				
最后得分						

技能总结

1. 减量法称量满足规定范围质量；
2. 固体添加及溶解；

3. 标签规范及溶液保存；
4. 滴定操作；
5. 碘量瓶的使用；
6. 棕色→黄色→浅黄色颜色变化观察判断；
7. 有色溶液中蓝色变色判断和控制。

练一练

1. 碘量法测定 $CuSO_4$ 含量，试样溶液中加入过量的 KI，下列叙述其作用错误的是(　　)。
   A. 还原 Cu^{2+} 为 Cu^+　　　　　　B. 防止 I_2 挥发
   C. 与 Cu^+ 形成 CuI 沉淀　　　　D. 把 $CuSO_4$ 还原成单质 Cu

2. 间接碘量法要求在中性或弱酸性介质中进行测定，若酸度太高，将会(　　)。
   A. 反应不定量　　　　　　　　B. I_2 易挥发
   C. 终点不明显　　　　　　　　D. I^- 被氧化，$Na_2S_2O_3$ 被分解

3. 间接碘量法中加入淀粉指示剂的适宜时间是(　　)。
   A. 滴定开始时
   B. 滴定至 I_3^- 离子的红棕色褪尽，溶液呈无色时
   C. 滴定至近终点，溶液呈浅黄色时
   D. 在标准溶液滴定了近 50% 时

4. 碘量法测定铜含量时，为消除 Fe^{3+} 的干扰，可加入(　　)。
   A. NH_4HF_2　　　　　　　　B. NH_2OH
   C. $(NH_4)_2C_2O_4$　　　　　　D. NH_4Cl

5. 在 $2Cu^{2+}+4I^-=2CuI\downarrow+I_2$，$I_2+2Na_2S_2O_3\rightarrow Na_2S_4O_6+2NaI$ 反应方程中，可知 Cu^{2+} 和 $Na_2S_2O_3$ 的关系为(　　)。
   A. $n(Cu^{2+})=n(1/4Na_2S_2O_3)$　　　B. $n(Cu^{2+})=n(1/2Na_2S_2O_3)$
   C. $n(Cu^{2+})=n(Na_2S_2O_3)$　　　　D. $n(1/2Cu^{2+})=n(Na_2S_2O_3)$

6. 准确称取 0.650 0 g 硫酸铜试样，溶于碘量瓶，加入过量的 KI，用 0.103 0 mol/L 的 $Na_2S_2O_3$ 标准溶液滴定至终点。消耗 $Na_2S_2O_3$ 标准溶液 20.50 mL，则硫酸铜($CuSO_4 \cdot 5H_2O$)含量为(　　)。
   A. 83.52%　　B. 87.20%　　C. 81.11%　　D. 60.31%

7. 用间接碘量法测定硫酸铜($CuSO_4 \cdot 5H_2O$)含量，结果分别是 65.83%、65.88%、65.85%、65.81%、65.88%，其极差是(　　)。
   A. 0.16%　　B. 0.15%　　C. 0.11%　　D. 0.18%

8. 用间接碘量法测定硫酸铜($CuSO_4 \cdot 5H_2O$)含量，结果分别是 65.83%、65.88%、65.85%、65.81%、65.88%，若已知硫酸铜的准确含量是 65.75，其相对误差是(　　)。
   A. 0.15%　　B. 0.10%　　C. 0.17%　　D. 0.20%

任务 13　测定工业硫酸亚铁的含量

任务分析

重铬酸钾法是氧化还原滴定方法之一，常用于测定铁含量，其测定铁矿石中铁含量的基本原理是在溶解后的铁矿石溶液中，加入过量的 $SnCl_2$ 作为还原剂，将溶液中的 Fe^{3+} 还原为 Fe^{2+}，过量的 $SnCl_2$ 用 $HgCl_2$ 除去，然后以二苯胺磺酸钠作为指示剂，以 $K_2Cr_2O_7$ 标准溶液作为滴定剂，滴定溶液中的 Fe^{2+}，到达终点后，根据它们之间量的关系，计算出样品中铁的含量。由于此方法使用的 $HgCl_2$ 对试验者和环境会造成损害，为了消除这种损害，人们不断地探索试用各种无汞定铁法。目前用得最多的无汞定铁法有两种：一是三氯化钛—重铬酸钾法；二是 $SnCl_2$ 为还原剂，甲基橙为指示剂法。

（1）三氯化钛—重铬酸钾法。试样用酸溶解后，先用 $SnCl_2$ 还原大部分 Fe^{3+}，再以钨酸钠为指示剂，用三氯化钛溶液还原剩余的 Fe^{3+}，当 Fe^{3+} 全部被还原为 Fe^{2+} 后，稍过量的 $TiCl_3$ 把钨酸钠（六价钨）还原为蓝色的五价钨的化合物（俗称钨蓝），溶液出现蓝色，表明 Fe^{3+} 已被还原完全，滴加 $K_2Cr_2O_7$ 溶液至蓝色消失。再以二苯胺磺酸钠作为指示剂，以 $K_2Cr_2O_7$ 标准溶液滴定溶液中的 Fe^{2+}。还原反应为

$$2Fe^{3+}+Sn^{2+}=\!\!=\!\!=2Fe^{2+}+Sn^{4+}$$
$$Fe^{3+}+Ti^{3+}=\!\!=\!\!=Fe^{2+}+Ti^{4+}$$

（2）$SnCl_2$ 为还原剂，甲基橙为指示剂法。试样用盐酸溶解后，趁热用 $SnCl_2$ 还原 Fe^{3+}，还原完全后，过量的 $SnCl_2$ 可将预先加入的甲基橙还原为氢化甲基橙而使溶液的颜色发生变化，这不仅指示了还原 Fe^{3+} 的终点，$SnCl_2$ 还能继续使氢化甲基橙还原为 N，N-二甲基对苯二胺和对氨基苯磺酸，过量的 $SnCl_2$ 则可以消除。还原反应为

$(CH_3)_2NC_6H_4N\!=\!NC_6H_4SO_3Na\rightarrow(CH_3)_2NC_6H_4NH-NHC_6H_4SO_3Na\rightarrow(CH_3)_2NC_6H_4H_2N+NH_2C_6H_4SO_3Na$

以上反应是不可逆的，因此甲基橙的还原产物不会消耗 $K_2Cr_2O_7$ 溶液。

使用该方法时应注意：盐酸溶液的浓度应控制在 4 mol/L 左右，如果大于 6 mol/L，$SnCl_2$ 会先将甲基橙还原为无色，无法指示 Fe^{3+} 还原的终点。盐酸浓度低于 2 mol/L，则甲基橙褪色缓慢，也将无法准确指示 Fe^{3+} 还原的终点。

硫酸亚铁为蓝绿色结晶，有腐蚀性。硫酸亚铁在工业上用于制造氧化铁红、铁黄、铁黑等；在农业上用作化肥、除草剂、农药及饲料添加剂；在医药工业上用作补血剂及局部收敛剂。硫酸亚铁还用于木材防腐剂、自来水净化剂、煤气净化剂、鞣革剂及墨水颜料、照相摄影等方面。

重铬酸钾法测定硫酸亚铁，可以免除 Fe^{3+} 还原为 Fe^{2+} 这步操作。样品经溶解后，直接以二苯胺磺酸钠为指示剂，以 $K_2Cr_2O_7$ 标准溶液作为滴定剂，滴定溶液中的 Fe^{2+}，到

达终点后，根据它们之间量的关系，计算出硫酸亚铁的含量。

学习目标	知识目标	1. 了解重铬酸钾法与高锰酸钾法各自优缺点； 2. 了解重铬酸钾与硫酸亚铁化学反应方程式； 3. 了解滴定过程溶液颜色产生变化的原因； 4. 熟悉重铬酸钾法测定硫酸亚铁的操作要求及其理由； 5. 掌握硫酸亚铁含量的计算
	能力目标	1. 会利用直接法制备重铬酸钾标准溶液； 2. 会计算硫酸亚铁样品的称样量并准确称量； 3. 会进行滴定操作； 4. 能分清楚黄色、红色、绿色变化并控制终点； 5. 能写出重铬酸钾法测定硫酸亚铁的操作步骤
	素质目标	坚持人与自然和谐共生的理念，培养学生全面的环保意识，进而培养厉行节约、保护环境从我做起的宝贵素质

相关知识

重铬酸钾法简介

想一想

①重铬酸钾试剂稳定吗？②标准溶液制备的方法有几种？③高锰酸钾法和碘量法使用的指示剂分别是什么？

$K_2Cr_2O_7$ 也是一种较强的氧化剂，在酸性溶液中，$K_2Cr_2O_7$ 与还原剂作用时被还原为 Cr^{3+}，半电池反应为

$$Cr_2O_7^{2-} + 14H^+ + 6e^- = 2Cr^{3+} + 7H_2O$$

$K_2Cr_2O_7/Cr^{3+}$ 电对标准电极电位（$\varphi^{\ominus}_{Cr_2O_7^{2-}/Cr^{3+}} = 1.33$ V）虽然比 $KMnO_4$ 的标准电位（$\varphi^{\ominus} = 1.51$ V）低些，但与 $KMnO_4$ 法比较，具有以下一些优点。

(1) $K_2Cr_2O_7$ 容易提纯。在 140 ℃～150 ℃时干燥后，可直接称量，配制成标准溶液。

(2) $K_2Cr_2O_7$ 标准溶液非常稳定。曾有人发现，保存 24 年的 0.02 mol/L $K_2Cr_2O_7$ 溶液，其浓度无显著改变。因此，可长期保存。

(3) $K_2Cr_2O_7$ 氧化能力弱于 $KMnO_4$。在 1 mol/L HCl 溶液中，$\varphi^{of} = 1.00$ V，室温下不与 Cl^- 作用（$\varphi^{\ominus}_{Cl_2/Cl^-} = 1.33$ V），故可在 HCl 溶液中滴定 Fe^{2+}。$\varphi^{of}_{KMnO_4/Mn^{2+}} = 1.51$ V，指示剂为二苯胺磺酸钠或邻苯氨基苯甲酸。

任务准备

1. 明确实验步骤

写出重铬酸钾法测定硫酸亚铁操作步骤：

2. 制订实验计划

(1) 填写药品领取单（一般溶液需自己配制，标准滴定溶液可直接领取）。

序号	药品名称	等级或浓度	个人用量/g 或 mL	小组用量/g 或 mL	使用安全注意事项

(2) 填写仪器清单（个人）。

序号	仪器名称	规格	数量

任务实施

1. 领取药品，组内分工配制溶液

序号	溶液名称及浓度	体积/mL	配制方法	负责人

2. 领取仪器，各人负责清洗干净

清洗后，玻璃仪器内壁：□都不挂水珠   □部分挂水珠   □都挂水珠

3. 独立完成试验，列出数据，记录于表格，推导出硫酸亚铁含量的计算公式

4. 检查评价

项目	评分标准	分值	自评/30%	互评/30%	师评/40%	合计
方案设计	从方案的完整性、合理性、条理性、可操作性来评价	20				
溶液配制	配制溶液是否熟练、溶液浓度是否准确	15				
测定操作	是否按照称量、滴定等操作规范进行	25				
颜色观察	能分清楚黄色、红色、绿色变化并控制终点	15				
结果计算	能根据公式正确计算出结果	25				
最后得分						

技能总结

1. 直接法制备重铬酸钾标准溶液；
2. 计算样品合适的称量范围；
3. 溶液标签规范；
4. 滴定操作；
5. 黄色、红色、绿色颜色变化观察判断及控制；
6. 拟订重铬酸钾法测定硫酸亚铁的操作步骤；
7. 推导硫酸亚铁含量计算方法。

练一练

1. 以 $K_2Cr_2O_7$ 法测定铁矿石中铁含量时，用 $c(K_2Cr_2O_7)=0.02$ mol/L 滴定，消耗 18.26 mL。设试样含铁以 Fe_2O_3（其摩尔质量为 159.69 g/mol）计约为 50%，则试样称取量应为（　　）g 左右。

  A. 0.1　　　　B. 0.2　　　　C. 1　　　　D. 0.35

2. 在重铬酸钾法测定硅含量大的矿石中的铁时，常加入（　　）。

  A. NaF　　　　B. HCl　　　　C. NH_4Cl　　　　D. HNO_3

3. 重铬酸钾测铁，现已采用 $SnCl_2-TiCl_3$ 还原 Fe^{3+} 为 Fe^{2+}，稍过量的 $TiCl_3$ 用下列方法指示（　　）。

  A. Ti^{3+} 的紫色　　　　　　B. Fe^{3+} 的黄色
  C. Na_2WO_2 还原为钨蓝　　　D. 四价钛的沉淀

项目4　沉淀滴定法

任务14　制备硝酸银标准溶液

任务分析

除利用酸碱反应、配位反应和氧化还原反应外，利用沉淀反应也可以通过滴定方式测定一些物质的含量，这就是沉淀滴定。硝酸银溶液是常用的沉淀滴定标准溶液，可以用符合分析要求的基准试剂 $AgNO_3$ 以直接配制法配制。但对于分析纯 $AgNO_3$，因含有金属银、氧化银、游离硝酸、亚硝酸盐等杂质，所以只能用间接法配制，即先配制成所需要的近似浓度的溶液，再用基准物质来标定。

配制 $AgNO_3$ 标准溶液用的纯水不应含有 Cl^-，配制好的 $AgNO_3$ 溶液应储存于棕色的玻璃瓶中，最好放在暗处并用黑色纸包好，以免见光分解。

$$2AgNO_3 \rightarrow 2Ag\downarrow + 2NO_2\uparrow + O_2\uparrow$$

标定时应使用棕色的滴定管装 $AgNO_3$ 溶液，$AgNO_3$ 具有腐蚀性，应注意不要让它接触到衣服和皮肤。

$AgNO_3$ 溶液浓度可用莫尔法标定。莫尔法标定 $AgNO_3$ 的基准物质是 $NaCl$，指示剂为 K_2CrO_4，滴定终点为有砖红色沉淀产生。滴定反应式为

$$Cl^- + Ag^+ = AgCl\downarrow$$

由于氯化银的溶解度比铬酸银溶解度小，当用 $AgNO_3$ 溶液滴定 Cl^- 时，首先生成的是 $AgCl$ 沉淀，到达计量点时，稍微过量的 $AgNO_3$ 与指示剂生成 Ag_2CrO_4 砖红色沉淀从而指示滴定终点到达。

$$2Ag^+ + CrO_4^{2-} = Ag_2CrO_4\downarrow$$

为了使标定结果准确，标定时应注意以下几项。

(1) $AgCl$ 沉淀会吸附 Cl^-，从而导致 Ag_2CrO_4 沉淀过早出现，即滴定终点提前到达，为此，滴定时必须充分摇动，使被吸附的 Cl^- 释放出来。

(2) 要严格控制指示剂 K_2CrO_4 的用量。理论上，滴定到达化学计量点时，生成 Ag_2CrO_4 沉淀所需的 K_2CrO_4 浓度是 5.8×10^{-2} mol/L。但由于 K_2CrO_4 溶液本身呈黄色，如果它的浓度太高，在实际操作过程中会影响终点判断，所以指示剂的浓度还是以略低一些为好，一般滴定中所含指示剂 K_2CrO_4 浓度约为 5×10^{-2} mol/L。当被测组分浓度较低

时，为了减小测量误差，还需做指示剂空白值校正。指示剂空白值校正方法是取与实际滴定到终点时相等体积的纯水，加入与实际滴定时相同体积的 K_2CrO_4 指示剂溶液和少量纯净的 $CaCO_3$ 粉末，配制成与实际测定类似的状况，用 $AgNO_3$ 溶液滴定至同样的终点颜色，消耗的 $AgNO_3$ 溶液的体积即空白值，测定时要从试样所消耗的 $AgNO_3$ 溶液体积中扣除。

(3)滴定应在中性或弱碱性介质中进行($pH=6.5\sim10.5$)，因为在酸性溶液中 CrO_4^{2-} 转化为 $Cr_2O_7^{2-}$，使 CrO_4^{2-} 的浓度降低，影响 Ag_2CrO_4 的形成，降低了指示剂的灵敏度。

$$2H^+ + 2CrO_4^{2-} \rightleftharpoons 2HCrO_4^- \rightleftharpoons Cr_2O_7^{2-} + H_2O$$

如果溶液碱性太强，将会析出 Ag_2O 沉淀：

$$2Ag^+ + 2OH^- \rightleftharpoons 2AgOH\downarrow \rightarrow Ag_2O\downarrow + H_2O$$

同样不能在氨性溶液中进行滴定，因为易生成 $[Ag(NH_3)_2]^+$，会使 AgCl 沉淀溶解：

$$AgCl + 2NH_3 \rightleftharpoons [Ag(NH_3)_2]^+ + Cl^-$$

(4)NaCl 易吸潮，在标定前应将 NaCl 在 500 ℃~600 ℃ 中灼烧至恒重，在干燥容器中保存备用。

学习目标	知识目标	1. 了解硝酸银基本性质和配制、使用其溶液注意事项； 2. 了解恒重的含义； 3. 熟悉硝酸银与氯离子沉淀反应方程式； 4. 掌握制备硝酸银标准溶液的操作要求及其理由
	能力目标	1. 能按照规定范围称取氯化钠质量； 2. 会使用马弗炉； 3. 知道使用硝酸银溶液有关防护要求； 4. 会根据试验数据计算出硝酸银标准溶液的浓度
	素质目标	1. 养成善于钻研、不畏困难的科学探索精神和奉献精神； 2. 激发民族自豪感和文化自信心

相关知识

沉淀滴定法

想一想

①硝酸银有什么特点？②莫尔法使用的指示剂是什么？它对反应体系有什么要求？

沉淀滴定法是以沉淀反应为基础的一种滴定方法。虽然能形成沉淀的反应很多，但能用于沉淀滴定的沉淀反应并不多。因为许多沉淀的组成不恒定，或沉淀的溶解度较大，或易形成过饱和溶液，或达到平衡的速度慢，或共沉淀现象严重等。目前，在生产上应用较

广的是生成难溶性银盐的反应，如
$$Ag^+ + Cl^- = AgCl\downarrow$$
$$Ag^+ + SCN^- = AgSCN\downarrow$$

这种利用生成难溶银盐反应的测定方法称为银量法。银量法可以测定 Cl^-、Br^-、I^-、SCN^- 等离子，主要用于化学工业和冶金工业，如烧碱、食盐水的测定，电解液、农业、三废等方面经常遇到的 Cl^- 的测定。银量法按照指示剂确定滴定终点方法的不同，主要可分为莫尔(Mohr)法、佛尔哈德(Volhard)法和法扬斯(Fajans)法。

14.1.1 莫尔法

莫尔法是用 K_2CrO_4 为指示剂，在中性或弱碱性溶液中，用 $AgNO_3$ 标准溶液直接滴定 Cl^-（或 Br^-）。根据分步沉淀原理，在用 $AgNO_3$ 溶液滴定的过程中，AgCl 首先沉淀出来，待滴定至化学计量点附近时，随着 $AgNO_3$ 的不断加入，溶液中 Cl^- 浓度减小，Ag^+ 浓度相应增大，砖红色 Ag_2CrO_4 沉淀的出现指示滴定终点。其反应式为

$$Ag^+ + Cl^- = AgCl\downarrow（白色）$$
$$2Ag^+ + CrO_4^{2-} = Ag_2CrO_4\downarrow（砖红色）$$

应用莫尔法，必须注意下面的滴定条件。

(1) 滴定溶液应控制在中性或弱碱性（$pH = 6.5 \sim 10.5$）条件下进行。

若溶液为酸性，Ag_2CrO_4 溶解，影响 Ag_2CrO_4 沉淀的形成，降低指示剂的灵敏度。

$$2H^+ + 2CrO_4^{2-} \rightleftharpoons 2HCrO_4^- \rightleftharpoons Cr_2O_7^{2-} + H_2O$$

若溶液的碱性太强，则析出 Ag_2O 沉淀：

$$2Ag^+ + 2OH^- \rightleftharpoons 2AgOH\downarrow$$
$$\llcorner Ag_2O\downarrow + H_2O$$

所以当溶液的酸性或碱性太强时，则以酚酞作为指示剂，以稀 NaOH 溶液或稀 H_2SO_4 溶液调节酚酞的红色刚好褪去，也可用 $NaHCO_3$、$CaCO_3$ 或 $Na_2B_4O_7$ 等预先中和，然后滴定。

(2) 不能在氨性溶液中进行滴定，因为易形成 $[Ag(NH_3)_2]^+$ 而使 AgCl 和 Ag_2CrO_4 溶解。如果溶液中有氨存在，必须用酸中和。当有铵盐存在时，溶液碱性转强会促使 NH_3 的浓度增大。因此，有铵盐存在时，溶液酸度控制在 $pH = 6.5 \sim 7.2$ 为宜。

(3) 莫尔法适用于测定 Cl^- 和 Br^-，但在滴定过程中应剧烈振荡溶液，以减少 AgCl 和 AgBr 对 Cl^- 和 Br^- 的吸附作用，以便获得正确的滴定终点。而 AgI 和 AgSCN 沉淀吸附 I^- 和 SCN^- 作用更为强烈，因此莫尔法不适宜于测定 I^- 和 SCN^-。

(4) 溶液中若存在能与 Ag^+ 生成沉淀的阴离子如 PO_4^{3-}、AsO_4^{3-}、SO_3^{2-}、S^{2-}、CO_3^{2-}、$C_2O_4^{2-}$ 等，能与 CrO_4^{2-} 生成沉淀的阴离子如 Ba^{2+}、Pb^{2+} 等，以及在中性或弱碱性溶液中易发生水解的离子如 Fe^{3+}、Al^{3+}、Bi^{3+}、Sn^{4+} 等，以及大量的有色离子如 Cu^{2+}、Co^{2+}、Ni^{2+} 等，都会干扰测定，应预先分离，因此莫尔法选择性较差。

显然，指示剂 K_2CrO_4 的用量对于指示终点有较大的影响。CrO_4^{2-} 浓度过高或过低，Ag_2CrO_4 沉淀析出就会提前或滞后。因此要求滴定时 Ag_2CrO_4 沉淀应该恰好在滴定反应的化学计量点时产生，此时所需 CrO_4^{2-} 的浓度为

$$[Ag^+]=[Cl^-]=\sqrt{1.56\times10^{-10}}=1.25\times10^{-5}(mol/L)$$

$$[CrO_4^{2-}]=\frac{K_{sp,Ag_2CrO_4}}{[Ag^+]^2}=\frac{9.0\times10^{-12}}{(1.25\times10^{-5})^2}=5.8\times10^{-2}(mol/L)$$

以上计算说明，在滴定至化学计量点时，恰好生成 Ag_2CrO_4 沉淀所需的 K_2CrO_4 浓度较高。由于 K_2CrO_4 显黄色，当其浓度较高时颜色较深，在滴定操作中会影响滴定终点的判断，因此指示剂的浓度以略低一些为宜，一般滴定溶液中 K_2CrO_4 浓度约为 5×10^{-3} mol/L。

显然，K_2CrO_4 浓度降低后，要使 Ag_2CrO_4 产生沉淀，必须消耗多一些 $AgNO_3$，这样滴定剂就过量了，滴定终点将在化学计量点后出现。在这种情况下，通常以指示剂的空白值对测定结果进行校正，以减小误差。

14.1.2 佛尔哈德法

佛尔哈德法是以铁铵矾 $[NH_4Fe(SO_4)_2\cdot12H_2O]$ 作为指示剂的银量法，可分为直接滴定和间接滴定两种方法。

1. 直接滴定法

在硝酸介质中，以铁铵矾作为指示剂，用 NH_4SCN 标准溶液直接滴定含 Ag^+ 的溶液。在滴定过程中，白色沉淀 AgSCN 首先析出，滴定至化学计量点时，稍过量的 SCN^- 与 Fe^{3+} 生成红色的配离子 $FeSCN^{2+}$，指示滴定终点的到达。其反应式如下：

$$Ag^+ + SCN^- = AgSCN\downarrow(白色)$$
$$Fe^{3+} + SCN^- = FeSCN^{2+}(红色)$$

应指出，以铁铵矾作为指示剂，用 NH_4SCN 溶液滴定的过程中，产生的 AgSCN 沉淀易吸附溶液中的 Ag^+，导致 Ag^+ 浓度降低，会使滴定终点提前，因此滴定过程中必须剧烈振荡，以减小误差。

应用佛尔哈德法时应注意以下的滴定条件。

(1) 滴定必须在酸性溶液中进行 ($[H^+]\approx0.3$ mol/L)，而不能在中性或碱性条件下进行，否则 Fe^{3+} 将产生深色的 $Fe(OH)^{2+}$ 等配离子，影响滴定终点的确定。

(2) 强氧化剂、氮的低氧化态氧化物、汞盐等能与 SCN^- 反应，干扰测定，应预先除去。

2. 间接滴定法

在含有卤素离子的硝酸溶液中，加入过量的 $AgNO_3$ 标准溶液，再以铁铵矾作为指示剂，用 NH_4SCN 标准溶液回滴过量的 $AgNO_3$。其反应式如下：

$$Cl^- + Ag^+ = AgCl\downarrow$$
$$Ag^+ + SCN^- = AgSCN\downarrow(剩余)$$

当稍微过量 SCN^- 溶液时，Fe^{3+} 便与 SCN^- 反应生成红色的 $FeSCN^{2+}$ 指示终点到达。但是应指出，在用佛尔哈德法测定 Cl^- 时，滴定终点很难确定。这是因为 AgCl 沉淀的溶解度比 AgSCN 大，所以用 NH_4SCN 溶液回滴剩余的 Ag^+ 达到化学计量点后，稍微过量的 SCN^- 可能与 AgCl 作用，使 AgCl 转化为 AgSCN：

$$AgCl + SCN^- = AgSCN\downarrow + Cl^-$$

这种难溶电解质的转化作用,势必要多消耗一部分 NH_4SCN 标准溶液,造成较大的误差。为了避免上述误差,在接近化学计量点时,要防止用力振荡,或者先将 AgCl 沉淀滤去,再用 NH_4SCN 标准溶液回滴滤液中的 Ag^+。目前,比较简便的方法是在滴定前加入 1~2 mL 硝基苯,在摇动后,AgCl 可进入硝基苯层,使它不再与滴定溶液接触,即可避免上述 AgCl 沉淀与 AgSCN 沉淀发生转化。

佛尔哈德法在测定 Br^-、I^-、SCN^- 时不会发生沉淀转化,但在测定 I^- 时,指示剂应该在加入过量的 $AgNO_3$ 后才能加入,以避免 I^- 对 Fe^{3+} 的还原作用。

佛尔哈德法是在硝酸介质中进行的,许多弱酸盐如 PO_4^{3-}、AsO_4^{3-}、S^{2-} 都不干扰卤素离子的测定,因此佛尔哈德法选择性高。

14.1.3 法扬斯法

用吸附指示剂指示终点的银量法称为法扬斯法。吸附指示剂是一类有色的有机化合物,它的阴离子在溶液中容易被带正电荷的胶状沉淀所吸附,吸附后结构变形引起颜色的变化,从而指示滴定终点。如用 $AgNO_3$ 标准溶液滴定 Cl^- 时,可用荧光黄作为吸附指示剂。荧光黄是一种有机弱酸(用 HFIn 表示),在溶液中它可解离为荧光黄阴离子 FIn^-,呈黄绿色:

$$HFIn \rightleftharpoons FIn^- + H^+$$

在化学计量点前,溶液中存在过量的 Cl^-,AgCl 沉淀胶体微粒吸附 Cl^- 而带有负电荷,不吸附指示剂阴离子,溶液呈黄绿色。而在化学计量点后,稍过量的 $AgNO_3$ 标准溶液加入使溶液出现过量的 Ag^+,AgCl 沉淀胶状沉淀微粒便吸附 Ag^+ 而带正电荷,形成 $AgCl \cdot Ag^+$。此时溶液中的 FIn^- 被吸附,并发生分子结构的变化而呈粉红色,使整个溶液由黄绿色变成粉红色,指示滴定终点到达。

应用法扬斯法滴定的条件如下:

(1) 由于吸附指示剂是吸附在沉淀表面上而发生颜色变化的,为使滴定终点更明显,应尽可能地使沉淀表面积大一些,因此滴定前常加入糊精、淀粉等高分子化合物作为保护胶体,防止 AgCl 沉淀凝聚。溶液太稀时,生成的沉淀就少,终点变化不明显,此法不宜使用。

(2) 控制溶液的酸度。常用的吸附指示剂大多是有机弱酸,而起指示作用的是它们的阴离子。如荧光黄($pK_a \approx 7$),当溶液酸度较大时,荧光黄大部分以 HFIn 形式存在,不会被 AgCl 吸附,不能指示滴定终点。因此以荧光黄作为指示剂时,一般溶液的 pH=7~10。对于酸性稍强(pK_a 较小)的一些指示剂,溶液的酸性也可稍大一些,如二氯荧光黄($pK_a \approx 10^{-4}$),可在 pH=4~10 范围内滴定,曙红(四溴荧光黄中 $K_a \approx 10^{-2}$)的酸性更强,在 pH=2 时仍可应用。

(3) 滴定中应避免强光照射。卤化银沉淀对光敏感,易分解析出金属银使沉淀变为灰黑色,影响滴定终点的观察。

(4) 吸附指示剂吸附性能要适中。胶体微粒对吸附指示剂的吸附能力应略小于对待测离子的吸附能力,否则指示剂将在化学计量点前变色。但如果吸附能力太差,终点变色不敏锐。卤化银对卤化物和几种吸附指示剂的吸附能力次序如下:

$$I^- > SCN^- > Br^- > 曙红 > Cl^- > 荧光黄$$

因此滴定 Cl^- 不能选择曙红,而应选择荧光黄。

常用吸附指示剂见表 14-1。

表 14-1　常用吸附指示剂

指示剂	被测离子	滴定剂	滴定条件
荧光黄	Cl^-、Br^-、I^-	$AgNO_3$	pH＝7～10
二氯荧光黄	Cl^-、Br^-、I^-	$AgNO_3$	pH＝4～10
曙红	Br^-、SCN^-、I^-	$AgNO_3$	pH＝2～10
甲基紫	Ag^+	NaCl	酸性溶液

任务准备

1. 明确试验步骤

(1)领取或配制试剂。

1)$c(AgNO_3)$＝0.1 mol/L 硝酸银标准溶液；

2)K_2CrO_4 溶液(50 g/L 水溶液)；

3)基准物质氯化钠。

硝酸银标准溶液的标定

(2)硝酸银标准溶液的标定。准确称取于 500 ℃～600 ℃灼烧至恒重的基准氯化钠 0.15 g，称准至 0.000 1 g。放入 250 mL 锥形瓶，加入 50 mL 水溶解，加 1 mL K_2CrO_4 指示剂，在充分摇动下，用配制好的 $c(AgNO_3)$＝0.1 mol/L $AgNO_3$ 溶液滴定至溶液呈橙红色即终点。同时做空白试验。

2. 列出任务要素

(1)检测对象＿＿＿＿＿＿＿＿＿＿＿＿＿＿＿＿＿＿＿＿＿＿＿＿＿＿＿

(2)检测项目＿＿＿＿＿＿＿＿＿＿＿＿＿＿＿＿＿＿＿＿＿＿＿＿＿＿＿

(3)依据标准＿＿＿＿＿＿＿＿＿＿＿＿＿＿＿＿＿＿＿＿＿＿＿＿＿＿＿

3. 制订试验计划

(1)填写药品领取单(一般溶液需自己配制，标准滴定溶液可直接领取)。

序号	药品名称	等级或浓度	个人用量/g 或 mL	小组用量/g 或 mL	使用安全注意事项

(2)填写仪器清单(个人)。

序号	仪器名称	规格	数量

任务实施

1. 领取药品,组内分工配制溶液

序号	溶液名称及浓度	体积/mL	配制方法	负责人

2. 领取仪器,各人负责清洗干净

清洗后,玻璃仪器内壁:□都不挂水珠　　□部分挂水珠　　□都挂水珠

3. 独立完成试验,填写数据记录

试验日期:　　年　　月　　日　　　　　室温:　　　℃

内容	测定次数	1	2	3
	称量瓶和 NaCl 质量(第一次读数)			
	称量瓶和 NaCl 质量(第二次读数)			
	基准 NaCl 的质量 m/g			
测定试验	滴定管初读数/mL			
	滴定管终读数/mL			
	滴定消耗 $AgNO_3$ 溶液的体积 V_1/mL			
空白试验	滴定管初读数/mL			
	滴定管终读数/mL			
	滴定消耗 $AgNO_3$ 溶液的体积 V_0/mL			
	$AgNO_3$ 标准溶液的浓度 c/(mol·L^{-1})			
	测定结果平均值/(mol·L^{-1})			
	平行测定结果的相对极差/%			

硝酸银标准溶液的浓度按下式计算:

$$c(AgNO_3) = \frac{m}{(V_1 - V_0) \times 0.058\,44}$$

式中,$c(AgNO_3)$ 为硝酸银标准溶液的物质的量浓度(mol/L);V_1 为标定消耗硝酸银溶液的量(mL);V_0 为空白试验消耗硝酸银溶液的量(mL);m 为基准物质氯化钠的质量(g);0.058 44 为与 1.00 mL 硝酸银标准溶液[$c(AgNO_3) = 1.000$ mol/L]相当的以克表示的氯化钠的质量。

4. 检查评价

根据以上试验操作和数据计算结果,进行自评、小组内互评,教师考核评价,完成任务考核评价表的填写。

项目	评分标准	分值	自评/30%	互评/30%	师评/40%	合计
称量	称量范围±10%以内；有洒落，0分	10				
滴定管使用	按照洗涤—润洗—装液顺序使用，滴定速度4～6 mL/min	15				
颜色变化观察	能控制终点溶液颜色为浅橙色	15				
体积量取	能熟练量取50 mL水、量取1 mL指示剂	5				
结果计算	能根据公式正确计算出结果	30				
试验结果相对极差	≤0.1%，不扣分；≤0.2%，扣5分；≤0.4%，扣10分；≤0.6%，扣15分；≤0.8%，扣20分；≤1.0%，扣25分	25				
最后得分						

技能总结

1. 减量法称量规定范围质量；
2. 恒重的判断；
3. 标签规范；
4. 马弗炉的使用；
5. 滴定操作；
6. 易污溶液的防护；
7. 浅橙色显现观察判断和控制。

拓展阅读

屠呦呦

分析化学常用的分离方法有沉淀、溶剂萃取、离心和膜分离技术。其中，溶剂萃取又称为液—液萃取，在分析化学中，萃取分离法主要用于元素的分离和富集。

我国科学家屠呦呦用乙醚萃取分离法得到了治疗疟疾的特效药——青蒿素。屠呦呦和课题组成员历时10多年，通过查阅药典、走访名医筛选了2 000多个中草药方，最终整理出600多种抗疟疾药方，通过不断探索、改进提取方法才获得抗疟疾的有效成分青蒿素，为了确保患者的安全，她还亲自服用青蒿素以检验效果。屠呦呦先驱性地发现了青蒿素，开创了疟疾治疗新方法，全球数亿人因这种"中国神药"而受益。目前，以青蒿素为基础的复方药物已经成为疟疾的标准治疗药物，世界卫生组织将青蒿素和相关药剂列入其基本药品目录。

2015年10月，屠呦呦获得诺贝尔生理学或医学奖，理由是她发现了青蒿素，该药品可以有效降低疟疾患者的死亡率。她成为第一位获诺贝尔科学奖项的中国本土科学家，诺贝尔科学奖项是中国医学界迄今为止获得的最高奖项(图14-1)。

图 14-1　屠呦呦

练一练

1. 在沉淀滴定中，银量法主要是指莫尔法、佛尔哈德法和法扬斯法。（　　）
   A. 正确　　　　　　　　　　　　B. 错误
2. 莫尔法中 K_2CrO_4 指示剂指示终点的原理是分级沉淀的原理。（　　）
   A. 正确　　　　　　　　　　　　B. 错误
3. 在莫尔法中，指示剂的加入量对测定结果没有影响。（　　）
   A. 正确　　　　　　　　　　　　B. 错误
4. 水中 Cl^- 的含量可用 $AgNO_3$ 溶液直接滴定。（　　）
   A. 正确　　　　　　　　　　　　B. 错误
5. 以铁铵矾为指示剂，用 NH_4SCN 标准滴定溶液滴定 Ag^+ 时应在碱性条件下进行。（　　）
   A. 正确　　　　　　　　　　　　B. 错误
6. 莫尔法使用铁铵矾作为指示剂，而佛尔哈德法使用铬酸钾作为指示剂。（　　）
   A. 正确　　　　　　　　　　　　B. 错误
7. Ag_2CrO_4 的溶度积 $[K_{sp,AgCrO_4}=2.0\times10^{-12}]$ 小于 $AgCl$ 的溶度积 $[K_{sp,AgCl}=1.8\times10^{-10}]$，所以在含有相同浓度的 CrO_2 试液中滴加 $AgNO_3$ 时，则 Ag_2CrO_4 首先沉淀。（　　）
   A. 正确　　　　　　　　　　　　B. 错误
8. 佛尔哈德法测定氯离子的含量时，在溶液中加入硝基苯的作用是避免 $AgCl$ 转化为 $AgSCN$。（　　）
   A. 正确　　　　　　　　　　　　B. 错误
9. 在沉淀滴定银量法中，各种指示终点的指示剂都有其特定的酸度使用范围。（　　）
   A. 正确　　　　　　　　　　　　B. 错误
10. 强氧化剂、汞盐等干扰佛尔哈德法滴定的物质，应预先分离出去。（　　）
    A. 正确　　　　　　　　　　　　B. 错误
11. 莫尔法可以用于样品中 I^- 的测定。（　　）
    A. 正确　　　　　　　　　　　　B. 错误
12. 分析纯的 $NaCl$ 试剂，如不做任何处理，用来标定 $AgNO_3$ 溶液的浓度，结果会偏高。（　　）
    A. 正确　　　　　　　　　　　　B. 错误

13. 莫尔法适用于能与 Ag^+ 形成沉淀的阴离子的测定，如 Cl^-、Br^- 和 I^- 等。（　　）

  A. 正确   B. 错误

14. 银量法测定氯离子含量时，应在中性或弱酸性溶液中进行。（　　）

  A. 正确   B. 错误

15. 在莫尔法测定溶液中 Cl^- 时，若溶液酸度过低，会使结果由于 AgO 的生成而产生误差。（　　）

  A. 正确   B. 错误

任务 15　测定自来水中氯的含量

任务分析

自来水的生产工艺都有消毒杀菌的环节。目前广泛用含氯物质消毒杀菌,最终的产物都有 Cl^- 生成。测定自来水中 Cl^- 含量可以检验消毒效果或程度,这也是莫尔法的具体应用。

莫尔法测定自来水中 Cl^- 含量,使用的标准溶液为硝酸银标准溶液,指示剂为 K_2CrO_4,滴定终点为有砖红色沉淀产生。滴定反应为

$$Cl^- + Ag^+ = AgCl \downarrow$$

由于氯化银的溶解度比铬酸银溶解度小,当用 $AgNO_3$ 溶液滴定 Cl^- 时,首先生成的是 AgCl 沉淀,到达计量点时,稍微过量的 $AgNO_3$ 与指示剂生成 Ag_2CrO_4 砖红色沉淀从而指示滴定终点到达。

$$2Ag^+ + CrO_4^{2-} = Ag_2CrO_4 \downarrow$$

学习目标		
	知识目标	1. 熟悉莫尔法反应方程式; 2. 了解莫尔法应用的条件; 3. 熟悉测定自来水中 Cl^- 含量的操作要求及其理由
	能力目标	1. 能稀释配制准确的 0.01 mol/L 硝酸银标准溶液; 2. 知道水样 100.0 mL 取样方法; 3. 知道使用硝酸银溶液有关防护要求; 4. 会根据试验数据计算出自来水中 Cl^- 含量
	素质目标	1. 了解水资源的珍贵,提高环境保护意识; 2. 养成精细、节约和安全习惯,培养责任意识,提高奉献精神

相关知识

沉淀滴定法计算示例

想一想

①自来水中 Cl^- 含量低(或者高)说明什么?②如何测定自来水中的 Cl^- 并计算其含量呢?对反应体系有什么要求?

【例 15-1】 称取基准物质 NaCl 0.200 00 g，溶于水后，加入 AgNO₃ 标准溶液 50.00 mL，以铁铵矾为指示剂，用 NH₄SCN 标准溶液滴定至微红色，用去 NH₄SCN 标准溶液 25.00 mL。已知 1 mL NH₄SCN 标准溶液相当于 1.20 mL AgNO₃ 标准溶液。计算 AgNO₃ 和 NH₄SCN 溶液的浓度。

解：已知 NaCl 的摩尔质量为 58.44 g/mol

$$c(\text{AgNO}_3) = \frac{0.200\ 0 \times 1\ 000}{58.44 \times (50.00 - 1.20 \times 25.00)} = 0.171\ 1 (\text{mol/L})$$

$$c(\text{NH}_4\text{SCN}) = \frac{0.171\ 1 \times 1.20}{1} = 0.205\ 3 (\text{mol/L})$$

【例 15-2】 称取食盐 0.200 0 g，溶于水后，以 K₂CrO₄ 为指示剂，用 0.150 0 mol/L AgNO₃ 标准溶液滴定，用去 22.50 mL，计算 NaCl 的百分含量。

解：
$$\text{NaCl}\% = \frac{0.150\ 0 \times 22.50 \times 10^{-3} \times 58.44}{0.200\ 0} \times 100\%$$
$$= 98.62\%$$

【例 15-3】 将 2.100 g 煤样燃烧后，其中硫完全氧化为 SO₃，用水处理后，加入 25.00 mL、0.100 0 mol/L 的 BaCl₂ 溶液，使 BaSO₄ 沉淀。过量的 Ba²⁺，以玫瑰红酸钠作为指示剂，用 0.088 0 mol/L Na₂SO₄ 溶液滴定，用去 1.00 mL。试计算试样中硫的百分含量。

解：已知硫的摩尔质量为 32.06 g/mol

$$S\% = \frac{0.100 \times 25 - 0.088\ 0 \times 1.00}{1\ 000} \times \frac{32.06}{2.100}$$
$$= 3.68\%$$

任务准备

1. 明确试验步骤

(1)领取或配制试剂。

1) $c(\text{AgNO}_3) = 0.1$ mol/L 硝酸银标准溶液；

2) 5 g/L K₂CrO₄ 水溶液；

自来水中 Cl⁻含量测定

3) 自来水。

(2) $c(\text{AgNO}_3) = 0.01$ mol/L 硝酸银标准溶液配制。准确量取 10.00 mL、$c(\text{AgNO}_3) = 0.1$ mol/L 硝酸银标准溶液，放入 100 mL 容量瓶，用水稀释至刻度，摇匀。

(3)自来水中 Cl⁻含量测定。准确量取自来水样 100.0 mL，放入 250 mL 锥形瓶，加入 2 mL K₂CrO₄ 溶液，在充分摇动下，以 $c(\text{AgNO}_3) = 0.01$ mol/L 硝酸银标准溶液滴定至溶液呈橙红色即终点。

2. 列出任务要素

(1)检测对象＿＿＿＿＿＿＿＿＿＿＿＿＿＿＿＿＿＿＿＿＿＿＿＿＿＿＿＿＿＿＿＿＿＿

(2)检测项目＿＿＿＿＿＿＿＿＿＿＿＿＿＿＿＿＿＿＿＿＿＿＿＿＿＿＿＿＿＿＿＿＿＿

(3)依据标准＿＿＿＿＿＿＿＿＿＿＿＿＿＿＿＿＿＿＿＿＿＿＿＿＿＿＿＿＿＿＿＿＿＿

3. 制订试验计划

(1)填写药品领取单(一般溶液需自己配制,标准滴定溶液可直接领取)。

序号	药品名称	等级或浓度	个人用量/g 或 mL	小组用量/g 或 mL	使用安全注意事项

(2)填写仪器清单(个人)。

序号	仪器名称	规格	数量

任务实施

1. 领取药品,组内分工配制溶液

序号	溶液名称及浓度	体积/mL	配制方法	负责人

2. 领取仪器,各人负责清洗干净

清洗后,玻璃仪器内壁:□都不挂水珠　　□部分挂水珠　　□都挂水珠

3. 独立完成试验,填写数据记录

试验日期:　　年　　月　　日　　　　　　　室温:　　　℃

内容	测定次数		1	2	3
	自来水体积 V_1/mL				
	$AgNO_3$ 标准溶液的浓度/(mol·L^{-1})				
测定试验	滴定管初读数/mL				
	滴定管终读数/mL				
	滴定消耗 $AgNO_3$ 溶液的体积 V_2/mL				

续表

内容 \ 测定次数	1	2	3
自来水中 Cl^- 含量/(mg·L^{-1})			
测定结果平均值/(mg·L^{-1})			
平行测定结果的相对极差/%			

自来水中 Cl^- 含量按下式计算：

$$Cl^-(mg/L) = \frac{c \times V_2 \times 0.03545}{V_1} \times 10^6$$

式中，Cl^-(mg/L)为每升自来水样品中 Cl^- 的质量(mg/L)；C 为硝酸银标准溶液的物质的量浓度(mol/L)；V_1 为取水样的量(mL)；V_2 为硝酸银标准溶液的用量(mL)；0.03545 为与 1.00 mL 硝酸银标准溶液[$c(AgNO_3)=1.000$ mol/L]相当的以克表示的氯的质量。

4. 检查评价

根据以上试验操作和数据计算结果，进行自评、小组内互评，教师考核评价，完成任务考核评价表的填写。

项目	评分标准	分值	自评/30%	互评/30%	师评/40%	合计
体积量取	能熟练量取 100.00 mL 自来水、量取 2 mL 指示剂	5				
滴定管使用	按照洗涤—润洗—装液顺序使用，滴定速度 4~6 mL/min	15				
颜色变化观察	能控制终点溶液颜色为浅橙色	10				
溶液稀释及浓度计算	能正确稀释标准溶液并计算相应浓度	15				
结果计算	能根据公式正确计算出测定结果	30				
试验结果相对极差	≤0.1%，不扣分；≤0.2%，扣 5 分；≤0.4%，扣 10 分；≤0.6%，扣 15 分；≤0.8%，扣 20 分；≤1.0%，扣 25 分	25				
最后得分						

技能总结

1. 标准溶液稀释及浓度计算；
2. 水样 100.0 mL 取样方法；
3. 溶液标签规范；
4. 滴定操作；
5. 易污溶液的防护；
6. 黄色和浅橙色差别、判断和控制。

练一练

1. 在含有 0.01 mol/L 的 I^-、Br^-、Cl^- 溶液中，逐渐加入 $AgNO_3$ 试剂，先出现的沉淀是（　　）[已知 $K_{sp,AgCl} > K_{sp,AgBr} > K_{sp,AgI}$]。

  A. AgI   B. AgBr   C. AgCl   D. 同时出现

2. 取 100.00 mL 自来水，测定其 Cl^- 的浓度，用 0.010 00 mol/L 的 $AgNO_3$ 标准溶液滴定，至终点时，所消耗的 $AgNO_3$ 标准溶液为 25.00 mL。则该自来水中 Cl^- 的浓度为（　　）mol/L。

  A. 0.003 500   B. 0.001 250   C. 0.002 500   D. 0.005 000

3. 取 100.00 mL 自来水，测定其 Cl^- 的浓度，用 0.010 00 mol/L 的 $AgNO_3$ 标准溶液滴定，至终点时，所消耗的 $AgNO_3$ 标准溶液为 25.00 mL。则该自来水中 Cl^- 的含量为（　　）mg/L（Cl 的摩尔质量为 35.45 g/mol）。

  A. 66.47   B. 22.16   C. 44.31   D. 88.63

4. 莫尔法测定 Cl 含量，要求介质的 pH 值为 6.5～10.0，若酸度过高，则（　　）。

  A. AgCl 沉淀不完全   B. AgCl 沉淀易胶溶
  C. AgCl 沉淀吸附 Cl^- 增强   D. Ag_2CrO_4 沉淀不易形成

5. 莫尔法采用 $AgNO_3$ 标准溶液测定 Cl^- 时，其滴定条件是（　　）。

  A. pH 值为 2.0～4.0   B. pH 值为 6.5～10.0
  C. pH 值为 4.0～6.5   D. pH 值为 10.0～12.0

项目 5 重量分析法

任务 16 测定氯化钡中结晶水的含量

任务分析

许多物质结构中含有结晶水。有些物质中结晶水含量可以通过烘干称重的办法求得，这就是重量分析法。

被测样品中的"水分"主要可分为吸湿水和结晶水。吸湿水是因样品吸收空气中的水蒸气而形成的，其含量随空气湿度、样品的粉碎程度而改变，没有化学计量关系。结晶水是结晶化合物内部的水分，有一定的组成，因而含量有一定的计量关系。一般情况下，当物质受热到某一温度时，吸湿水首先失去，继续加热到某一较高温度时，则失去结晶水。$BaCl_2$ 中结晶水含量就是用气化法测定，其原理是利用水的挥发性质，通过 125 ℃ 加热烘干，使 $BaCl_2$ 样品中的结晶水完全挥发逸出，然后根据试样质量的减少量计算结晶水的含量。

学习目标	知识目标	1. 了解吸湿水和结晶水的差别； 2. 了解恒重的含义； 3. 熟悉氯化钡中结晶水含量测定操作要求及其理由； 4. 掌握结晶水含量的计算
	能力目标	1. 能按照规定范围称取样品质量； 2. 会正确调试、设定和使用烘箱； 3. 会正确使用干燥器
	素质目标	1. 树立节约意识、安全意识、责任意识； 2. 具备一丝不苟、精益求精的工作态度和无私奉献精神

相关知识

重量分析法

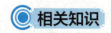

①实验室用的天平有哪些类型？②结晶水和吸湿水有何区别？③什么条件下会发生沉淀反应？

16.1.1 重量分析法概述

重量分析法是根据称量生成物的质量来确定待测组分的含量。测定时，通常先用适当的方法将试样中的待测组分与其他组分分离，然后称量，由称得的质量计算该组分的含量。

待测组分与其他组分的分离方法通常可分为沉淀法和挥发法。

1. 沉淀法

沉淀法是利用沉淀反应使待测组分以难溶化合物的形式沉淀下来，再将沉淀过滤、洗涤、烘干或灼烧，然后通过称量，测定待测组分的含量。如测定试液中 SO_4^{2-} 的含量时，在试液中加入过量的 $BaCl_2$ 溶液，使 SO_4^{2-} 完全生成难溶的 $BaSO_4$ 沉淀，经过滤、洗涤、干燥和灼烧后，称量 $BaSO_4$ 的质量，从而计算试液中 SO_4^{2-} 的含量。

2. 挥发法

挥发法是利用物质的挥发性，通过加热或其他方法使试样中的被测组分挥发逸出，然后根据试样质量的减轻来计算试样中该组分的含量；或用吸收剂将逸出的该组分气体全部吸收，根据已知质量的吸收剂的质量增加来计算该组分的含量。例如，测定氯化钡晶体（$BaCl_2 \cdot 2H_2O$）中结晶水的含量，可将一定质量的 $BaCl_2$ 试样加热，使水分逸出，根据 $BaCl_2$ 质量的减轻来计算试样中的结晶水的含量；或者用吸湿剂（如高氯酸镁）吸收逸出的水分，根据吸湿剂质量的增加来计算结晶水的含量。

综上所述，无论是哪种重量分析法，都是通过称量来测定被测组分的含量。在分析过程中，不需要从容量器皿引入的数据，也不需要用基准物质或标准溶液进行比较，因此准确度高。但由于重量分析程序长，费时多，而且难以测定微量成分，已逐渐被滴定法所代替。不过，目前对某些高含量的硅、硫、镍、钨及几种稀有元素的精确分析仍采用重量分析法。

重量分析法中以沉淀法应用较广，本任务主要讨论沉淀法。沉淀法主要是根据沉淀的质量来计算试样中被测组分含量的。因此，得到的沉淀能否反映被测组分的含量是重量分析的关键，这就涉及沉淀的性质和适当的沉淀条件，使沉淀完全和纯净。

16.1.2 重量分析法对沉淀的要求

利用沉淀反应进行重量分析时，往试液中加入适当的沉淀剂，使被测组分沉淀下来，所得的沉淀称为称量形式。沉淀经过滤、洗涤、干燥或灼烧得到称量形式。在此过程中，沉淀可能发生化学变化，即称量形式和沉淀形式可以相同，也可以不相同。例如，测定 SO_4^{2-} 时，试液中加入过量 $BaCl_2$ 溶液，得到 $BaSO_4$ 沉淀，其沉淀形式和称量形式相同。而在测定溶液中 Mg^{2+} 含量时，加入过量沉淀剂 $(NH_4)_2HPO_4$，得到 $MgNH_4PO_4 \cdot 6H_2O$，经灼烧得到称量形式 $Mg_2P_2O_7$，此时沉淀形式和称量形式就不同。

1. 对沉淀形式的要求

(1) 沉淀的溶解度要小，这样就不会因沉淀溶解的损失而影响测定的准确度。如测定 Ca^{2+} 时，不能使用 H_2SO_4 作为沉淀剂 ($K_{sp}=2.45\times10^{-5}$)，而选用草酸铵作为沉淀剂 ($K_{sp}=1.78\times10^{-9}$)。

(2) 沉淀要纯净，尽量避免混有杂质，这样才能获得准确的分析结果。

(3) 沉淀应易于过滤和洗涤，这样不仅便于操作，也是保证沉淀纯度的一个重要方面。因此，在进行沉淀时，应尽量获得粗大的晶型沉淀。例如，$MgNH_4PO_4 \cdot 6H_2O$ 在过滤时不会堵塞滤纸的小孔，过滤易进行，而且由于总表面积小，也不易吸附杂质，沉淀纯净易洗涤。如果只能生成无定型沉淀，如 $BaSO_4$、$CaCO_3$，也应控制沉淀条件，改变沉淀的性质，以得到便于过滤和洗涤的沉淀。

(4) 沉淀形式应易于转化为称量形式。沉淀经烘干、灼烧时，应易转化为称量形式。如 Al^{3+} 的测定，若沉淀为 8—羟基喹啉铝 $[Al(C_9H_6NO)_3]$，在 130 ℃ 烘干后即可称量；而沉淀为 $Al(OH)_3$，则必须在 1 200 ℃ 灼烧转化成无吸湿性的 Al_2O_3，方可称量。显然，测定选择前者比后者好。

2. 对称量形式的要求

(1) 称量形式必须有确定的化学组成，否则无法计算分析结果。例如，磷钼酸铵虽然是一种溶解度很小的晶型沉淀，但由于组成不确定，不能利用其作为测定 PO_4^{3-} 的称量形式，通常采用磷钼酸喹啉。

(2) 称量形式必须稳定，不受空气中的 CO_2、水分和 O_2 等的影响，在灼烧时也不易分解或变质，否则影响结果的准确度。例如，$CaC_2O_4 \cdot H_2O$ 灼烧后得到的 CaO 就不宜作为称量形式。

(3) 称量形式的摩尔质量要大，则被测组分在称量形式中的含量少，可以减小称量误差，提高分析灵敏度。如测定 Al^{3+} 时，称量形式可以是 Al_2O_3，也可以是 8—羟基喹啉铝，由于 8—羟基喹啉铝的摩尔质量大，会减小沉淀造成的损失或沾污对被测组分测定结果的影响，从而提高准确度。

为了达到以上沉淀的要求，必须合理地选择沉淀剂。另外，还应注意沉淀剂要有良好的选择性，而且在灼烧时易于挥发除去，以保证沉淀的纯净。

在实际分析工作中，当沉淀剂选定后，如何控制适宜的条件，使沉淀完全纯净，并且具有良好的结构，便成为重量分析中的又一个重要问题。

16.1.3 影响沉淀完全的因素

利用沉淀反应进行重量分析时，要求沉淀反应进行得尽可能完全。沉淀反应是否进行完全，可以根据反应达到平衡后，溶液中未被沉淀的待测组分的量来衡量，即根据沉淀的溶解度的大小来衡量。难溶化合物的溶解度小，有可能沉淀完全，否则沉淀就不完全。关于沉淀反应的基本原理，在无机化学中已做详细阐述，沉淀的溶解度可以根据难溶化合物

的溶度积 K_{sp} 来计算。这里结合重量分析，进一步讨论影响沉淀溶解的主要因素。

1. 同离子效应

要使沉淀完全，应尽可能减少溶解损失，所以当沉淀反应达到平衡后，常加入过量的沉淀剂，利用同离子效应来降低沉淀的溶解度。

对重量分析来说，沉淀溶解损失的量一般不超过 0.2 mg，但一般沉淀很少能达到这个要求。例如，以 $BaCl_2$ 作为沉淀剂，将 SO_4^{2-} 沉淀成 $BaSO_4$（$K_{sp}=8.7\times10^{-11}$）。当加入 $BaCl_2$ 的量与 SO_4^{2-} 的量达到化学计量关系要求时，在 200 mL 溶液中溶解的 $BaSO_4$ 的质量为

$$\sqrt{8.7\times10^{-11}}\times233\times\frac{200}{1\,000}=0.004(g)=0.4\text{ mg}$$

溶解损失已超过重量分析的要求。但是，如果加入过量的 $BaCl_2$，可以利用同离子效应降低 $BaSO_4$ 的溶解度。假设当达到沉淀平衡时，$[Ba^{2+}]=0.01$ mol/L，可计算出此时 200 mL 溶液中溶解的 $BaSO_4$ 的质量。

$$\frac{8.7\times10^{-11}}{0.01}\times233\times\frac{200}{1\,000}=4.0\times10^{-7}(g)=0.000\,4\text{ mg}$$

显然溶解损失已远远小于重量分析的要求，可以认为 $BaSO_4$ 沉淀已经完全。所以，在重量分析中，加入过量的沉淀剂是一种降低沉淀溶解度的有效方法。在实际操作中，沉淀剂过量的程度应根据沉淀剂的性质来确定。若沉淀剂在烘干或灼烧过程中易挥发除去，一般可过量 50%~100%；若沉淀剂不易挥发，应过量少些，一般可过量 20%~30%，以免影响沉淀的纯度。但应该指出，沉淀剂绝不能加得太多，否则可能由于盐效应、配位效应等因素导致沉淀的溶解度增大。

2. 盐效应

在难溶电解质的饱和溶液中，加入其他强电解质，会使难溶电解质的溶解度比同温度下在纯水中的溶解度增大，这种效应称为盐效应。如测定 Pb^{2+} 时，采用 Na_2SO_4 为沉淀剂，生成 $PbSO_4$ 沉淀，在不同浓度的 Na_2SO_4 溶液中 $PbSO_4$ 的溶解度变化情况列表 16-1。

表 16-1　不同浓度的 Na_2SO_4 溶液中 $PbSO_4$ 的溶解度变化

Na_2SO_4 浓度/(mol·L^{-1})	0	0.001	0.01	0.02	0.04	0.100	0.200
$PbSO_4$ 溶解度/(mg·L^{-1})	45	7.3	4.9	4.2	3.9	4.9	7.0

从表 16-1 可以看出，$PbSO_4$ 的溶解度并没有随着 Na_2SO_4 浓度的增大而一直降低，而是在降低到一定程度后增大了。其实在 $PbSO_4$ 饱和溶液中加入 Na_2SO_4，就同时存在同离子效应和盐效应，而哪种效应占优势就取决于 Na_2SO_4 的浓度，当 Na_2SO_4 浓度小于 0.04 mol/L 以前，同离子效应占优势，当 Na_2SO_4 浓度超过 0.04 mol/L 后，则盐效应增强，超过了同离子效应，$PbSO_4$ 沉淀的溶解度反而逐步增大，这进一步说明沉淀剂过量太多是应该避免的。

应该指出，如果沉淀本身的溶解度很小，一般来说，盐效应的影响很小，可以不予考虑。

3. 酸效应

溶液的酸度对沉淀溶解度的影响称为酸效应。例如，CaC_2O_4 是弱酸盐的沉淀，在溶液中具有下列平衡：

$$CaC_2O_4(s) \rightleftharpoons CaCO_3 + C_2O_4^{2-}$$
$$C_2O_4^{2-} \rightleftharpoons HC_2O_4^- \rightleftharpoons H_2C_2O_4$$

当溶液中 H^+ 浓度增大时，平衡向生成 $HC_2O_4^-$ 和 $H_2C_2O_4$ 的方向移动，破坏了 CaC_2O_4 沉淀的平衡，使 $C_2O_4^{2-}$ 浓度降低，CaC_2O_4 沉淀的溶解度增加。因此，对于某些弱酸盐，酸效应很显著，为了减小对沉淀溶解度的影响，通常在较低的酸度下进行沉淀。

4. 配位效应

若溶液中存在配位剂，能与生成的沉淀离子形成可溶性的配合物，而使沉淀的溶解度增大，甚至不产生沉淀，这种现象称为配位效应。例如，用 Cl^- 沉淀 Ag^+ 时，会产生 AgCl 沉淀，若溶液中存在氨水，则 NH_3 能与 Ag^+ 配合形成配离子 $[Ag(NH_3)_2]^+$，使 AgCl 的溶解度增大，远大于在水中的溶解度。应该指出，配位效应使沉淀溶解度增大的程度与沉淀的溶度积和形成配合物的稳定常数的相对大小有关。形成的配合物越稳定，配位效应越显著，沉淀的溶解度越大。

以上讨论了四种效应对沉淀溶解度的影响，在实际工作中应根据具体情况来考虑哪种效应是起主要作用的。在进行沉淀反应时，对无配位效应的强酸盐沉淀，主要考虑同离子效应和盐效应；对弱酸盐沉淀主要考虑酸效应；对存在配位反应，尤其在能形成较稳定的配合物，而沉淀溶解度又不太小时，则应主要考虑配位效应。

除上述因素外，温度、其他溶剂的存在及沉淀本身颗粒大小和结构，都对沉淀的溶解度有影响。

16.1.4 沉淀的类型和形成

沉淀按其物理性质不同，可大致分为两类：一类是晶型沉淀；另一类是非晶型沉淀。$BaSO_4$ 是典型的晶型沉淀，$Fe_2O_3 \cdot nH_2O$ 是典型的非晶型沉淀，AgCl 是一种凝乳状沉淀，按其性质来说，介于两者之间。在重量分析中，最好能获得晶型沉淀。生成的沉淀的类型除与沉淀的性质有关外，还与沉淀形成的条件有关。

沉淀的形成一般要经过晶核形成和晶核长大两个过程。将沉淀剂加入试液，当形成沉淀的离子浓度的乘积超过该条件下沉淀的溶度积时，离子通过相互碰撞聚集形成小晶核，溶液中的构晶离子向晶核表面扩散，并沉积在晶核上，晶核逐渐长大成沉淀微粒，这种速度称为聚集速度；同时，构晶离子在一定晶格中定向排列的速度称为定向速度。当定向速度大于聚集速度时，得到晶型沉淀；反之聚集速度大于定向速度，则得到非晶型沉淀。定向速度主要取决于沉淀的性质，而聚集速度主要取决于沉淀时的条件，其中最重要的是溶液中生成沉淀物质的饱和度，聚集速度与溶液的相对过饱和度成正比。经验公式如下：

$$V = \frac{K(Q-S)}{S}$$

式中，V 为聚集速度；Q 为加入沉淀剂瞬间，生成沉淀物的浓度；S 为沉淀的溶解度；$Q-S$ 为沉淀物质的过饱和度；$\frac{Q-S}{S}$ 为相对过饱和度；K 为比例常数，它与沉淀的性质、温度、溶液中存在的其他物质等因素有关。

从经验公式可以看出，相对过饱和度越大，聚集速度越大。要使聚集速度小，必须使相对过饱和度小，就是要求沉淀的溶解度（S）大，加入沉淀剂瞬间生成沉淀物质的浓度

(Q)不太大,这样可以获得晶型沉淀;反之,若沉淀的溶解度小,瞬间生成沉淀物质的浓度又很大,则形成非晶型沉淀,甚至形成胶体。例如,在稀溶液(如 0.75~3 mol/L)中,则形成胶状沉淀。

定向速度主要取决于沉淀物质的本性,一般极性强的盐类,如 $MgNH_4PO_4$、$BaSO_4$、CaC_2O_4 等,具有较大的定向速度,易形成晶型沉淀。氢氧化物具有较小的定向速度,对于高价金属离子(Al^{3+}、Fe^{3+})的氢氧化物,由于结合的 OH^- 多,定向速度小,相反聚集速度大,能形成非晶型沉淀或胶体;对于低价如二价的金属离子(Ca^{2+}、Mg^{2+}、Zn^{2+}、Cd^{2+}等)的氢氧化物含 OH^- 少,如果控制适宜条件,可能形成晶型沉淀。

综上所述,沉淀的类型不仅取决于沉淀的本质,还取决于沉淀时的条件。如果适当改变沉淀的条件,也可能改变沉淀类型。

16.1.5 沉淀的纯度

重量分析不仅要求沉淀的溶解度要小,而且还要求是纯净的。但当沉淀从溶液中析出时,难免或多或少夹带溶液中的其他组分一起沉淀,影响沉淀的纯度。因此应该了解影响沉淀纯度的因素,从而找出减少杂质的方法,才能获得符合重量分析要求的沉淀。

1. 共沉淀

在进行沉淀反应时,溶液中的某些可溶性杂质混杂在沉淀中共同析出,这种现象称为共沉淀。例如,用沉淀剂 $BaCl_2$ 沉淀 SO_4^{2-} 时,可溶性盐 Na_2SO_4 或 $BaCl_2$ 被 $BaSO_4$ 沉淀带下来。产生共沉淀现象大致有以下几个原因。

(1)表面吸附。在沉淀的晶格中,构晶离子根据同电荷相斥、异电荷相吸的规则排列。例如,在 $BaSO_4$ 晶体中,每个 Ba^{2+} 周围被 6 个带相反电荷的 SO_4^{2-} 所包围,整个晶体内部处于静电平衡状态。但处在晶体表面或边、角上的 Ba^{2+} 或 SO_4^{2-} 至少有一面未和带负电的 SO_4^{2-} 或带正电的 Ba^{2+} 相吸,使其受到的静电引力不均衡,因此,表面上的离子就有吸附溶液中带有相反电荷离子的能力。

晶体表面的静电引力是沉淀发生表面吸附现象的根本原因。如图 16-1 所

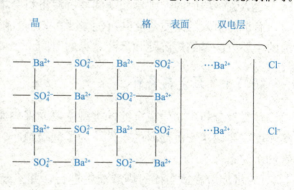

图 16-1 $BaSO_4$ 晶体表面吸附示意

示,首先被沉淀吸附的离子是溶液中过量的构晶离子,如 Ba^{2+} 组成吸附层,而带有正电荷,为了保持电中性,吸附层外面还需要吸引相反电荷的离子作为抗衡离子,这里是 Cl^-,这些处于外层的离子结合得较松散,叫作扩散层。吸附层和扩散层共同组成包围沉淀颗粒表面的双电层。处于双电层中的正、负离子总是相等,形成了被沉淀表面吸附的化合物 $BaCl_2$,也就是沾污沉淀的杂质,双电层能随沉淀颗粒一起下沉,因而沉淀被污染。

如果上述溶液中,除 Cl^- 离子外还有 NO_3^- 离子,那么由于 $Ba(NO_3)_2$ 的溶解度比 $BaCl_2$ 小,作为扩散层被吸附到沉淀表面附近的抗衡离子是 NO_3^- 而不是 Cl^-。另外,由于带电荷多的高价离子静电引力强,也易被吸附,因此对这些离子应设法除去或掩蔽。

沉淀吸附时,杂质的量还与下列因素有关。

1)沉淀的总表面积越大,吸附的杂质就越多。
2)溶液中杂质的浓度越大,价态越高,被沉淀吸附的量越多。
3)升高溶液的温度,沉淀吸附杂质的量减少。

(2)包藏。在沉淀过程中,当沉淀剂的浓度较大,同时加入较快时,沉淀迅速长大,沉淀表面吸附的杂质离子来不及离开沉淀,就被随后生成的沉淀所覆盖,使杂质或母液被包藏在沉淀内部,这种因吸附而留在内部的共沉淀现象称为包藏。如 $BaSO_4$ 晶体表面吸附构晶离子 Ba^{2+},并吸附 Cl^- 作为抗衡离子,如果抗衡离子来不及被 SO_4^{2-} 交换,被随后生成的沉淀覆盖而包藏在晶体内部,这种共沉淀不能用洗涤的方法将杂质除去,可通过沉淀陈化、重结晶的方法予以减少。

(3)混晶。每种晶体沉淀都具有一定的晶体结构,如果杂质离子与构晶离子的半径相近并能形成相同的晶体结构,它们就易形成混晶,即杂质进入晶格排列而沾污沉淀。如 $MgNH_4PO_4 \cdot 6H_2O$ 和 $MgNH_4AsO_4 \cdot 6H_2O$、$CaCO_3$ 和 $NaNO_3$、$BaSO_4$ 和 $PbSO_4$ 等,只要符合上述条件的杂质离子存在,它们就会在沉淀过程中取代形成构晶离子而进入沉淀内部。这种共沉淀用洗涤或陈化的方法净化,效果不显著,减少或清除混晶的最好方法是事先将这些杂质分离除去。例如,将 Pb^{2+} 沉淀成 PbS 与 Ba^{2+} 分离。

2. 后沉淀

在沉淀析出后,在放置的过程中,溶液中的某些杂质离子慢慢地在该沉淀表面继续析出的现象,称为后沉淀。这种情况大多发生在该组分形成的稳定的过饱和溶液中。例如,在 Mg^{2+} 存在下沉淀 CaC_2O_4 时,镁由于形成稳定的草酸盐过饱和溶液而不立即析出。若把草酸钙立即沉淀过滤,则发现沉淀表面上吸附有少量镁;若把含有 Mg^{2+} 的母液和草酸钙一起放置一段时间,则草酸镁的后沉淀量将会增多。

后沉淀引入的杂质量比共沉淀量要多,而且随着时间的延长而增多。避免或减少后沉淀的主要方法是缩短沉淀和母液共存的时间。

16.1.6 沉淀的条件

在重量分析中,生成沉淀的类型主要受聚集速度和定向速度的相对大小的影响,而聚集速度主要取决于沉淀时的条件。为了获得纯净、易于分离和洗涤的晶型沉淀,应采用适宜的沉淀条件。

(1)沉淀应在适当稀的热溶液中进行,并不断搅拌,缓慢地滴加稀沉淀剂,以降低溶液的相对过饱和度,减小聚集速度,利于晶体逐渐长大,同时,也减少了杂质的吸附。

(2)沉淀完全后,常将沉淀和母液一起放置一段时间,叫作陈化。通过陈化可以获得完整、粗大而纯净的晶型沉淀。

由于小颗粒结晶的溶解度比大颗粒结晶大,同一溶液对小颗粒结晶是不饱和的,而对大颗粒结晶是过饱和的,于是溶液中的构晶离子就在大颗粒结晶上沉积。当溶液浓度降低到对大颗粒结晶是饱和时,对小颗粒结晶已不饱和,小颗粒结晶又要继续溶解,因此,陈化过程中就会发生小结晶溶解、大结晶长大的现象。同时,陈化作用还能使沉淀更纯净,因为大结晶比表面积小,吸附杂质少;同时,由于小结晶的溶解,将原来吸附、包藏的杂质释放回溶液,使沉淀更纯净。

在进行沉淀反应时,即使沉淀剂是在搅拌下缓慢加入的,仍难以避免沉淀剂在溶液中局部过浓,为此提出了新的沉淀法——均相沉淀法。这个方法的特点是通过缓慢的化学反应,使沉淀剂缓慢地、均匀地产生出来,这样可获得颗粒较大的沉淀。例如,测定 Ba^{2+} 时,一般直接加入 SO_4^{2-},生成的是 $BaSO_4$ 的细晶型沉淀。如果将硫酸甲酯加入含 Ba^{2+} 的试液,利用酯水解产生的 SO_4^{2-} 缓慢均匀地生成 $BaSO_4$ 沉淀。酯水解的反应式为

$$(CH_3)_2SO_4 + 2H_2O = 2CH_3OH + SO_4^{2-} + 2H^+$$

另外,均相沉淀法还可以利用其他有机化合物的水解、配合物的分解和氧化还原等缓慢均匀地合成所需的沉淀剂离子。

均相沉淀法虽是重量分析的一种改进方法,但它还同时存在一些缺点,如得到的沉淀纯度并非都很满意;对生成混晶及后沉淀的改善效果不大;长时间煮沸溶液容易使容器壁上沉积一层致密的沉淀,不易取下,往往需要溶剂溶解后再沉淀等。

任务准备

1. 明确试验步骤

(1)领取或配制试剂。试剂为氯化钡试剂($BaCl_2 \cdot 2H_2O$)。

(2)测定氯化钡中结晶水含量。取洗净的扁形称量瓶一个,将瓶盖横立在瓶口上,置烘箱中,于 125 ℃烘干 1 h,取出,放干燥器中冷却至室温(20 min),称量。再烘一次,称量,重复进行此操作,直至恒重。用称量瓶准确称取约 0.5 g 试样,称准至 0.000 1 g。然后将瓶盖横立在瓶口上,于 125 ℃烘干 1 h,取出稍冷,放入干燥器中冷却至室温,称量。再烘干一次,冷却,称量。重复烘干、称量操作,直至恒重。

2. 列出任务要素

(1)检测对象＿＿＿＿＿＿＿＿＿＿＿＿＿＿＿＿＿＿＿＿＿＿＿＿＿＿＿＿＿＿＿＿＿

(2)检测项目＿＿＿＿＿＿＿＿＿＿＿＿＿＿＿＿＿＿＿＿＿＿＿＿＿＿＿＿＿＿＿＿＿

(3)依据标准＿＿＿＿＿＿＿＿＿＿＿＿＿＿＿＿＿＿＿＿＿＿＿＿＿＿＿＿＿＿＿＿＿

3. 制订试验计划

(1)填写药品领取单(一般溶液需自己配制,标准滴定溶液可直接领取)。

序号	药品名称	等级或浓度	个人用量/g 或 mL	小组用量/g 或 mL	使用安全注意事项

(2)填写仪器清单(个人)。

序号	仪器名称	规格	数量

任务实施

1. 领取药品，组内分工配制溶液

序号	溶液名称及浓度	体积/mL	配制方法	负责人

2. 领取仪器，各人负责清洗干净

清洗后，玻璃仪器内壁：□都不挂水珠　　□部分挂水珠　　□都挂水珠

3. 独立完成试验，填写数据记录

试验日期：　　年　月　日　　　　水温：　　℃

内容＼测定次数	1	2	3
称量瓶空瓶质量/g			
称量瓶空瓶质量/g			
称量瓶空瓶质量/g			
称量瓶空瓶质量/g			
称量瓶＋样品质量/g			
称量瓶＋样品质量/g			
称量瓶＋样品质量/g			
称量瓶＋样品质量/g			
氯化钡样品质量/g			
结晶水质量/g			
氯化钡中结晶水含量w/％			
氯化钡中结晶水含量平均值/％			
平行测定结果的相对极差/％			

$BaCl_2$ 中结晶水含量(％)可由下式计算：

$$w(\%)=\frac{m_1-m_2}{m_1-m}\times 100$$

式中，w 为氯化钡中结晶水含量(％)；m 为空称量瓶质量(g)；m_1 为烘干前氯化钡试样与称量瓶质量(g)；m_2 为烘干恒重后氯化钡与称量瓶质量(g)。

4. 检查评价

根据以上试验操作和数据计算结果，进行自评、小组内互评，教师考核评价，完成任务考核评价表的填写。

项目	评分标准	分值	自评/30%	互评/30%	师评/40%	合计
称量	称量范围±10%以内；有洒落，0分	10				
干燥器使用	会正确打开、取(放)样品，盖好	10				
称量瓶的使用	会编号、烘干且使用过程一直干净无污	10				
烘箱使用	会开关，会设定烘箱使用参数	15				
结果计算	能根据公式正确计算出测定结果	30				
试验结果相对极差	≤0.1%，不扣分；≤0.2%，扣5分；≤0.3%，扣10分；≤0.4%，扣15分；≤0.5%，扣20分；≤0.7%，扣25分	25				
最后得分						

 技能总结

1. 天平称量操作；
2. 烘箱的使用；
3. 干燥器的使用；
4. 过热操作保护；
5. 恒重的操作及判断。

拓展阅读

微量分析法创立者——弗里茨·普雷格尔

弗里茨·普雷格尔，奥地利人，1869年出生于克罗地亚的拉巴克。他小时候的理想是做一名出色的运动员，15岁时考取体育运动学校，但由于运动成绩不佳，他及时地调整人生坐标，选择了化学作为他人生新的起点。经过一年的寒窗苦读，他于1887年考入格拉茨大学医学院，并对生物化学产生浓厚兴趣，他以顽强的意志和刻苦精神，决心要在化学的竞技场上创造辉煌。他通宵达旦地埋头研究，1894年他以优异的成绩获医学博士学位。

正如运动场上没有永远的纪录一样，要创造新的成就就要不断地提高自己。1904年普雷格尔赴德国留学，他在研究胆酸时，由于从胆汁中获得的胆酸太少，促使他研究微量分析技术。1912年，普雷格尔凭着自己的钻劲和韧劲，创立了有机化合物的微量分析方法，为化学分析法做出了杰出的贡献，填补了一大空白。为表彰普雷格尔的这一贡献，1923年瑞典皇家科学院授予了他诺贝尔化学奖。

 练一练

1. 能使沉淀溶解度减小的是(　　)。
   A. 配位效应　　　B. 酸效应　　　C. 盐效应　　　D. 同离子效应
2. 沉淀的类型与聚集速度有关，聚集速度的大小主要相关因素是(　　)。
   A. 相对过饱和度　　　　　　　　B. 过饱和度
   C. 溶液的浓度　　　　　　　　　D. 物质的性质

3. 在重量分析中，洗涤无定型沉淀的洗涤液应是（　　）。
　　A. 冷水　　　　　　　　　　　　B. 含沉淀剂的稀溶液
　　C. 热的电解质溶液　　　　　　　D. 热水
4. 下列说法违反无定型沉淀条件的是（　　）。
　　A. 沉淀可在浓溶液中进行　　　　B. 沉淀应在不断搅拌下进行
　　C. 在沉淀后放置陈化　　　　　　D. 沉淀在热溶液中进行
5. 晶型沉淀的沉淀条件是（　　）。
　　A. 浓、热、慢、搅、陈　　　　　B. 稀、热、慢、搅、陈
　　C. 稀、热、快、搅、陈　　　　　D. 稀、冷、慢、搅、陈
6. 重量分析法测定氯化钡结晶水含量，在灼烧过程中，如果空气不充足、温度过高，会有部分沉淀物转化为 BaS，这会使测定结果（　　）。
　　A. 不变　　　　　B. 降低　　　　　C. 升高
7. 重量分析法测定氯化钡结晶水含量的原理是利用水的挥发性质，通过 125 ℃ 加热烘干，使 $BaCl_2$ 样品中的结晶水完全挥发逸出，然后根据试样质量的减少量计算结晶水的含量。（　　）
　　A. 正确　　　　　　　　　　　　B. 错误
8. 过滤沉淀，对于需要灼烧的沉淀，常用滤纸过滤，对只需经过烘干即可称量的沉淀，则用玻璃漏斗或砂芯坩埚进行过滤。（　　）
　　A. 正确　　　　　　　　　　　　B. 错误
9. 洗涤无定型沉淀，用热的电解质溶液作为洗涤剂，以防止产生胶溶现象，大多采用易挥发的铵盐溶液作为洗涤剂。（　　）
　　A. 正确　　　　　　　　　　　　B. 错误
10. 有一天平称量的绝对误差为 10.1 mg，如果称取样品 0.050 0 g，其相对误差为（　　）。
　　A. 0.216　　　　B. 0.202　　　　C. 0.214　　　　D. 0.205
11. 根据同离子效应，可加入大量沉淀剂以降低沉淀在水中的溶解度。（　　）
　　A. 正确　　　　　　　　　　　　B. 错误
12. Ag_2CrO_4 在 0.001 0 mol/L $AgNO_3$ 溶液中的溶解度较在 0.001 0 mol/L NaCl 中的溶解度（　　）。
　　A. 小　　　　B. 相等　　　　C. 可能大可能小　　　　D. 大
13. 能使沉淀溶解度增大的原因不可能是（　　）。
　　A. 配位效应　　B. 酸效应　　C. 盐效应　　D. 同离子效应
14. 以下有关沉淀溶解度叙述错误的是（　　）。
　　A. 沉淀的溶解度一般随温度的升高而增大
　　B. 弱酸盐沉淀溶解度随酸度的增加而增大
　　C. 沉淀剂过量越多，沉淀溶解度越小
　　D. 采用有机沉淀剂所得沉淀在水中的溶解度一般较小
15. 空称量瓶质量为 10.023 5 g，烘干前 $BaCl_2$ 试样与称量瓶质量为 23.508 7 g，烘干后 $BaCl_2$ 与称量瓶质量为 21.225 6 g，氯化钡试样中结晶水的质量为（　　）g。
　　A. 13.485 2　　　B. 10.568 7　　　C. 11.202 1　　　D. 2.283 1

任务 17　测定工业氯化钡的含量

任务分析

重量分析法中的沉淀法是利用沉淀反应使待测组分以难溶化合物的形式沉淀下来,再将沉淀过滤、洗涤、烘干或灼烧,然后通过称量,测定待测组分的含量,它对沉淀组成和稳定性有一定的要求。Ba^{2+} 离子可形成一系列的难溶化合物,如 $BaSO_4$、BaC_2O_4、$BaCrO_4$、$BaHPO_4$、$BaCO_3$ 等。其中 $BaSO_4$ 的溶解度最小,化学组成稳定,符合称量分析对沉淀的要求。所以,通常以 $BaSO_4$ 为沉淀形式和称量形式来测定钡盐含量。

工业 $BaCl_2$ 样品中的 Ba^{2+} 离子,以稀硫酸作为沉淀剂,转化为 $BaSO_4$ 沉淀。

$$Ba^{2+} + SO_4^{2-} = BaSO_4 \downarrow (白色)$$

$BaSO_4$ 沉淀经陈化、过滤、洗涤、灼烧至恒重,称量 $BaSO_4$ 沉淀质量,最后通过它们之间量的关系,计算出样品中 $BaCl_2 \cdot 2H_2O$ 的含量。

$BaSO_4$ 是典型的晶型沉淀。沉淀初期生成的通常是细小的晶型,在过滤时易透过滤纸。因此,为了得到比较纯净而又较粗大的 $BaSO_4$ 晶体,在沉淀 $BaSO_4$ 时,应特别注意选择有利于形成粗大晶型沉淀的条件,这些条件如下。

(1)在稀溶液中进行沉淀。在稀溶液中进行沉淀,在沉淀过程中溶液的相对过饱和度不大,容易得到较大颗粒的晶型沉淀。同时,由于溶液稀,杂质的浓度减少,共沉现象也相对减少,有利于获得纯净的沉淀。但对于溶解度较大的沉淀,溶液不宜过分稀释。

(2)应在不断的搅拌下缓慢加入沉淀剂。通常,当沉淀剂加入试液中时,由于来不及扩散,在两种溶液混合的地方,沉淀剂的浓度比溶液中其他地方的浓度高,这种现象称为"局部过浓"。局部过浓使部分溶液的相对过饱和度变大,易获得颗粒较小、纯度差的沉淀。在不断搅拌下,缓慢加入沉淀剂,可以减小局部过浓。

(3)在热溶液中进行沉淀。在热溶液中进行沉淀,一方面可增大沉淀的溶解度,降低溶液的过饱和度,以获得大的晶粒;另一方面又能减少沉淀对杂质的吸附。另外,升高溶液的温度,可增加构晶离子的扩散速度,从而加快晶体的成长。但是,对于溶解度较大的沉淀,在热溶液中析出沉淀,宜冷却到室温后再过滤,以减少沉淀溶解的损失。

(4)陈化。沉淀完全后,让初生成的沉淀与母液一起放置一段时间,这个过程称为"陈化"。因为在同样条件下,小晶粒的溶解度比大晶粒大。在同一溶液中,对大晶粒为饱和溶液时,对小晶粒则为未饱和,因此,小晶粒就要溶解。这样,溶液中构晶离子就在大晶粒上沉淀,沉淀到一定程度,溶液对大晶粒为饱和溶液时,对小晶粒又为未饱和,又要溶解。如此反复进行,小晶粒逐渐消失,大晶粒不断长大。在陈化过程中,还可以使不完整的晶粒转化为较完整的晶粒,也能使沉淀变得更纯净。这是因为晶粒变大后,比表面积减小,吸附杂质的量也少;同时,由于小晶粒溶解,原来吸附、吸留或包藏的杂质,也将重新进入溶液,因而提高了沉淀的纯度。试验时,可根据具体情况,采用加热和搅拌的方法来缩短陈化的时间。

另外，沉淀从溶液中析出时，由于共沉现象使沉淀被沾污，如 NO_3^-、ClO_3^- 和 Cl^- 等阴离子常以钡盐的形式共沉淀。其中，NO_3^-、ClO_3^- 离子共沉淀现象比 Cl^- 离子显著（与构晶离子生成化合物的溶解度越小的离子越容易被吸附），这些离子的存在会影响分析结果，可在沉淀 Ba^{2+} 离子前，加酸蒸发以除去 NO_3^- 与 ClO_3^- 等离子。

$$NO_3^- + 3Cl^- + 4H^+ = Cl_2\uparrow + NOCl + 2H_2O$$

$$ClO_3^- + 5Cl^- + 6H^+ = 3Cl_2\uparrow + 3H_2O$$

而 Cl^- 离子可以通过洗涤除去。用极稀的沉淀剂 H_2SO_4 为洗涤剂，洗至无 Cl^- 离子为止。最后用 1% 的 NH_4NO_3 溶液洗涤 1~2 次以除去滤纸上附着的酸，使滤纸在烘干时不至于碳化，而在滤纸灰化时又促进氧化。另外，碱金属离子，如 Ca^{2+} 和 Fe^{3+} 等阳离子也常会以硫酸盐或硫酸氢盐的形式共沉淀，其中 Fe^{3+} 离子的共沉淀的现象尤为显著（Fe^{3+} 离子的价数比 Ca^{2+} 离子高，离子价数越高，越容易被吸附），可以在沉淀 $BaSO_4$ 前，将 Fe^{3+} 还原为 Fe^{2+} 或用 EDTA 将它络合，Fe^{3+} 的共沉淀量就会大为减少。

综上所述，在沉淀前加入 HCl，一方面是为了防止产生碳酸钡、氢氧化铁、磷酸钡等共沉淀，另一方面可降低溶液 SO_4^{2-} 离子的浓度，有利于获得粗大的晶型沉淀。故沉淀 $BaSO_4$ 的条件是在盐酸酸化的热溶液中，在不断搅拌下，缓慢加入热的稀 H_2SO_4 溶液。待加入过量沉淀剂后，放置过夜进行沉淀陈化或在水浴中不时搅拌加热 1 h，代替陈化。

由于高温灼烧时 H_2SO_4 可挥发除去，沉淀下来的 H_2SO_4 不会引起误差。因此，沉淀剂用量可过量 50%~100%，以使 $BaSO_4$ 沉淀得更完全。

学习目标	知识目标	1. 了解沉淀形式和称量形式； 2. 了解硫酸与钡离子反应方程式； 3. 熟悉工业氯化钡含量测定的操作要求及其理由； 4. 掌握氯化钡含量的计算
	能力目标	1. 能正确进行称量、沉淀、过滤、洗涤、灰化操作； 2. 会正确使用坩埚、干燥器、马弗炉； 3. 知道高温操作防护
	素质目标	1. 培养安全、精细、实事求是的态度，提高责任意识； 2. 培养为国争光和无私奉献的精神

相关知识

重量分析结果的计算

想一想

①什么是沉淀形式？什么是称量形式？②什么是同离子效应？③沉淀过程中有哪些影

响沉淀完全的因素?

重量分析是根据称量形式的质量来计算待测组分的含量。

例如,测定某试样中的硫含量,使其沉淀为 $BaSO_4$(沉淀形式),灼烧后称量 $BaSO_4$ 沉淀(称量形式),其质量若用 m_{BaSO_4} 表示,则试样中的硫含量可通过以下的公式计算得到:

$$m_S = m_{BaSO_4} \times \frac{M_S}{M_{BaSO_4}}$$

式中,m_S 为待测组分的质量;m_{BaSO_4} 为称量形式的质量;$\frac{M_S}{M_{BaSO_4}}$ 为待测组分与称量形式的摩尔质量的比值(常数),也称化学因数(或换算因数),常用 F 表示。

即计算待测组分的质量可写成下列通式:

待测组分的质量=称量形式的质量×化学因数

在计算化学因数时,必须在待测组分的摩尔质量和称量形式的摩尔质量上乘以适当系数,使分子、分母中待测元素的原子数目相等。

【例 17-1】 在镁的测定中,先将 Mg^{2+} 沉淀为 $MgNH_4PO_4$,再灼烧成 $Mg_2P_2O_7$ 称量。若 $Mg_2P_2O_7$ 质量为 0.351 5 g,则镁的质量为多少?

解:每一个 $Mg_2P_2O_7$ 分子中含有两个 Mg 原子,因此 $F = \frac{2Mg}{Mg_2P_2O_7}$

镁的质量 $= m_{Mg_2P_2O_7} \times \frac{2Mg}{Mg_2P_2O_7} = 0.351\ 5 \times \frac{2 \times 24.32}{222.6} = 0.076\ 81(g)$

【例 17-2】 测定某铁矿石中铁含量时,称取样品质量 0.250 0 g,经处理后其沉淀形式为 $Fe(OH)_3$,然后灼烧得称量形式 Fe_2O_3,称其质量为 0.249 0 g,求此矿石中 Fe 和 Fe_3O_4 的质量分数。

解:先计算试样中铁的质量分数:

由于每个 Fe_2O_3 分子中含有两个铁原子,其化学因数 $F = \frac{2Fe}{Fe_2O_3}$

$$m_{Fe} = m_{Fe_2O_3} \times \frac{2 \times 55.85}{159.7} = 0.174\ 2(g)$$

$$W_{Fe} = \frac{m_{Fe}}{m_{样品}} \times 100\% = \frac{0.174\ 2}{0.250\ 0} \times 100\% = 69.68\%$$

再计算试样中 Fe_3O_4 的质量分数:

$$m_{Fe_3O_4} = m_{Fe_2O_3} \times \frac{2M_{Fe_3O_4}}{3M_{Fe_2O_3}}$$

$$= 0.249\ 0 \times \frac{2 \times 231.54}{3 \times 159.7} = 0.240\ 7(g)$$

$$W_{Fe_3O_4} = \frac{m_{Fe_3O_4}}{m_{样品}} \times 100\% = \frac{0.240\ 7}{0.250\ 0} \times 100\% = 96.28\%$$

任务准备

1. 明确试验步骤

(1)领取或配制试剂。

1)工业氯化钡试样;

2)$c(H_2SO_4)=1$ mol/L 硫酸溶液;

3)$c(HCl)=2$ mol/L 盐酸溶液;

4)1‰ NH_4NO_3 溶液。

(2)称样和溶解。准确称取 0.5 g 左右(称准至 0.000 1 g)$BaCl_2$ 试样,放入 250 mL 烧杯,加 100 mL 水溶解。

(3)沉淀和陈化。在盛有样品试液的烧杯中加入 2 mol/L HCl 溶液 3~5 mL,盖上表面皿加热至近沸。与此同时,另取 1 mol/L H_2SO_4 溶液 3 mL,加入小烧杯,用水稀释成 30 mL,再加热至近沸,然后,将盛有样品热溶液的烧杯放在桌面上,一边搅拌,一边用胶帽滴管以每秒 3~4 滴的速度加入热的稀 H_2SO_4 溶液,加至剩余 4~5 滴稀 H_2SO_4 为止,搅拌时应尽量避免玻璃棒接触杯壁,以免划破烧杯及沉淀黏附在烧杯壁上。

用洗瓶冲洗玻璃棒和烧杯上部边缘,把附着在上面的沉淀颗粒冲下去。待 $BaSO_4$ 沉降后,将剩余稀 H_2SO_4 溶液沿烧杯壁注入澄清的试液,观察是否引起浑浊。如不出现浑浊,则表明样品中 Ba^{2+} 离子已沉淀完全,否则应继续滴加稀热 H_2SO_4 溶液至沉淀完全为止。将玻璃棒放在烧杯内斜靠于烧杯口,盖上表面皿,放置过夜陈化(或将烧杯放于水浴中加热 1 h 并不时搅拌,再冷却至室温)。

(4)过滤和洗涤。用中速滤纸过滤,滤纸下面放一只洁净的烧杯,以便观察是否有透滤现象(即结晶颗粒穿过滤纸)。先用倾泻法将沉淀上面的清液沿玻璃棒倾入漏斗,再以 1 mol/L H_2SO_4 溶液 1 mL 稀释成 200 mL 作为洗涤液,每次用 10~20 mL,仍用倾泻法在烧杯中洗 3~4 次。然后将沉淀小心转移到滤纸上,继续洗涤至滤液中无 Cl^- 离子为止。再用 1‰ NH_4NO_3 溶液洗涤 1~2 次,每次用 10 mL,以除去残留的硫酸。

(5)干燥和灼烧。将洗净的沉淀连同滤纸放入已恒重的瓷坩埚,用小火进行烘干,再用大火进行灰化。然后将坩埚送入高温炉,在(850±50)℃灼烧 20~30 min,取出稍冷,放入干燥器内冷却至室温(约 20 min),称量,再灼烧 15 min,冷却称量,这样反复操作直至恒重为止。

2. 列出任务要素

(1)检测对象_____

(2)检测项目_____

(3)依据标准_____

3. 制订试验计划

(1)填写药品领取单(一般溶液需自己配制,标准滴定溶液可直接领取)。

序号	药品名称	等级或浓度	个人用量/g 或 mL	小组用量/g 或 mL	使用安全注意事项

(2)填写仪器清单(个人)。

序号	仪器名称	规格	数量

任务实施

1. 领取药品，组内分工配制溶液

序号	溶液名称及浓度	体积/mL	配制方法	负责人

2. 领取仪器，各人负责清洗干净

清洗后，玻璃仪器内壁：□都不挂水珠　　□部分挂水珠　　□都挂水珠

3. 独立完成试验，填写数据记录

试验日期：　　年　　月　　日　　　　水温：　　　℃

内容 \ 测定次数	1	2
坩埚质量/g		
坩埚+样品质量/g		
样品质量/g		
灼烧后坩埚+样品质量(第1次)/g		
灼烧后坩埚+样品质量(第2次)/g		
灼烧后坩埚+样品质量(第3次)/g		
灼烧后坩埚+样品质量(第4次)/g		

续表

内容 \ 测定次数	1	2
硫酸钡质量 m/g		
样品中氯化钡含量 $w(BaCl_2 \cdot 2H_2O)$/%		
样品中氯化钡含量平均值/%		
平行测定结果的相对极差/%		

$BaCl_2$ 中结晶水含量(%)可由下式计算:

$$w(BaCl_2 \cdot 2H_2O) = \frac{m \times F}{G} \times 100\%$$

式中,m 为灼烧后 $BaSO_4$ 沉淀质量(g);F 为 $BaCl_2 \cdot 2H_2O$ 对 $BaSO_4$ 的换算因数,即 $M_{BaCl_2 \cdot 2H_2O}/M_{BaSO_4}$;$M_{BaCl_2 \cdot 2H_2O}$ 为 $BaCl_2 \cdot 2H_2O$ 摩尔质量(g/mol);M_{BaSO_4} 为 $BaSO_4$ 摩尔质量(g/mol);G 为氯化钡样品的质量(g)。

4. 检查评价

根据以上试验操作和数据计算结果,进行自评、小组内互评,教师考核评价,完成任务考核评价表的填写。

项目	评分标准	分值	自评/30%	互评/30%	师评/40%	合计
称量	称量范围±10%以内;有洒落,0分	5				
干燥器使用	会正确打开、取(放)样品,盖好	5				
坩埚的使用	会编号、烘干且使用过程一直干净无污	5				
马弗炉的使用	会开关、送样、取样,知道防护方法	10				
溶解、沉淀、过滤、洗涤、灰化操作	会进行溶解、沉淀、过滤、洗涤、灰化操作,无损失,无透滤	20				
结果计算	能根据公式正确计算出测定结果	30				
试验结果相对极差	≤0.1%,不扣分;≤0.2%,扣5分;≤0.3%,扣10分;≤0.4%,扣15分;≤0.5%,扣20分;≤0.7%,扣25分	25				
最后得分						

技能总结

1. 天平称量操作;
2. 沉淀、过滤、洗涤、灰化操作;
3. 坩埚的使用;
4. 干燥器的使用;
5. 马弗炉的使用;

6. 过热操作保护；
7. 恒重操作。

练一练

1. 被测组分为 $BaCl_2·2H_2O$，称量形式为 $BaSO_4$，则化学因数的计算公式为（　　）。
   A. $F=2M(BaCl_2·2H_2O)/M(BaSO_4)$
   B. $F=M(BaCl_2·2H_2O)/2M(BaSO_4)$
   C. $F=M(BaCl_2·2H_2O)/M(BaSO_4)$
   D. $F=3M(BaCl_2·2H_2O)/M(BaSO_4)$

2. 被测组分为 $BaCl_2·2H_2O$，称量形式为 $BaSO_4$，则化学因数 F 为（　　）[$M(BaCl_2·2H_2O)=244.18$ g/mol，$M(BaSO_4)=233.1$ g/mol]。
   A. 2.10　　　　B. 0.52　　　　C. 3.14　　　　D. 1.05

3. 用称量沉淀法测定工业氯化钡的含量试验中，所用的沉淀剂是（　　）。
   A. 稀 $AgNO_3$　　B. 稀 HCl　　C. 稀 H_2SO_4　　D. 稀 NaOH

4. 用称量沉淀法测定工业 $BaCl_2$ 的含量试验中，在沉淀前加入 HCl，可以防止产生碳酸钡、氢氧化铁、磷酸钡等共沉淀。（　　）
   A. 正确　　　　　　　　　　　　B. 错误

5. 沉淀 $BaSO_4$ 的条件是在盐酸酸化的热溶液中，在不断搅拌下，缓慢加入热的稀 H_2SO_4 溶液。（　　）
   A. 正确　　　　　　　　　　　　B. 错误

6. 高温灼烧时 H_2SO_4 可挥发除去，沉淀下来的 H_2SO_4 会引起误差。（　　）
   A. 正确　　　　　　　　　　　　B. 错误

7. 用称量沉淀法测定工业氯化钡的含量试验中，沉淀反应是 $Ba^{2+}+SO_4^{2-}=BaSO_4\downarrow$（白色）。（　　）
   A. 正确　　　　　　　　　　　　B. 错误

8. 准确称取 0.498 8 g 氯化钡试样，放入 250 mL 烧杯，加 100 mL 水溶解。用稀 H_2SO_4 沉淀。最后称得 $BaSO_4$ 沉淀的质量为 0.253 9 g。则氯化钡试样中 $BaCl_2·2H_2O$ 的含量为（　　）。
   A. 63.45%　　B. 83.45%　　C. 73.45%　　D. 53.45%

9. 用重量分析法测定氯化钡（$BaCl_2·2H_2O$）含量，结果分别是 65.83%、65.88%、65.85%、65.81%、65.88%，其极差是（　　）。
   A. 0.16%　　B. 0.15%　　C. 0.11%　　D. 0.18%

10. 用重量分析法测定氯化钡（$BaCl_2·2H_2O$）含量，结果分别是 65.83%、65.88%、65.85%、65.81%、65.88%，若已知氯化钡（$BaCl_2·2H_2O$）的准确含量是 65.75%，其相对误差是（　　）。
    A. 0.15%　　B. 0.10%　　C. 0.17%　　D. 0.20%

项目 6　吸光光度法

任务 18　测定水中硝酸盐氮的含量

🔵 任务分析

硝酸盐是硝酸（HNO_3）与金属反应形成的盐类，由金属离子（或铵离子）和硝酸根离子组成，绝大多数易溶于水，在水体中很难被阳离子沉淀。常见的硝酸盐有硝酸钠、硝酸钾、硝酸铵、硝酸钙、硝酸铅、硝酸铈等。硝酸盐在高温或酸性水溶液中是强氧化剂，但在碱性或中性的水溶液中基本没有氧化性。

硝酸盐（NO_3^-）广泛地存在于自然界中，尤其是在气态水、地表水和地下水中及动植物体与食品内。其来源主要如下。

(1) 人工化肥有硝酸铵、硝酸钙、硝酸钾、硝酸钠和尿素等。

(2) 生活污水、生活垃圾在自然降解过程中产生。

(3) 食品、燃料、炼油等工厂排出的含氨废弃物，经过生物、化学转换后形成硝酸盐进入环境。

(4) 石油、煤炭、天然气燃烧过程产生的氮氧化物气体经降水淋溶后形成硝酸盐降落到地面和水体中。

(5) 作为食品防腐与保鲜剂被加入。

(6) 在闪电的高温下空气中的氮气与氧气直接化合成氮氧化物，溶于雨水形成硝酸，再与地面的矿物反应生成硝酸盐。

植物、霉菌、人的口腔和肠道细菌有将硝酸盐转化为亚硝酸盐的能力。人们普遍担心人体内亚硝酸盐含量过多会影响健康，所以，对硝酸盐的担心是因为它被摄入后转化成亚硝酸盐而引起毒性。

一般情况下，水中的硝酸盐含量非常低，对人体及动植物的影响非常有限。但水质在遭受到污染时会出现硝酸盐超标的情况，尤其是工业废水和城市污水处理尾水中含有高浓度的硝酸盐，如果不经处理就会对地表水和地下水造成非常大的影响。要测定地表水中较低浓度的硝酸盐，使用滴定分析难以完成，通常使用吸光光度法。

紫外吸光光度法测定硝酸盐氮的原理主要基于 NO_3^- 对 220 nm 波长光具有特征性吸收，在测定标准系列得到标准曲线后，根据样品吸光度可从标准曲线查出样品含量。由于水中溶解的有机物和亚硝酸根对 220 nm 波长光也有吸收，需要消除干扰。

亚硝酸根的干扰可以用氨基磺酸进行去除。对于有机物的干扰，可以根据溶解的有机物在 220 nm 处和 275 nm 处都会有吸收，而硝酸根离子在 275 nm 处没有吸收这一特点，取两份水样，在 275 nm 处做另一次测量，进行校正后可以得到硝酸盐氮值。

$$A_{校} = A_{220} - 2A_{275}$$

式中，A_{220} 为 220 nm 波长测得吸光度；A_{275} 为 275 nm 波长测得吸光度。

求得吸光度的校正值（$A_{校}$）以后，从校准曲线中查得相应的硝酸盐氮量，即水样测定结果。

学习目标	知识目标	1. 了解朗伯—比尔定量及其表达式； 2. 了解影响物质吸光度的因素； 3. 熟悉消除亚硝酸盐和有机物干扰的原因和做法； 4. 掌握硝酸盐氮含量的计算
	能力目标	1. 能按照规定正确配制标准系列溶液； 2. 会正确使用吸光光度计； 3. 会正确使用容量瓶、吸量管
	素质目标	1. 会正确处理试验废渣废液，树立节约资源意识和环境保护意识； 2. 培养积极向上、强国有我、无私奉献的高贵品质

相关知识

吸光光度法

想一想

①滴定分析测定的样品含量大概是多少？②如果样品含量很低，滴定操作时只消耗标准溶液 1～2 滴，由此计算结果合理吗？

人的眼睛对不同光的感觉是不同的。能被肉眼感受到的光称为可见光。人的肉眼感受不到红外光、紫外光等其他波长的光。许多物质有颜色，是因为它们吸收了可见光。有的无色物质也可以通过化学反应生成有色化合物（此化学反应可称为显色反应）。利用物质对光的吸收来确定其含量的方法叫作吸光光度法。

18.1.1 光的特性

光是一种电磁辐射，是一种能以极大的速度穿过空间，且不需任何传播媒介的能量。光是一种电磁波，具有波动性和粒子性。光是一种波，因而它具有波长（λ）和频率（v）；光也是一种粒子，它具有能量（E）。它们之间的关系为

$$E = hv = h \cdot \frac{c}{\lambda} \tag{18-1}$$

式中，E 为能量(eV)(电子伏特)；h 为普朗克常数(6.626×10^{-34} J·s)(焦耳·秒)；v 为频率(Hz)；c 为光速，真空中约为 3×10^{10} (cm/s^{-1})；λ 为波长(nm)。

从式(18-1)可知，不同波长的光能量不同，波长越长，频率越低，能量越小；波长越短，频率越高，能量越大。若将各种电磁波(光)按其波长或频率大小顺序排列绘制成图表，则称该图表为电磁波谱。表18-1列出电磁波谱的有关参数。

表 18-1　电磁波谱的有关参数

波谱区名称	波长范围	波数/cm^{-1}	频率/MHz	光子能量/eV	跃迁能级类型
γ射线	$5\times10^{-3}\sim0.14$ nm	$2\times10^{10}\sim7\times10^{7}$	$6\times10^{14}\sim2\times10^{12}$	$2.5\times10^{6}\sim8.3\times10^{3}$	核能级
X射线	$10^{-2}\sim10$ nm	$10^{10}\sim10^{6}$	$3\times10^{14}\sim3\times10^{10}$	$1.2\times10^{6}\sim1.2\times10^{2}$	内层电子能级
远紫外光	$10\sim200$ nm	$10^{6}\sim5\times10^{4}$	$3\times10^{10}\sim1.5\times10^{9}$	$12\sim56$	原子及分子价电子或成键电子能级
近紫外光	$200\sim380$ nm	$5\times10^{4}\sim2.5\times10^{4}$	$1.5\times10^{9}\sim7.5\times10^{8}$	$6\sim3.1$	
可见光	$380\sim780$ nm	$2.5\times10^{4}\sim1.3\times10^{4}$	$7.5\times10^{8}\sim4.0\times10^{8}$	$3.1\sim1.7$	
近红外线	$0.75\sim2.5$ μm	$1.3\times10^{4}\sim4\times10^{3}$	$4.0\times10^{8}\sim1.2\times10^{8}$	$1.7\sim0.5$	分子振动能级
中红外线	$2.5\sim50$ μm	$4\,000\sim200$	$1.2\times10^{8}\sim6.0\times10^{6}$	$0.5\sim0.02$	
远红外线	$50\sim1\,000$ μm	$200\sim10$	$6.0\times10^{6}\sim10^{5}$	$2\times10^{-2}\sim4\times10^{-4}$	分子转动能级
微波	$0.1\sim100$ cm	$10\sim0.01$	$10^{5}\sim10^{2}$	$4\times10^{-4}\sim4\times10^{-7}$	
射频	$1\sim1\,000$ m	$10^{-2}\sim10^{-5}$	$10^{2}\sim0.1$	$4\times10^{-7}\sim4\times10^{-10}$	核自旋能级

18.1.2　物质颜色与物质对光的选择性吸收

一束白光通过棱镜后色散为红、橙、黄、绿、青、蓝、紫七色光来证实，白炽灯光等的白光就是由这些波长不同的有色光混合而成的，这种含有多种波长的光称为复合光；而某一波长的光称为单色光。如果把适当颜色的两种光按一定强度比例混合，也可称为白光，这两种颜色的光称为互补色光。图18-1所示为互补色光示意，图中处于直线关系的两种颜色的光即互补色光。

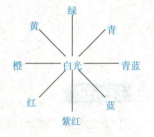

图 18-1　互补色光示意

溶液的颜色是物质对光选择性吸收的结果。当一束白光通过某透明溶液时，若该溶液对可见光区各波长的光都不吸收，即入射光全部通过溶液，这时看到的溶液透明无色；如果溶液有颜色，则说明溶液吸收了一部分光，只透过另一部分的光，如 CuSO$_4$ 溶液呈蓝色是吸收了白光中的黄色光，而透过其他的光，人们看到蓝色；即若某溶液选择性地吸收了可见光区某波长的光，则该溶液即呈现出被吸收光的互补色光的颜色。人的肉眼感觉到的可见光的波长范围为 $400\sim780$ nm。

18.1.3　光吸收光谱曲线

溶液的颜色是物质对光选择性吸收的结果，而溶液对各种不同波长光的吸收情况，通常用吸收光谱曲线(又称光吸收曲线)来描述。

吸收光谱曲线是通过试验获得的，具体方法是将不同波长的光依次通过某一固定浓度和厚度的有色溶液，分别测出它对各种波长光的吸收程度(用吸光度 A 表示)，以波长 λ 为横坐标，以吸光度为纵坐标作图，绘制出曲线，此曲线即称为该物质的吸收光谱曲线，它描述了物质对不同波长光的吸收程度。

以菲罗啉测铁的吸收曲线(图 18-2、图 18-3)为例：

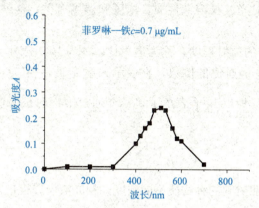

图 18-2　邻二氮菲测铁的吸收曲线($c=0.7$ ug/mL)

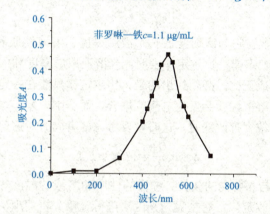

图 18-3　邻二氮菲测铁的吸收曲线($c=0.11$ ug/mL)

(1)菲罗啉-铁溶液对不同波长的光的吸收程度是不同的，对波长为 510 nm 的光吸收最多，在吸收曲线上有一高峰(称为吸收峰)。光吸收程度最大处的波长称为最大吸收波长(常以 λ_{max} 表示)。在进行光度测定时，通常是选取在 λ_{max} 的波长处来测量，因为这时测定的灵敏度最大。

(2)不同浓度的菲罗啉-铁溶液，其吸收曲线的形状相似，所不同的是吸收峰的高度随浓度的增加而增高，但最大吸收波长不变。

(3)不同物质的吸收曲线，其形状和最大吸收波长各不相同。因此，可以利用吸收曲线来作为物质定性分析的依据。

18.1.4　光吸收定律

1. 朗伯—比尔定律

当一束平行的单色光通过均匀、非散射的稀溶液时，入射光被溶液吸收的程度与溶液厚度的关系为

$$\lg \frac{I_0}{I_t} = k \times L \tag{18-1}$$

式中，I_0 为入射光强度；I_t 为通过溶液后透射光强度；L 为溶液液层厚度，或称光程长度；k 为比例常数，它与入射光波长溶液性质、浓度和温度有关，这就是朗伯(S. H. Lambert)定律。

I_t/I_0 表示溶液对光的透射程度，称为透射比，用符号 T 表示。透射比越大，说明透过的光越多。而 I_0/I_t 是透射比的倒数，它表示入射光 I_0 一定时，透过光强度越小，即 $\lg \frac{I_0}{I_t}$ 越大，光吸收越多。所以 $\lg \frac{I_0}{I_t}$ 表示了单色光通过溶液时被吸收的程度，通常称为吸光度，用 A 表示，即

$$A = \lg \frac{I_0}{I_t} = \lg \frac{1}{T} = -\lg T \tag{18-2}$$

当一束平行单色光照射到同种物质不同浓度，相同液层厚度的均匀透明溶液时，入射光通量与溶液浓度的关系为

$$\lg \frac{I_0}{I_t} = k' \times c \tag{18-3}$$

式中，k' 为另一比例常数，它与入射光波长、液层厚度、溶液性质和温度有关；c 为溶液浓度，这就是比尔(Beer)定律。比尔定律表明：当溶液液层厚度和入射光强度一定时，光吸收的程度与溶液浓度成正比。必须指出的是，比尔定律只能在一定浓度范围才适用。因为浓度过低或过高时，溶液性质会发生电离或聚合，而产生误差。

当溶液液层厚度和浓度都改变时，这时就要考虑两者同时对透射光通量的影响，则有

$$A = \lg \frac{I_0}{I_t} = \lg \frac{1}{T} = kcL \tag{18-4}$$

式中，k 为比例常数，与入射光的波长、物质的性质和溶液的温度等因素有关。这就是朗伯—比尔定律，即光吸收定律。它是吸光光度法进行定量分析的理论基础。

光吸收定律表明：当一束平行单色光通过均匀、非散射的稀溶液时，溶液的吸光度（入射光被溶液吸收的程度）与溶液的浓度及液层厚度的乘积成正比。

朗伯—比尔定律应用的条件：一是必须使用单色光；二是吸收发生在均匀的、非散射介质；三是在吸收过程中，吸收物质互相不发生作用。

2. 吸光系数

式(18-4)中比例常数 k 称为吸光系数。其物理意义是单位浓度的溶液液层线厚度为 1 cm 时，在一定波长下测得的吸光度。

k 值的大小只与吸光物质的性质、入射光波长、溶液温度和溶剂性质等有关，而与溶液浓度和液层厚度无关。但 k 值大小因溶液浓度所采用的单位的不同而异。

(1)摩尔吸光系数 ε。当溶液的浓度以物质的量浓度(mol/L)表示，液层厚度以厘米(cm)表示时，相应的比例常数 k 称为摩尔吸光系数，以 ε 表示，其单位为 L/(mol·cm)。这样，式(18-4)可以改写成

$$A = \varepsilon c L \tag{18-5}$$

摩尔吸光系数的物理意义是浓度为 1 mol/L 的溶液，在厚度为 1 cm 的吸收池中，在一定波长下测得的吸光度。

摩尔吸光系数是吸光物质的重要参数之一，它表示物质对某一特定波长光的吸收能力。ε 越大，表示该物质对某波长光的吸收能力越强，测定的灵敏度也就越高。因此，测定时，为了提高分析的灵敏度，通常选择摩尔吸光系数大的有色化合物进行测定，选择具有最大 ε 值的波长作为入射光。

摩尔吸光系数由试验测得。在实际测量中，不能直接取 1 mol/L 这样高浓度的溶液去测量摩尔吸光系数，只能在稀溶液中测量后，换算成摩尔吸光系数。

【例 18-1】 已知含 Fe^{2+} 浓度为 50 μg/100 mL 的溶液，用菲罗啉显色，在波长为 510 nm 处用 2 cm 吸收池测得 $A=0.198$，计算摩尔吸光系数。

$$c(Fe^{2+}) = \frac{50 \times 10^{-6} \times 1\,000}{55.85 \times 100} = 8.95 \times 10^{-6}\,(mol/L)$$

$$\varepsilon = \frac{A}{cL}$$

$$\varepsilon = \frac{0.198}{8.95 \times 10^{-6} \times 2} = 1.1 \times 10^4\,[L/(mol \cdot cm)]$$

(2) 吸光系数。若溶液浓度 c 以 mg/L 表示，液层厚度以厘米 (cm) 表示，其比例常数称为吸光系数，用 k 表示，其单位为 L/(cm·mg)。这样式 (18-4) 可表示为

$$A = kcL \tag{18-6}$$

3. 吸光度的加和性

在多组分的体系中，在某一波长下，如果各种对光有吸收的物质之间没有相互作用，则体系在该波长的总吸光度等于各组分吸光度的和，即吸光度具有加和性，称为吸光度加和性原理。可表示如下：

$$A_{总} = A_1 + A_2 + \cdots A_n = \sum_{i=1}^{n} A_i \tag{18-7}$$

式中，各吸光度的下标表示组分 $1, 2, \cdots, n$。

吸光度的加和性对多组分同时定量测定、校正干扰等都极为有用。

18.1.5 吸光光度计

吸光光度法测定一般使用分光光度计完成（也称为吸光光度法）。吸光光度计工作原理是对仪器产生的光源通过系列分光装置选出特定波长的光，使该选择光线透过测试的样品以达到光线被最佳吸收，测定吸光值，依据样品的吸光值与样品的浓度成正比原理计算样品的浓度。

一般仪器波长使用范围在可见光区的 400~760 nm 称为可见光吸光光度计，使用范围在紫外可见光区的 200~760 nm 称为紫外可见光吸光光度计。仪器的主要部件由光源、单色器、吸收池、检测器和显示器等部件组成。

(1) 光源的功能是提供足够强度的、稳定的连续光谱。紫外光区通常用氢灯或氘灯，可见光区通常用钨灯或卤钨灯。

(2) 单色器的功能是将光源发出的复合光分解并从中分出所需波长的单色光。如 721 型吸光光度计的单色器是棱镜，722 型吸光光度计的单色器是滤光片＋光栅。

(3) 吸收池又称比色皿，用于盛装溶液。可见光区的测量用玻璃吸收池，紫外光区的测量须用石英吸收池。

(4) 检测器的功能是通过光电转换元件检测透过光的强度，将光信号转变成电信号。常用的光电转换元件有光电管、光电倍增管及光二极管阵列检测器。

(5) 显示系统是把检测器产生的电信号，经放大后，用一定的方式显示出来。

18.1.6 定量分析

本部分只讨论单组分体系，定量的依据是光吸收定律[式(18-4)]。

如果样品是单组分，且遵守吸收定律，这时只要测出被测吸光物质最大吸收波长(λ_{max})，就可在此波长下，选用适当的参比溶液，测量试液的吸光度，然后用工作曲线法或比较法求得分析结果。

1. 工作曲线法

工作曲线法又称标准曲线法，是在实际工作中使用最多的一种定量方法。工作曲线的绘制方法是配制四个以上浓度不同的待测组分的标准溶液，以空白溶液为参比溶液，在选定的波长下，分别测定各标准溶液的吸光度。以标准溶液浓度为横坐标，吸光度为纵坐标，在坐标纸上绘制曲线，此曲线即称为工作曲线(或称标准曲线)。

在测定样品时，应按相同的方法制备待测试液(为了保证显色条件一致，操作时一般是试样与标样同时显色)，在相同测量条件下测量试液的吸光度，然后在工作曲线上查出待测试液浓度。为了保证测定准确度，要求标样与试样溶液的组成保持一致，待测试液的浓度应在工作曲线线性范围内，最好在工作曲线中部。工作曲线应定期校准，如果试验条件变动(如更换标准溶液、所用试剂重新配制、仪器经过修理、更换光源等情况)，工作曲线应重新绘制。工作曲线法适用于成批样品的分析，它可以消除一定的随机误差。

【例 18-2】分别取 0.00、1.00、2.00、3.00、4.00、5.00(mL, 10 μg/mL)的 Fe^{2+} 标准溶液，置于 6 个 50 mL 的容量瓶，显色后，稀释至刻度，在 480 nm 处，以试剂空白做参比，测定吸光度，得 A 分别为 0、0.102、0.204、0.306、0.408、0.510。另取 5.00 mL 水样，经同样处理后，稀释至 50 mL，在相同条件下，测量其吸光度得 0.300，计算水样中铁含量。

解：由题意可知，将吸光度列于表 18-2。

表 18-2 标准系列吸光度

	标准系列						水样
$Fe^{2+}/[\mu g \cdot (50\ mL)^{-1}]$	0	10	20	30	40	50	
A	0.000	0.102	0.204	0.306	0.408	0.510	0.300

绘制工作曲线如图 18-4 所示。

由工作曲线查出，当 $A_x=0.300$ 时，对应的 $c_x=29\ \mu g \cdot (50\ mL)^{-1}$。

$$\text{所以水样中铁含量} = \frac{29\ \mu g}{5.00\ mL} = 5.8\ \mu g \cdot mL^{-1}$$

2. 比较法

比较法是用一个已知浓度的标准溶液(c_s)，在一定条件下，测得其吸光度 A_s，然后在相同条件下测得试液 c_x 的吸光度 A_x，设试液、标准溶液完全符合朗伯—比尔定律，则

$$c_x = \frac{A_x}{A_s} \times c_s \tag{18-8}$$

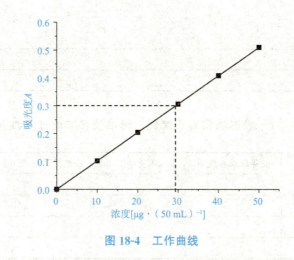

图 18-4 工作曲线

使用比较法的要求是 c_x 与 c_s 浓度应接近，且都符合吸收定律。比较法适用于个别样品的测定。

【例 18-3】 有 20 μg·mL^{-1} 钴标准溶液，测其吸光度 $A_s=0.365$，计算在相同条件下，吸光度 $A_x=0.402$ 的含钴样液中，钴的含量。

解：由式(18-8)可知
$$c_x=\frac{A_x}{A_s}\times c_s$$
$$=\frac{0.402}{0.365}\times 20$$
$$=22(\mu g\cdot mL^{-1})$$

所以，样液中钴含量为 22 μg·mL^{-1}。

任务准备

1. 明确试验步骤

(1)领取或配制试剂。

1)硝酸盐氮标准溶液(10 μg·mL^{-1})；

2)1 mol/L 盐酸溶液；

3)0.8% 氨基磺酸溶液。

(2)检查仪器，接通电源，打开仪器电源开关，预热仪器。

(3)配制测定溶液。

1)标准系列溶液的配制。取七个 50 mL 的容量瓶，分别加入 0.00、1.00、2.00、4.00、6.00、8.00、10.00(mL)硝酸盐氮标准溶液(10 μg·mL^{-1})，加入 1 mol/L 盐酸溶液 1.0 mL 及 0.8% 氨基磺酸溶液 1 滴，用水稀释至刻度，摇匀。

2)取两个 50 mL 的容量瓶，分别加入适当体积的透明水样(若水样不透明应预处理)，然后同标准系列溶液一样的步骤配制溶液。

(4)测定溶液的吸光度。用 1 cm 石英比色皿，在 220 nm 波长分别测出上述溶液的吸光度。水样还需测定 275 nm 处的吸光度。

(5)结束工作。

2. 列出任务要素

(1)检测对象＿＿＿＿＿＿＿＿＿＿＿＿＿＿＿＿＿＿＿＿＿＿＿＿＿＿＿＿＿＿

(2)检测项目＿＿＿＿＿＿＿＿＿＿＿＿＿＿＿＿＿＿＿＿＿＿＿＿＿＿＿＿＿＿

(3)依据标准＿＿＿＿＿＿＿＿＿＿＿＿＿＿＿＿＿＿＿＿＿＿＿＿＿＿＿＿＿＿

3. 制订试验计划

(1)填写药品领取单(一般溶液需自己配制，标准滴定溶液可直接领取)。

序号	药品名称	等级或浓度	个人用量/g 或 mL	小组用量/g 或 mL	使用安全注意事项

(2)填写仪器清单(个人)。

序号	仪器名称	规格	数量

任务实施

1. 领取药品，组内分工配制溶液

序号	溶液名称及浓度	体积/mL	配制方法	负责人

2. 领取仪器，各人负责清洗干净

清洗后，玻璃仪器内壁：□都不挂水珠　　　□部分挂水珠　　　□都挂水珠

3. 独立完成试验，填写数据记录

比色皿间的校正值：A_1：＿＿＿＿　A_2：＿＿＿＿　A_3：＿＿＿＿　A_4：＿＿＿＿

(1)实训数据记录[$A_{校} = A(220\ nm) - A(275\ nm)$]。

性质	标准系列溶液							水样	
编号	1	2	3	4	5	6	7	8	9
V/mL	0.00	1.00	2.00	4.00	6.00	8.00	10.00		
c_s/(μg·mL^{-1})									
A_0(220 nm)									
$A_{皿校}$(220 nm)									
A(275 nm)									
$A_{校}$									

(2)实训数据处理。

1)绘制工作曲线。以浓度 c_s(μg·mL^{-1})为横坐标，$A_{皿校}$为纵坐标绘制工作曲线，见图示：

2)水样含氮量计算。由 $A_{校}$ 值从标准曲线上查出相应的水样中硝酸盐氮的总量，并计算水样硝酸盐氮的含量。

$$硝酸盐氮(N, mg/L) = 硝酸盐氮的总量(μg)/水样体积(mL)$$

测定次数	1	2
水样含氮量/(mg·L^{-1})		
测定结果/(mg·L^{-1})		
平行测定结果相对极差/%		

4. 检查评价

根据以上试验操作和数据计算结果，进行自评、小组内互评，教师考核评价，完成任务考核评价表的填写。

项目	评分标准	分值	自评/30%	互评/30%	师评/40%	合计
仪器准备	知道开机、关机、预热准备	5				
标准系列溶液配制	正确配制标准系列，稀释刻度准确	15				
吸量管使用	使用吸量管稳、准	5				
比色皿使用	会正确拿、洗、擦和放置	5				
仪器操作	会设定、操作、读数、记录	15				
结果计算	能推导公式正确计算出测定结果	30				
试验结果相对极差	≤0.5%，不扣分；≤1.0%，扣5分；≤1.5%，扣10分；≤2.0%，扣15分；≤2.5%，扣20分；≤3.0%，扣25分	25				
最后得分						

技能总结

1. 容量瓶的使用；
2. 吸量管的使用；
3. 吸光光度计的使用；
4. 比色皿的使用；
5. 绘制标准曲线。

吸光光度计的使用

拓展阅读

《流浪地球》

在影片中，地球的生态环境遭到毁灭性破坏，不适合人类生存，再加上太阳核老化导致其膨胀，地球即将被吞噬。人类亟须带着满目疮痍的地球找到一个合适的星系，重建生存所需的生态环境。当然，太阳短期内快速老化是科幻出来的，但是人们应该意识到，人类肆意的污染和破坏，也可能让脆弱的生态系统崩溃，最终让人类尝到自己种下的恶果。

人为的破坏导致当前威胁着人类生存的十大环境问题：全球气候变暖、臭氧层的耗损与破坏、生物多样性减少、酸雨蔓延、森林锐减、土地荒漠化、大气污染、水污染、海洋污染、危险性废物越境转移。极寒、极热、暴风、暴雪、暴雨、干旱、热浪等异常天气席卷全球。无论你身在哪里，逃到哪里，似乎都无法躲藏。

要保护我们的家园，需要所有人都行动起来。影片中，无论是宇航员刘培强，还是儿子刘启，以及地球上各地的救援队，每个人都在为拯救地球而努力，甚至献出自己宝贵的生命。生态环境保护关系到每个人的生存和生活，所有人同呼吸共命运，没有人能独善其身，做旁观者、局外人。习近平说过"绿水青山就是金山银山"，人们要以实际行动减少能源资源消耗和污染物排放，实验室废液废物要在指定地点排放，不能随意乱倒乱放，坚决当好保护生态环境的钢铁卫士，为守护好蓝天白云和绿水青山做出我们这一代人的努力。

《流浪地球》影片片段

练一练

1. 某有色溶液在某波长测得 $A=0.22$，同样条件下将其浓度增加一倍，而比色皿厚度减小一半，则测得的吸光度为（　　）。

　　A. 0.22　　　　　　　　　　　　B. 0.44
　　C. 0.66　　　　　　　　　　　　D. 0.11

2. 高锰酸钾溶液呈紫红色是因为它吸收了白光中的（　　）。

　　A. 紫红色光　　　　　　　　　　B. 黄色光
　　C. 绿色光　　　　　　　　　　　D. 青色光

3. 原子吸收光谱分析水中微量镁含量时，加入 $SrCl_2$ 的作用是（　　）。

　　A. 保护剂　　　　　　　　　　　B. 释放剂
　　C. 总离子强度调节剂　　　　　　D. 缓冲剂

4. 有两种不同的有色溶液均符合朗伯—比尔定律，测定时若比色皿厚度、入射光强度及溶液浓度皆相等，以下说法正确的是(　　)。
　　A. 透过光强度相等　　　　　　　　B. 吸光度相等
　　C. 吸光系数相等　　　　　　　　　D. 以上说法都不对
5. 符合朗伯—比尔定律的有色溶液被稀释时，其最大吸收光的波长位置(　　)。
　　A. 向长波方向移动　　　　　　　　B. 向短波方向移动
　　C. 不移动，但吸收峰高度降低　　　D. 不移动，但吸收峰高度提高
6. 用吸光光度法测定水样中微量铁，常用菲罗啉作为显色剂，参比液应选用(　　)。
　　A. 蒸馏水　　　B. 菲罗啉溶液　　　C. 样液　　　D. 试剂空白
7. 标准曲线线性好不好用(　　)来检查。
　　A. 相关系数　　B. 吸光度　　　　　C. 波长　　　D. 以上三种
8. 可见吸光光度计的光源是(　　)。
　　A. 白炽灯　　　B. 氢灯　　　　　　C. 镁灯　　　D. 氘灯
9. 用标准加入法进行原子吸收光谱分析，主要消除(　　)。
　　A. 分子干扰　　B. 光散射干扰　　　C. 化学干扰　D. 物理干扰
10. 可见光区的波长范围是(　　)。
　　A. 400～760 nm　B. 200～400 nm　C. 200～760 nm　D. 200～400 μm
11. 紫外可见吸光光度法的适合检测波长范围是(　　)nm。
　　A. 400～760　　B. 200～400　　　C. 200～760　　D. 200～1 000
12. 透明有色溶液的摩尔吸光系数与(　　)。
　　A. 比色皿厚度　　　　　　　　　　B. 入射光波长
　　C. 有色物质的浓度　　　　　　　　D. 入射光强度
13. 紫外可见吸光光度计用(　　)作为光源。
　　A. 元素灯　　　B. 碘钨灯　　　　　C. 氘灯　　　D. 荧光灯
14. 下述操作中正确的是(　　)。
　　A. 比色皿外壁有水珠　　　　　　　B. 手捏比色皿的透光面
　　C. 手捏比色皿的毛面　　　　　　　D. 用报纸去擦比色皿外壁的水

任务 19　测定维生素 B_1 的含量

任务分析

维生素 B_1（Vitamin B_1，VB_1）又称硫胺素，是最早被人们提纯的水溶性维生素，化学名为氯化 3-[(4-氨基-2-甲基-5-嘧啶基)-甲基]-5-(2-羟乙基)-4-甲基噻唑鎓盐酸盐，分子式为 $C_{12}H_{17}ClN_4OS \cdot HCl$，分子量为 337.29，白色结晶性粉末，有微弱腥臭、味苦，有潮解性。熔点为 248 ℃，易溶于水，微溶于乙醇，不溶于醚和苯。它主要存在于种子外皮及胚芽，米糠、麦麸、黄豆、酵母、瘦肉等食物中含量最丰富，另外，白菜、芹菜及中药材防风、车前子也富含维生素 B_1。在人体体内，维生素 B_1 以辅酶形式参与糖的分解代谢，是维持神经、心脏及消化系统正常机能的重要生物活性物质。如果维生素 B_1 缺乏，可导致消化、神经和心血管系统的功能紊乱。

随着现代医学和营养科学的发展及维生素 B_1 的广泛分布，流行性维生素 B_1 缺乏已经很难再发生。

维生素 B_1 分子结构中具有共轭双键，在紫外光区域有吸收，可在 246 nm 波长处测定吸光度，进行含量测定。《中国药典》收载的维生素 B_1 和注射液均采用紫外吸光光度法测定含量。

学习目标	知识目标	1. 了解维生素 B_1 与其吸光度数学表达式； 2. 了解溶液多次稀释后浓度计算； 3. 掌握标准曲线法和比较法各自的特点和用途
	能力目标	1. 能按照规定溶解、稀释、计算配制溶液浓度； 2. 会正确使用吸光光度计； 3. 会利用比较法计算样品含量； 4. 能理解标示量、测定值的含义
	素质目标	1. 培养严谨、求实、创新的科学态度； 2. 培养有责任、有爱心、讲奉献的道德品质

吸光光度法显色与测量条件的选择

①朗伯—比尔定律应用的条件是什么？②定量分析中的工作曲线法和比较法有何区别？

19.1.1 显色反应与显色剂的选择

显色反应主要是氧化还原反应和配位反应。其中，配位反应应用最普遍。同一种组分可与多种显色剂反应生成不同的有色物质。在分析时，究竟选用何种显色反应较适合，应考虑以下几个因素。

(1)选择性好。一种显色剂最好只与一种被测组分起显色反应，或显色剂与共存组分生成的化合物的吸收峰与被测组分的吸收峰相距比较远，干扰少。

(2)灵敏度高。要求反应生成的有色化合物的摩尔吸光系数大。

(3)生成的有色化合物组成恒定，化学性质稳定，测量过程中应保持吸光度基本不变，否则会影响吸光度测定准确度及再现性。

(4)如果显色剂有色，则要求有色化合物与显色剂之间的颜色差别要大，以减小试剂空白值，提高测定的准确度。

(5)显色条件要易于控制，以保证其有较好的再现性。

在实际测定过程中，显色剂用量、反应体系酸度、显色温度和时间等一般要通过试验确定。

19.1.2 入射光波长的选择

当用吸光光度计测定被测溶液的吸光度时，首先需要选择合适的入射光波长。选择入射光波长的依据是该被测物质的吸收曲线。一般情况下，应选用最大吸收波长作为入射光波长。因为以 λ_{max} 为入射光测定灵敏度最高。但是，如果最大吸收峰附近有干扰存在(如共存离子或所使用试剂有吸收)，则在保证有一定灵敏度情况下，可以选择吸收曲线中其他波长进行测定，以消除干扰。

19.1.3 参比溶液的选择

在吸光光度分析中测定吸光度时，考虑入射光的反射，以及溶剂、试剂等对光的吸收会造成透射光强度的减弱。为了使入射光强度的减弱仅与溶液中待测物质的浓度有关，需要选择合适组分的溶液作为参比溶液,先以它来调节透射比 $100\%(A=0)$,然后测定待测溶液的吸光度。这样就可以消除显色溶液中其他有色物质的干扰,抵消吸收池和试剂对入射光的吸收,比较真实地反映了待测物质对光的吸收,因而也就比较真实地反映了待测物质的浓度。

1. 溶剂参比

当试样溶液的组成比较简单,共存的其他组分及外加试剂对测定波长的光基本没有吸收时,可采用溶剂作为参比溶液,这样可以消除溶剂、吸收池等因素的影响。

2. 试剂参比

如果显色剂或其他外加试剂在测定波长有吸收,但试样溶液的其他共存组分对测定波长的光基本没有吸收,此时应采用试剂作为参比溶液,即空白液为参比溶液。这种参比溶液可消除外加试剂中的组分产生的影响。

3. 试液参比

如果试样中其他共存组分有吸收,但不与显色剂反应,且外加试剂在测定波长无吸收时,可用试样溶液作为参比溶液。这种参比溶液可以消除试样中其他共存组分的影响。

4. 褪色参比

如果外加试剂及试样中其他共存组分有吸收,这时可以在显色液中加入某种褪色剂,选择性地与被测离子配位(或改变其价态),生成稳定无色的配合物,使已显色的产物褪色,用此溶液作为参比溶液,称为褪色参比溶液。

总之,选择参比溶液时,应尽可能考虑各种共存有色物质的干扰,使试液的吸光度真正反映待测物的浓度。

9.1.4 吸光度测量范围的选择

任何类型的吸光光度计都有一定的测量误差,对于 721 型吸光光度计来说,为了减小读数误差,应通过控制待测溶液的浓度和选择吸收池的厚度,使测定的吸光度为 $0.2\sim0.8$。

🎯 任务准备

1. 明确试验步骤

(1)领取或配制试剂。

1)维生素 B_1 片;

2)盐酸溶液(9→1 000)。

(2)检查仪器,接通电源,打开仪器电源开关,预热仪器。

(3)维生素 B_1 含量测定:取维生素 B_1 20 片,精密称量,研细,精密称取适量(约相当于维生素 B_1 25 mg),置于 100 mL 容量瓶,加盐酸溶液(9→1 000)约 70 mL,振摇 15 min 使维生素 B_1 溶解,加盐酸溶液(9→1 000)稀释至刻度,摇匀,用干燥滤纸过滤,精密量取滤液 5 mL,置于另一个 100 mL 容量瓶,再加盐酸溶液(9→1 000)稀释至刻度,按照紫外可见吸光光度法[《中国药典》(2020 年版通则 0401)],在 246 nm 波长处测定吸光度,按 $C_{12}H_{17}ClN_4OS \cdot HCl$ 的吸收系数($E_{1cm}^{1\%}$)为 421 计算,即得。

2. 列出任务要素

(1)检测对象＿＿＿＿＿＿＿＿＿＿＿＿＿＿＿＿＿＿＿＿＿＿＿＿＿＿＿＿＿＿＿＿＿

(2)检测项目＿＿＿＿＿＿＿＿＿＿＿＿＿＿＿＿＿＿＿＿＿＿＿＿＿＿＿＿＿＿＿＿＿

(3)根据《中国药典》(2020版)的相关规定：本品含维生素 B_1 应为标示量的＿＿＿＿＿

3. 制订试验计划

(1)填写药品领取单(一般溶液需自己配制，标准滴定溶液可直接领取)。

序号	药品名称	等级或浓度	个人用量/g 或 mL	小组用量/g 或 mL	使用安全注意事项

(2)填写仪器清单(个人)。

序号	仪器名称	规格	数量

任务实施

1. 领取药品，组内分工配制溶液

序号	溶液名称及浓度	体积/mL	配制方法	负责人

2. 领取仪器，各人负责清洗干净

清洗后，玻璃仪器内壁：□都不挂水珠　　□部分挂水珠　　□都挂水珠

3. 独立完成试验，填写数据记录

检验记录

检验项目						
药品名称		批号		规格		
生产厂家		仪器型号		仪器编码		
检验方法		测定条件	波长 λ=	温度 T=	光程 L=	
检验依据						
供试品溶液配制						
测定数据记录	$W_{总}=$ $m_1=$ 吸光度 $A_1=$		$W_{平均}=$ $m_2=$ 吸光度 $A_2=$			
计算(列出计算式计算)						
平均标示量/%						
相对平均偏差/%						
标准规定						
结论						

检验者： 校对者： 审核者：

$$标示量 = \frac{A \times V \times D}{E_{1\,cm}^{1\%} \times 100 \times m} \times \frac{\overline{W}}{S} \times 100\%$$

式中，A 为吸光度；V 为初次定容体积(mL)；D 为稀释倍数；$E_{1\,cm}^{1\%}$ 为百分吸收系数；m 为供试品的取样量(g)；$\overline{W}$ 为平均片质量(g)；S 为药片标示规格(g)。

4. 检查评价

根据以上试验操作和数据计算结果，进行自评、小组内互评，教师考核评价，完成任务考核评价表的填写。

项目	评分标准	分值	自评/30%	互评/30%	师评/40%	合计
仪器准备	知道开机、关机、预热准备	5				
溶解、过滤、稀释	正确称取样品，溶解、过滤后会按要求稀释至规定体积	20				

续表

项目	评分标准	分值	自评/30%	互评/30%	师评/40%	合计
比色皿使用	会正确拿、洗、擦和放置	5				
仪器操作	会设定、操作、读数、记录	15				
结果计算	能理解公式含义，正确计算标示量	30				
试验结果相对平均偏差	≤0.5%，不扣分；≤1.0%，扣5分；≤1.5%，扣10分；≤2.0%，扣15分；≤2.5%，扣20分；≤3.0%，扣25分	25				
最后得分						

技能总结

1. 溶解和溶液转移操作；
2. 过滤及稀释、定容操作；
3. 吸光光度计的使用；
4. 比色皿的使用；
5. 标示量(%)计算。

练一练

1. 工作曲线法是常用的一种定量方法，绘制工作曲线时需要在相同操作条件下测出3个以上标准点的吸光度后，在坐标纸上作图。（　　）

  A. 对   B. 错

2. 用吸光光度计进行光度测定时，必须选择最大的吸收波长进行测定，这样灵敏度高。（　　）

  A. 对   B. 错

3. 光的吸收定律不仅适用于溶液，同样也适用于气体和固体。（　　）

  A. 对   B. 错

4. 吸光系数越小，说明比色分析方法的灵敏度越高。（　　）

  A. 对   B. 错

5. 摩尔吸光系数越大，表示该物质对某波长光的吸收能力越强，比色测定的灵敏度就越高。（　　）

  A. 对   B. 错

6. 在吸光光度法中，入射光非单色性是导致测定结果偏离朗伯—比尔定律的因素之一。（　　）

  A. 对   B. 错

7. 比色分析时，待测溶液注到比色皿的四分之三高度处。（　　）

  A. 对   B. 错

8. 蓝色玻璃吸收了蓝色光而透过了黄色光。（　　）

  A. 对   B. 错

附录一

2022年全国职业院校技能大赛
化学实验技术赛项(高职)试题

模块A 硫酸亚铁铵的制备及质量评价

➢健康和安全
请分析本模块是否涉及健康和安全问题,如有,请写出相应的预防措施。

➢环境保护
请问本模块在产品制备中,是否会产生环境问题?如会,请写出相关环境保护措施。

➢基本原理
铁能溶于稀硫酸生成硫酸亚铁,但亚铁盐通常不稳定,在空气中易被氧化。若往硫酸亚铁溶液中加入与硫酸亚铁等物质的量(以 mol 计)的硫酸铵,可生成一种含有结晶水、不易被氧化、易于存储的复盐——硫酸亚铁铵晶体。

产品等级分析可采用限量分析——目测比色法。该方法基于酸性条件下,Fe^{3+} 可以与硫氰酸根离子生成红色配合物,将产品溶液与标准色阶进行比较,可以评判产品溶液中 Fe^{3+} 的含量范围,以确定产品等级。

产品纯度分析可采用1,10-菲罗啉吸光光度法。该方法基于特定 pH 值条件下,Fe^{2+} 可以与1,10-菲罗啉生成有色配合物。依据朗伯—比尔定律(Lambert-Beer law),可以通过测定该配合物最大吸收波长处的吸光度,计算 Fe^{2+} 含量,判定产品纯度。

三种硫酸盐的溶解度   g/100 g H$_2$O

温度/℃	FeSO$_4$	(NH$_4$)$_2$SO$_4$	(NH$_4$)$_2$SO$_4$ · FeSO$_4$ · 6H$_2$O
10	20.5	73.0	18.1
20	26.6	75.4	21.2
30	33.2	78.0	24.5
50	48.6	84.5	31.3
70	56.0	91.0	38.5

➢目标
1. 准备试验方案所需的溶液(剂)
2. 根据试验方案制备复盐硫酸亚铁铵晶体
3. 计算硫酸亚铁铵的产率(%)

4. 评判硫酸亚铁铵的产品等级
5. 测定硫酸亚铁铵的产品纯度
6. 完成报告

完成工作的总时间是 360 min，分为两个考核阶段：第一阶段为制备操作和产品等级鉴定(180 min)；第二阶段为产品纯度分析和工作报告(180 min)。

产品等级鉴定由 3 名专项裁判共同完成，选手配制好待测样品并填写送样单，由工作人员统一送至裁判组进行产品等级判断。

➢ 试验操作的仪器设备、试剂

主要设备	电子天平(精度 0.01 g、0.000 1 g)
	电炉(配石棉网)
	水浴装置
	通风设备
	减压抽滤装置
	紫外可见吸光光度计(配备 1 cm 石英比色皿 2 个)
玻璃器皿	烧杯(100 mL、250 mL、500 mL、1 000 mL)
	量筒(5 mL、10 mL、25 mL、100 mL)、量杯(500 mL)
	试剂瓶(250 mL、500 mL、5 000 mL)
	普通漏斗
	蒸发皿
	表面皿
	抽滤瓶
	布氏漏斗
	分刻度吸量管(2 mL、5 mL)
	比色管(25 mL)
	容量瓶(100 mL、250 mL)
	实验室常见其他玻璃仪器
药品试剂	铁原料：纯铁粒(Fe 含量 99.9%)
	碳酸钠
	硫酸铵
	硫酸(3.0 mol/L)
	无水乙醇
	盐酸溶液(20%)
	硫氰化钾溶液(25%)
	缓冲试剂混合溶液(0.025 mol/L 盐酸邻菲罗啉、0.5 mol/L 氨基乙酸、0.1 mol/L 氨三乙酸按体积比 5∶5∶1 混合)
	铁(Ⅱ)离子储备溶液(2.000 g/L)
	去离子水

➢ 第一阶段的解决方案(9∶00～12∶00)

1. 溶液(剂)准备

除氧水(加热法)：将去离子水注入 1 L 的烧杯，煮沸 10 min，立即转移至 5 L 的试剂瓶，加塞密封，冷却至室温，备用。

2. 产品制备

(1)硫酸亚铁的制备。称取 2.5 g(精确到 0.01 g)的铁原料于锥形瓶，加入一定体积、浓度为 3.0 mol/L 的硫酸溶液(反应组分的物质的量之比 $n_{铁}:n_{硫酸}=1:1\sim1:1.5$)，水浴加热至不再有气泡放出，动态调控反应温度以确保反应过程温和。反应结束后，根据需要加入适量热水，用硫酸溶液调节 pH 值不大于 1，并根据需要加入适量热水，趁热过滤至蒸发皿中。

未反应完的铁原料用滤纸吸干后称量，以此计算已被溶解的铁量。

(2)硫酸亚铁铵的制备。根据反应生成硫酸亚铁的量，按反应方程式计算并称取所需硫酸铵的质量，$m[(NH_4)_2SO_4]=132.14$ g/mol。在室温下将硫酸铵配制成饱和溶液，然后加入盛有硫酸亚铁溶液的蒸发皿(或缓缓加入固体硫酸铵)，混合均匀并用硫酸溶液调节 pH 值不大于 1。

所得混合溶液用水浴或蒸汽浴加热浓缩，至溶液表面刚出现结晶薄层为止。静置自然冷却至室温，待硫酸亚铁铵晶体完全析出。

减压过滤，用少量无水乙醇洗涤晶体，取出晶体，用滤纸快速吸除晶体表面残留的水和乙醇，然后置于盛器或称量纸上晾干，晾干时间不得超过 5 min。

称取 3 g(精确到 0.01 g)左右产品置于样品瓶中，用于产品外观评价。剩余产品保存在自封袋或称量瓶中，备用。

3. 产品等级分析

称取 0.50 g(精确到 0.01 g)硫酸亚铁铵产品，置于 25 mL 比色管，加入一定体积的除氧水溶解晶体，然后加入 1 mL、20%的盐酸溶液和 2 mL、25%的硫氰化钾溶液，最后用除氧水定容，摇匀。同法平行配制三份。

选手填写待测样品送样单，将上述比色管、样品瓶交给专项裁判组，由专项裁判组进行产品等级分析、外观评价。

产品等级分析的分级标准见下表。

规格	一级	二级	三级
Fe^{3+} 含量/(mg·g^{-1})	<0.1	0.1~0.2	0.2~0.4

▶第二阶段的解决方案(14:00~17:00)

1. 溶液准备

铁(Ⅱ)离子标准溶液：准确移取一定体积的铁(Ⅱ)离子储备溶液注入一定规格的容量瓶中，加入一定体积的硫酸溶液，用除氧水稀释至刻度，摇匀。

2. 产品纯度分析

(1)工作曲线绘制。

1)配制标准溶液系列：用吸量管准确移取不同体积的铁(Ⅱ)离子标准溶液至一组 7 个的 100 mL 容量瓶，然后加入 20 mL 的缓冲试剂混合溶液，用除氧水稀释至刻度，摇匀，静置。

2)测定最大吸收波长：以相同方式制备不含铁(Ⅱ)离子的溶液为空白溶液，任取一份已显色的铁(Ⅱ)离子标准系列溶液转移到比色皿中，选择一定的波长范围进行测量，确定最大吸收波长。

3)绘制标准曲线：在最大吸收波长处，测定各铁（Ⅱ）离子标准系列溶液的吸光度。以浓度为横坐标，以相应的吸光度为纵坐标绘制标准曲线。

（2）产品纯度分析。准确称取 1 g（精确到 0.000 1 g）硫酸亚铁铵产品（自制），加入一定体积的硫酸溶液，搅拌，溶解，然后定量转移至 100 mL 容量瓶，用除氧水稀释至刻度，摇匀。

确定产品溶液的稀释倍数，配制待测溶液于所选用的容量瓶中，按照工作曲线绘制时的溶液显色方法和测定方法，在最大吸收波长处进行吸光度测定。

由测得的吸光度从工作曲线上查出待测溶液中铁（Ⅱ）离子的浓度，计算得出产品纯度。

产品纯度分析必须完成 3 次平行试验。

3. 结果处理

（1）产品纯度。按下式计算出产品纯度，取 3 次测定结果的算术平均值作为最终结果，结果保留 4 位有效数字。

$$纯度 = \frac{p_x \times n \times V \times M_2}{m \times M_1} \times 100\%$$

式中，p_x 为从工作曲线查得的待测溶液中铁浓度（mg/L）；n 为产品溶液的稀释倍数；V 为产品溶液定容后的体积（mL）；m 为准确称取的产品质量（g）；M_1 为铁元素的摩尔质量，55.84 g/mol；M_2 为六水合硫酸亚铁铵的摩尔质量，391.97 g/mol。

（2）误差分析。对产品纯度测定结果的精密度进行分析，以相对极差 A 表示，结果精确至小数点后两位。其计算公式如下：

$$A = \frac{X_1 - X_2}{\overline{X}} \times 100\%$$

式中，X_1 为平行测定的最大值；X_2 为平行测定的最小值；$\overline{X}$ 为平行测定的平均值。

（3）产率。按下式计算产率，结果保留 3 位有效数字。

$$产率 = \frac{产品质量（g）\times 产品纯度}{理论产量（g）} \times 100\%$$

4. 报告撰写

（1）请完成一份完整包括了两个阶段的工作报告（电子文档），存档并打印；实操过程中的数据记录表、谱图等作为工作报告附件，一并提交。

工作报告格式自行设计，内容应包括试验过程中必须做好的健康、安全、环保措施，试验原理、数据处理、结果评价和问题分析等。

（2）思考题：

1）制备硫酸亚铁时，在反应组分中无论是单质铁过量，还是硫酸过量，都有助于目标产品的制备，请简要阐述两种方法的理论依据和优缺点；

2）产物的纯度分析还可以采用滴定分析法，如 $KMnO_4$ 法、$K_2Cr_2O_7$ 法，请问 $KMnO_4$ 法采用何种指示剂？$K_2Cr_2O_7$ 法的缺点是什么？

模块 B 乙酸乙酯的合成及质量评价

▶ 健康和安全

请分析本模块是否涉及健康和安全问题，如有，请写出相应的预防措施。

> **环境保护**

请问本模块在产品制备中,是否会产生环境问题?如会,请写出相关环境保护措施。

> **基本原理**

乙酸乙酯是基于乙醇与乙酸在一定条件下,发生酯化反应而生成的。合成产物可用气相色谱进行鉴定,通常采用内标法对产物中生成的乙酸乙酯的含量进行定量分析。

乙酸乙酯测定的色谱条件

色谱柱	PEG(聚乙二醇)毛细管柱
柱长/柱内径/液膜厚度	50 m/0.25 mm/0.2 μm
柱温	120 ℃~140 ℃
气化室温度	200 ℃
检测器温度	200 ℃
氮气(N_2)平均速度	50 cm/s
空气流量	300 mL/min
氢气流量	30 mL/min
分流比	50∶1
进样量	0.2~1.0 μL

> **目标**

1. 设定乙酸使用量为 15.00 g,请根据附表的物理常数,在规定范围($n_{乙醇}∶n_{乙酸}$≤1.5∶1)内,合理选择反应组分中的醇和酸摩尔比,计算所需的乙醇用量。
2. 根据流程进行乙酸乙酯的制备。
3. 准备标准溶液和内标溶液。
4. 测定乙酸乙酯的含量。
5. 计算精制乙酸乙酯的产率(%)。
6. 完成报告。

整个模块完成工作的总时间是 360 min,分为两个阶段进行考核:第一阶段包括合成操作、色谱制样与分析、工作报告(300 min);第二阶段为色谱仿真操作(60 min)。

本模块中关于气相色谱系统操作考核的内容,将在虚拟试验平台上完成。

实际产品鉴定的上机操作均由气相色谱技术专家进行,选手配制好待测样品并填写送样单(包括编号、进样量、进样顺序,不得要求改变色谱条件),由工作人员统一送至气相色谱分析室。

> **第一阶段解决方案(9:00~14:00)**

1. 仪器设备、试剂清单

主要设备	电热套(98-Ⅱ-B,100 mL,磁力搅拌,可调温)
	升降台
	带十字夹的铁架台
	电子天平(精度 0.01 g,0.000 1 g)
	通风设备
	气流烘干器(30 孔,不锈钢)
	气相色谱系统(火焰离子化检测器 FID)
	色谱柱[PEG(聚乙二醇)毛细管柱]

续表

玻璃器皿	单口烧瓶(100 mL/24#，磨口)
	三口烧瓶(100 mL/24#，磨口)
	分液漏斗(125 mL，聚四氟乙烯旋塞)
	恒压长颈滴液漏斗(60 mL/24#，磨口)
	直形冷凝管(直形 200 mm/24#，磨口)
	蒸馏头(24#，磨口)
	真空尾接管(24#，双磨口)
	玻璃塞(24#，磨口)
	玻璃漏斗(40 mm)
	锥形瓶(50 mL、100 mL/24#，磨口)
	量筒
	烧杯
药品试剂	95%乙醇
	乙酸(分析纯)
	浓硫酸
	无水碳酸钠
	氯化钠
	无水氯化钙
	无水硫酸镁
	乙酸正丙酯标准品(内标物)
	去离子水

2. 溶液准备

根据现场提供的试剂，按要求配制饱和碳酸钠溶液、饱和氯化钠溶液、饱和氯化钙溶液 3 种粗产品洗涤溶液，相关物理常数详见附表，体积均为 50 mL。

3. 产品合成

(1)乙酸乙酯的合成。称量并记录所取用乙酸和乙醇的质量(精确到 0.01 g)。

将适量乙醇、浓硫酸加入 100 mL 三口烧瓶，混匀后加入磁力搅拌子。在滴液漏斗内加入适量乙醇和冰醋酸并混匀。

开始加热，当温度升至 110 ℃～120 ℃时，开始滴加乙醇和冰醋酸混合液，调节滴液速度，使滴入速度与馏出乙酸乙酯的速度大致相等。反应结束后，停止加热，收集保留粗产品。

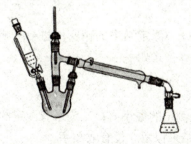

滴液蒸馏装置

精制蒸馏装置

(2)乙酸乙酯的精制。

1)洗涤：在粗品乙酸乙酯中加入饱和碳酸钠溶液洗涤至中性，然后将此混合液移入分液漏斗，充分振摇，静置分层后，分出水层。接着用饱和氯化钠溶液洗涤，分出水层。再用饱和氯化钙溶液洗涤酯层，分出水层。

2)干燥：将酯层倒入锥形瓶，并放入2 g左右的无水硫酸镁，配上塞子，充分振摇至液体澄清透明，再放置干燥。

3)蒸馏：将干燥后的乙酸乙酯用漏斗经脱脂棉过滤至干燥的蒸馏烧瓶中，加入磁力搅拌子，搭建好蒸馏装置，加热进行蒸馏。按要求收集乙酸乙酯馏分，记录精制乙酸乙酯的产量。

4. 产物含量分析

含内标物的产物样品溶液配制：准确称取一定质量的合成产物(乙酸乙酯产品)于样品瓶中，然后加入一定质量的内标物(乙酸正丙酯标准品)，具塞备用。

每份溶液的总质量控制在2 g左右(精确到0.001 g)。

产物样品溶液测定：将上述配好的样品溶液混合均匀后，填写送样单，送样至气相色谱室分析，根据所得色谱图获取对应峰的峰面积。

产物含量分析必须完成3次平行试验。

5. 结果处理

(1)根据标准溶液的色谱图，分析并记录内标物和待测物的保留时间(t_R)，计算峰面积(A)。测量结果汇总在表中，并用于识别样品峰。

(2)根据所提供的乙酸乙酯和乙酸正丙酯标准品混合物色谱图，计算内标物的相对质量校正因子($f'_{i/s}$)，结果保留至小数点后2位，公式如下：

$$f'_{i/s} = \frac{A_s \times m_i}{A_i \times m_s}$$

式中，A_i为乙酸乙酯标准品的峰面积；m_i为乙酸乙酯标准品的质量；A_s为内标物(乙酸正丙酯标准品)的峰面积；m_s为内标物(乙酸正丙酯标准品)的质量。

(3)计算产物中乙酸乙酯的含量(w_i)，取3次平行试验结果的算术平均值作为最终结果，结果保留3位有效数字。其计算公式如下：

$$w_i = \frac{A_i \times m_s}{A_s \times m} \times f'_{i/s} \times 100\%$$

式中，A_i为产物样品中乙酸乙酯的峰面积；m为产物样品的质量；A_s为内标物(乙酸正丙酯标准品)的峰面积；m_s为内标物(乙酸正丙酯标准品)的质量；$f'_{i/s}$为内标物的相对质量校正因子。

(4)误差分析。对产物中乙酸乙酯含量(w_i)测定结果的精密度进行分析，以相对极差(A)表示，结果精确至小数点后两位。其计算公式如下：

$$A = \frac{X_1 - X_2}{\overline{X}} \times 100\%$$

式中，X_1为平行测定的最大值；X_2为平行测定的最小值；$\overline{X}$为平行测定的平均值。

(5)按下式计算目标产物的精制收率，结果保留3位有效数字。

$$精制收率 = \frac{精制产品质量(g) \times 产品中的乙酸乙酯含量}{理论产量(g)} \times 100\%$$

6. 报告撰写

(1)请完成一份工作报告(电子文档),存档并打印;实操过程中的数据记录表、色谱图等作为工作报告附件,一并提交。

工作报告格式自行设计,内容应包括试验过程中必须做好的健康、安全、环保措施,试验原理,数据处理,结果评价和问题分析等。

(2)思考题:

1)为什么乙酸乙酯的合成温度不宜过高、反应物的滴加速度不宜过快?

2)简要描述色谱定量分析中的面积归一化法、内标法的优缺点。

附录 可能需要用到的物理常数。

(1)反应材料的物性常数。

试剂名称	相对分子质量	密度/(g·mL^{-1})	沸点/℃	折射率	溶解度/(g·100 mL^{-1})
冰醋酸	60.05	1.049	118	1.376	易溶于水
无水乙醇	46.07	0.789	78.4	1.361	易溶于水
乙酸乙酯	88.11	0.900 5	77.1	1.372	微溶于水
浓硫酸	98.08	1.84	—	—	易溶于水
乙酸正丙酯	102.13	0.887 8	101.6	1.383	微溶于水

(2)无机化合物在不同温度下的水溶性(单位:g/100 g H_2O)

无机化合物名称	0 ℃	10 ℃	20 ℃	30 ℃	40 ℃
氯化钠	35.7	35.8	35.9	36.1	36.4
氯化钙	59.5	64.7	74.5	100	128
碳酸钠	7.0	12.5	21.5	39.7	49.0

2022年全国职业院校技能大赛化学实验技术赛项（高职）评分细则

模块A 硫酸亚铁铵的制备及质量评价（过程性考核评分表）

评分内容	评分项	评判类型	评分指标	指标分数描述	配分	测量要求与裁判记录	得分
A1 试验准备	安全健康环保仪器设备准备	M	熟悉现场健康、安全和环境保护内容，写出相应措施	若试验操作正式开始前，未在报告纸上撰写相关内容，则扣除所有分数；若内容缺项，每少1项则扣除0.25分	1.00		
		M	全程个人防护用品穿戴	若未按要求正确穿戴口罩/试验服/护目镜/手套，扣除所有分数	1.00		
		M	全过程无破碎玻璃器皿	如果不满足要求，则扣除所有分数	1.00		
		M	工作场所全过程干净整洁，无试剂溢出和洒落	如果不满足条件，则扣除所有分数（去离子水可些许洒落，需随手擦干）；台面不整洁，称量或取样洒落台面，1次0.5分，扣完为止	1.00		
		M	标签识读、试剂选用与配制	如果不能正确识读和选用英文标识，导致药品试剂选择错误，或溶液（剂）准备错误，均扣除所有分数	1.00		
		M	在专用容器中处理废物	如果未在专用容器中处理废物，则扣除所有分数	1.00		
A2-1 试验操作（第一阶段）	硫酸亚铁的制备	M	铁原料净化	若原料为废铁屑，如果未正确去除油污，或试剂取用时标签未对着手心，则扣除所有分数	0.50		
		M	反应物取用	如未按规范操作称量（清扫、样品盛器），每错1处扣0.5分；如果存在取用量明显错误（误差范围>5%），则扣除所有分数	2.00		
		M	水浴加热	如未正确使用水浴装置，锥形瓶放置等水浴操作不当，则扣除所有分数	0.50		

续表

评分内容	评分项	评判类型	评分指标	指标分数描述	配分	测量要求与裁判记录	得分
A2-1 试验操作（第一阶段）	硫酸亚铁铵的制备	M	置换反应	如果反应速度控制不当，溶液溅落或变色；或反应结束未合理调节pH值。每错一处扣0.25分，扣完为止。反应终点判断明显错误，扣除所有分数	0.75		
		M	热过滤操作	如果过滤操作不规范（速度过慢、滤纸高度不合理、滤纸破损），或滤液污染（原液、滤渣），或未吸干、称量残余原料，每错一处扣0.25分，扣完为止	0.75		
		M	硫酸铵的称取	如果未按规范称量，或称取质量计算错误，则扣除所有分数	0.50		
		M	复配操作	如果硫酸铵饱和溶液配制明显错误，或固体加料不规范，或未合理调节pH值，则扣除所有分数	0.50		
		M	浓缩结晶操作	如果沸水浴或蒸汽浴操作不当，或蒸发终点判错，或溶液未冷却、结晶不完全，则每错一处扣0.25分，扣完为止	0.50		
		M	减压过滤	如果抽滤操作错误（顺序、倒吸），或浸提未用乙醇洗涤，或产品未吸干、称量有洒落，则每错一处扣0.25分，扣完为止	0.75		
	产品等级分析	M	标准色阶和产品溶液配制	如果溶液配制未按规范操作，或者3份平行样存在明显色差，则扣除所有分数	0.50		
	数据记录	M	原始数据记录	如果记录不及时，或过程中用其他纸张记录，或不规范修改、缺项，每错一处扣0.25分，扣完为止	0.50		
	试验用时			结束时间：____时____分；有无补时：□有 □无 故障排除时段：_____ 产物外观：□淡绿色 □主体淡绿色，部分微黄或发白 □主体微黄 □其他			
		M	重大操作失误	如果存在重称、重测、未用除氧水等行为，每出现1次扣2.0分，扣分上限6分，扣完为止	/		
	文明操作	J	工作场所组织和管理	工作场所混乱。所使用的试剂、量具、器皿留在上次操作现场	0.50 /	裁判记录如下： • 仪器杂乱 • 试剂瓶未归位 • 废弃物未及时处理 □0	

续表

评分内容	评分项	评判类型	评分指标	指标分数描述		配分	测量要求与裁判记录	得分
A2-1 试验操作（第一阶段）	文明操作	J	工作场所组织和管理	工作场所保持整齐有序。试剂、量具、器皿使用后放回原处，但无固定地点要求的试剂、量具、器皿是自行随意摆放的	/	□0.2	• 吸量管入架 • 试剂架较乱 • 烧杯等未有序排放 • 废弃	
				工作场所状况良好。试剂、量具、器皿始终在适当的位置	/	□0.4	• 吸量管入架 • 试剂架整齐 • 烧杯等有序排放 • 废弃物及时处理	
				工作场所状况良好。试剂、量具、器皿始终在适当的位置。使用了有效组织工作场所的其他方法	/	□0.5	• 始终整齐有序 • 工位管理有个人特色和创新	
第二阶段操作考核　　下午								
A2-2 试验操作（第二阶段）	产品纯度分析	M	仪器设备的准备	未进行吸光光度计开机预热20 min、未进行联机检查，扣除所有分数		0.50		
		M	标准工作曲线：溶液制备计算	如果计算不正确，则扣除所有分数		0.50		
		M	标准工作曲线：溶液制备	如果未按顺序加入试剂，则扣除所有分数；未按标准规范进行移液操作，则扣除0.5分；若静置时间不足，则扣除0.5分		0.50		
		M	标准工作曲线：最佳波长选择	未进行波长扫描，或未按最大吸光度选择波长，则扣除所有分数		0.50		
		M	硫酸亚铁铵晶体产品称取	如果未按规范操作（水平检查、托盘清扫），则扣除所有分数		0.50		
		M	硫酸亚铁铵产品溶液配制和移取	如果未按规范操作（转移、定容、摇匀、润洗），每出现1次错误，则扣除0.25分。 如果存在调刻线错误（1/2刻度），则扣除全部分数		0.75		
		M	产品平行测定次数	未按正确制样方法，出现假平行，则扣除所有分数		0.50		
		M	空白溶液制备和使用	如果空白溶液未采用与样品溶液相同方式制备，或参比选择错误（使用蒸馏水而非空白溶液），则扣除所有分数		0.50		

续表

评分内容	评分项	评判类型	评分指标	指标分数描述	配分	测量要求与裁判记录	得分
A2-2 试验操作（第二阶段）	产品纯度分析	M	比色皿操作	如果手触及比色皿透光面，或溶液过多或过少，或未进行成套性检验，则扣除所有分数	0.50		
	数据记录	M	原始数据记录	原始数据记录不及时，或过程中用其他纸张记录，或不规范改正数据、缺项，每错一处扣0.25分，扣完为止	1.00		
	试验用时			结束时间：_____时_____分；有无补时：□有 □无　故障排除时段：_____			
		M	重大操作失误	如果存在重称、重测、未使用除氧水、调刻线错误（1/2刻度）等行为，每出现1次扣除2.0分，上限6分，扣完为止	/	失误行为： 失误次数： □1次 □2次 □3次及以上	
	文明操作	J	工作场所组织和管理		0.50	裁判记录如下：	
				工作场所混乱。所使用的试剂、量具、器皿留在上次操作现场	/	□0	• 仪器杂乱 • 试剂瓶未归位 • 废弃物未及时处理
				工作场所保持整齐有序。试剂、量具、器皿用后放回原处，但无固定地点要求的试剂、量具、器皿自行随意摆放	/	□0.2	• 吸量管入架 • 比色皿归位 • 试剂架较乱 • 烧杯等未有序排放 • 废弃物未及时处理
				工作场所状况良好。试剂、量具、器皿始终在适当的位置	/	□0.4	• 吸量管入架 • 试剂架整齐 • 比色皿归位 • 烧杯等有序排放 • 废弃物及时处理
				工作场所状况良好。试剂、量具、器皿始终在适当位置。使用了有效组织工作场所的方法	/	□0.5	• 始终整齐有序 • 工位管理有个人特色和创新

评判类型：M=测量，J=评判
A1～A2项得分：_____

现场裁判签名：_____
项目裁判长签名：_____
_____年_____月_____日

模块 A 硫酸亚铁铵的制备及质量评价(结果性考核评分表)

评分内容	评分项	评判类型	评分指标	指标分数描述	配分	裁判记录	得分
A3 结果报告	数据处理：产品产率及等级评判	M	等级	根据选手提交的产品溶液与标准色阶的比对结果，综合评定、打分(若3次结果不平行，按级别最差者扣分)： • 优于一级得 2.0 分 • 优于二级得 1.0 分 • 优于三级得 0.5 分 • 其他不得分	2.00		
		M	外观	根据产品晶体的色泽、透明度，对照标准品，综合评定、赋分： • 浅蓝绿色(与标准品基本一致)、大颗粒晶体的透明度高，评为优良 产品略偏黄或过白、晶体透明度一般，评为一般 其他定为不合格	1.50		
		M	产率	$70\% \leqslant$ 产率 $<100\%$，得 $0.5\sim4.0$ 分。根据产率高低排序，按 11 级、0.35 分/档，进位法赋分。 从 1~11 级，每级比例依次为 5%(且与最高产率选手的差值不超过 5%)、10%、10%、10%、10%、10%、10%、10%、10%、10%、5%	4.00		
				产率超出上述范围，或纯度项不得分，均得 0 分			
	数据处理：产品纯度分析	M	标准工作曲线：标定点	标准工作曲线的 7 个点分布不均匀、不合理，则扣除所有分数	1.00		
		M	标准工作曲线：吸光度	如果 4 个以上标定点吸光度不在 $0.2\sim0.8$，则扣除所有分数	1.00		
		M	标准工作曲线：相关性	$0.999\,995 \leqslant$ 相关系数，得 5.0 分	5.00		
				$0.999\,99 \leqslant$ 相关系数 $<0.999\,995$，得 3.0 分			
				$0.999\,95 \leqslant$ 相关系数 $<0.999\,99$，得 1.5 分			
				$0.999\,9 \leqslant$ 相关系数 $<0.999\,95$，得 0.5 分			
				相关系数 $<0.999\,9$，或标准工作曲线不足 7 个标定点，均得 0 分			

续表

评分内容	评分项	评判类型	评分指标	指标分数描述	配分	裁判记录	得分
A3 结果报告	数据处理：产品纯度分析	M	产品溶液的吸光度	样品溶液吸光度超出标准工作曲线吸光度范围，扣除所有分数	1.00		
		M	产品溶液浓度计算	如果计算过程及结果不正确，则扣除所有分数	1.00		
		M	有效数字保留与修约	如果有效数字保留或修约不正确，则扣除所有分数	1.00		
		M	产品纯度：精密度	相对极差≤1.50%，得0.5~3.5分。根据纯度高低排序，按11级、0.3分/档，进位法赋分；从1~11级，每级比例依次为5%（且与最高产率选手的差值不超过5%）、10%、10%、10%、10%、10%、10%、10%、10%、10%、5% 相对极差>1.50%，或非3次真平行，此项均不得分	3.50		
		M	产品纯度：平均值	90%≤纯度<100%，得0.5~4.5分。根据纯度高低排序，按11级、0.4分/档，进位法赋分；从1~11级，每级比例依次为5%（且与最高产率选手的差值不超过5%）、10%、10%、10%、10%、10%、10%、10%、10%、10%、5% 超出上述纯度范围，或标准工作曲线不足7个标定点，或精密度未得分，此项均不得分	4.50		
A3 结果报告	撰写报告	J	报告编制		4.00	裁判记录如下：	
				报告没有条理，数据不完整	/	□0	/
				整体资料完整，数据完整，报告正文结构基本清晰	/	□0.5	• 资料完整 • 数据完整清晰 • 正文基本清晰
				报告数据完整，结构有条理，工作描述基本清晰	/	□1.0	• 报告结构完整 • 数据完整清晰 • HSE基本正确 • 原理过程清楚

续表

评分内容	评分项	评判类型	评分指标	指标分数描述	配分	裁判记录	得分
A3 结果 报告	撰写报告	J	报告编制		4.00	裁判记录如下：	
				报告数据完整，结构有条理，工作描述清晰，问题解答一般	/ □2.0	•报告结构完整 •数据完整清晰 •HSE基本正确 •原理基本正确 •问题回答尚可	
				报告数据完整，结构有条理，工作描述清晰，问题解答基本正确，结果分析有一定依据	/ □3.0	•报告结构完整 •数据完整清晰 •HSE基本正确 •原理基本正确 •问题基本正确 •结果评价尚可	
				报告数据完整，有条理，工作描述清晰，问题解答和结果评价好，包含科学解释或新发现	/ □4.0	•结构完整 •数据完整清晰 •HSE正确 •原理要点正确 •问题回答正确 •结果评价完美	

模块B 乙酸乙酯的合成及质量评价(过程性考核评分表)

评分内容	评分项	评判类型	评分指标	指标分数描述	配分	测量要求与裁判记录	得分
B1 试验 准备	安全健康环保反应物用量计算	M	熟悉现场健康、安全和环境保护内容，写出相应措施	若试验操作正式开始前，未在报告纸上撰写相关内容，则扣除所有分数；若内容不完整，每少1项则扣除0.25分	1.00		
		M	全过程个人防护用品穿戴	如果未按要求正确穿戴口罩/试验服/护目镜/手套，则扣除所有分数	1.00		
		M	全过程无破碎玻璃器皿	如果不满足要求，则扣除所有分数	1.00		
		M	实验室器具贴标签	对于易混用玻璃器皿，若有1个未贴标签，则扣除所有分数	1.00		
		M	工作场所全程干净整洁，无试剂洒落	如果不满足条件，则扣除所有分数(去离子水可些许洒落，需随手擦干)；台面不整洁，称量或取样洒落台面1次0.5分，扣完为止	1.00		
		M	标签识读、试剂选用与配制	如果不能正确识读和选用英文标识，导致药品试剂选择错误，或溶液(剂)准备错误，均扣除所有分数	1.00		

续表

评分内容	评分项	评判类型	评分指标	指标分数描述	配分	测量要求与裁判记录	得分
B1 试验准备	安全健康环保反应物用量计算	M	反应物料使用量计算	如果冰醋酸、乙醇用量(质量)计算错误,或者称量明显错误(误差>10%),均扣除所有分数	2.00		
		M	在专用容器中处理废物	如果未在专用容器中处理废物,则扣除所有分数	1.00		
B2-1 试验操作	有机物合成	M	符合合成步骤	试剂加入顺序与方法,每错1处扣0.25分,扣完为止	1.00		
		M	反应混合物安全沸腾	未使用磁力搅拌子(助沸剂),则扣除所有分数	0.50		
	产品分离提纯	M	正确洗涤粗产物	如果未按照洗涤剂使用的正确顺序和加入量,则扣除所有分数	1.00		
		M	分液漏斗的正确操作	如果有一个错误操作(漏液;漏斗中液体体积超出1/3~1/2范围;液体全部下出),则扣除所有分数	1.00		
		M	粗产物干燥	如果未进行脱水或脱水不完全(静置时间少于15 min,仍然存在水乳状液),或未使用脱脂棉过滤,则扣除所有分数	1.00		
		M	符合蒸馏操作步骤	蒸馏装置试漏、温度计水银球位置正确,否则扣除该项分数	1.00		
		M	产品馏分收集	正确收集前馏分和产物馏分(72 ℃~80 ℃),否则扣除该项分数	2.00		
	含量分析	M	色谱分析溶液的正确称量	如果称量未按规范(水平检查、托盘清扫等),则扣除该项的所有分数	1.00		
	数据记录	M	原始数据记录	如果记录不及时,或过程中用其他纸张记录,或不规范修改、缺项,每错一处扣0.25分,扣完为止	0.50		
	试验用时		第1阶段结束时间:___时___分;有无补时:□有 □无故障 第2阶段起止时段:_____			排除时段:_____	
	文明操作	M	重大操作失误	如果存在重称、重测行为,每出现1次扣除2.0分,扣分上限6分,扣完为止	/		

续表

评分内容	评分项	评判类型	评分指标	指标分数描述		配分	测量要求与裁判记录	得分
B2-2 试验操作	文明操作	J	试验装置正确组装和拆卸			0.50	裁判记录如下：	
				试验装置未组装，或反应结束后未拆卸	一	□0	• 装置未组装 • 装置未拆卸	
				试验装置已组装并运行，但是连接件彼此配合不紧密，并/或存在一些错误	二	□0.2	• 未从左到右装 • 未从右到左卸 • 未检查气密性 • 水银球错位	
				试验装置已组装并运行，连接件彼此配合紧密，无错误	三	□0.4	• 装卸规范 • 生料带使用 • 检验气密性 • 水银球准确	
				与上述"三"相同，整体装置竖看一直线、横看一平面，使用额外装置增加工艺效率	四	□0.5	• 与"三"相同 • 塑料链接夹不牢固 • 装置不牢靠或不美观	
		J	工作场所组织和管理			0.50	裁判记录如下：	
				工作场所混乱。所使用的量具、器皿留在上次操作现场	一	□0	• 仪器杂乱 • 试剂瓶未归位 • 废弃物未及时处理	
				工作场所保持整齐有序。量具、器皿使用后放回原处，但无固定地点要求的量具、器皿自行随意摆放	二	□0.2	• 滴管随意摆放 • 药匙随意摆放 • 玻璃器皿倒置	
				工作场所状况良好。量具、器皿始终在适当的位置	三	□0.4	• 滴管摆放规范 • 药匙摆放规范 • 器皿摆放规范	
				工作场所状况良好。量具、器皿始终在适当的位置。使用了有效组织工作场所的其他方法	四	□0.5	• 始终整齐有序 • 工位管理有个人特色和创新	

B1～B2 项得分：＿＿＿＿＿＿

现场裁判签名：＿＿＿＿＿＿
项目裁判长签名：＿＿＿＿＿＿
 年 月 日

模块B 乙酸乙酯的合成及质量评价(结果性考核评分表)

评分内容	评分项	评判类型	评分指标	指标分数描述	配分	裁判记录	得分
B3 结果报告	数据处理	M	标准溶液谱图中的产物和内标物谱峰鉴别和保留时间记录	如果未鉴别或鉴别错误,未记录或记录错误,则扣除所有分数	1.00		
		M	内标物相对校正因子计算	如果未进行计算或计算不正确,则扣除所有分数	2.00		
		M	计算产物中乙酸乙酯含量	如果未进行计算或计算不正确,则扣除所有分数	2.00		
		M	精制乙酸乙酯的纯度:平均值	90%≤纯度<100%,得1.0~6.0分。根据纯度高低排序,按11级、0.5分/档,进位法赋分;从1~11级,每级比例依次为5%(且与最高产率选手的差值不超过5%)、10%、10%、10%、10%、10%、10%、10%、10%、10%、5%	6.00		
				纯度<90%,或非3次平行,或精密度项不得分,扣除所有分数			
		M	精制乙酸乙酯的纯度:精密度	相对极差≤1.50%,得0.5~3.5分。根据纯度高低排序,按11级、0.3分/档,进位法赋分;从1~11级,每级比例依次为5%(且与最高产率选手的差值不超过5%)、10%、10%、10%、10%、10%、10%、10%、10%、10%、5%	3.50		
				相对极差>1.50%,或非3次平行,此项均不得分			
		M	最终产物收率	55%≤产率<100%,得1.0~6.0。按11级、0.5分/档,进位法赋分;从1~11级,每级比例依次为5%(且与最高产率选手的差值不超过5%)、10%、10%、10%、10%、10%、10%、10%、10%、10%、5%	6.00		
				收率<55%,或纯度项未得分,均得0分			
		M	产品质量评价(查阅报告)	从反应物料、合成操作、产品测定3个方面,分别确定出最可能影响本次产品质量的首要因素,缺1项,扣0.5分	1.50		

续表

评分内容	评分项	评判类型	评分指标	指标分数描述	配分	裁判记录	得分
B3 结果报告	撰写报告	J	报告编制水平		4.00	裁判记录如下：	
				报告没有条理，数据不完整	/	☐0	/
				整体资料完整，数据完整，报告正文结构基本清晰	/	☐0.5	• 资料完整 • 数据完整清晰 • 正文基本清晰
				报告数据完整，结构有条理，工作描述基本清晰	/	☐1.0	• 报告结构完整 • 数据完整清晰 • HSE基本正确 • 原理过程清楚
				报告数据完整，结构有条理，工作描述清晰，问题解答一般	/	☐2.0	• 报告结构完整 • 数据完整清晰 • HSE基本正确 • 原理基本正确 • 问题回答尚可
				报告数据完整，结构有条理，工作描述清晰，问题解答基本正确，结果分析有一定依据	/	☐3.0	• 报告结构完整 • 数据完整清晰 • HSE基本正确 • 原理基本正确 • 问题基本正确 • 结果评价一般
				报告数据完整，有条理，工作描述清晰，问题解答和结果评价好，包含科学解释或新发现	/	☐4.0	• 结构完整 • 数据完整清晰 • HSE正确 • 原理要点正确 • 问题回答正确 • 结果评价合理

B1～B2项得分：_____　　　B3项得分：_____　　　总得分：_____

评分裁判签字：_____　　　复核裁判签字：_____

项目裁判长签字：_____　　赛项裁判长签字：_____　　　____年____月____日

附录二

附表 1　弱酸和弱碱的离解常数

名称		温度/℃	离解常数 K_a，K_b	pK_a
碳酸	H_2CO_3	25	$K_{a_1}=4.2\times10^{-7}$ $K_{a_2}=5.6\times10^{-11}$	6.33 10.25
铬酸	H_2CrO_4	25	$K_{a_1}=1.8\times10^{-1}$ $K_{a_2}=3.2\times10^{-7}$	0.74 6.49
砷酸	H_3AsO_4	18	$K_{a_1}=5.6\times10^{-3}$ $K_{a_2}=1.7\times10^{-7}$ $K_{a_3}=3.0\times10^{-12}$	2.25 6.77 11.50
亚硫酸	H_2SO_3	18	$K_{a_1}=1.5\times10^{-2}$ $K_{a_2}=1.0\times10^{-7}$	1.82 7.00
醋酸	CH_3COOH	20 25	$K_a=1.8\times10^{-5}$	4.74
氢氰酸	HCN	25	$K_a=6.2\times10^{-10}$	9.21
氢氟酸	HF	25	$K_a=3.5\times10^{-4}$	3.46
硫化氢	H_2S	25	$K_{a_1}=1.3\times10^{-7}$ $K_{a_2}=7.1\times10^{-15}$	6.89 14.15
亚硝酸	HNO_2	25	$K_a=4.6\times10^{-4}$	3.37
草酸	$H_2C_2O_4$	25	$K_{a_1}=5.9\times10^{-2}$ $K_{a_2}=6.4\times10^{-5}$	1.23 4.19
硫酸	H_2SO_4	25	$K_a=1.0\times10^{-2}$	1.99
磷酸	H_3PO_4	25	$K_{a_1}=7.6\times10^{-3}$ $K_{a_2}=6.3\times10^{-8}$ $K_{a_3}=4.4\times10^{-13}$	2.12 7.20 12.36
酒石酸	$CH(OH)COOH$	18	$K_{a_1}=9.1\times10^{-4}$ $K_{a_2}=4.3\times10^{-5}$	3.04 4.37
柠檬酸	$CHCOOH$ $C(OH)COOH$ $CHCOOH$	20	$K_{a_1}=7.4\times10^{-4}$ $K_{a_2}=1.7\times10^{-5}$ $K_{a_3}=4.0\times10^{-7}$	3.13 4.76 6.40
甲酸	$HCOOH$	25	$K_a=1.8\times10^{-4}$	3.74

续表

名称		温度/℃	离解常数 K_a,K_b	pK_a
苯甲酸	C_6H_5COOH	25	$K_a=6.2\times10^{-5}$	4.21
邻苯二甲酸	$C_6H_5(COOH)_2$	20	$K_{a_1}=1.3\times10^{-3}$ $K_{a_2}=2.9\times10^{-6}$	2.89 5.54
苯酚	C_6H_5OH	20	$K_a=1.1\times10^{-10}$	9.95
硼酸	H_3BO_3	25	$K_a=5.7\times10^{-10}$	9.24
一氯乙酸	$CH_2ClCOOH$	25	$K_a=1.4\times10^{-3}$	2.86
二氯乙酸	$CHCl_2COOH$	25	$K_a=5.0\times10^{-2}$	1.30
三氯乙酸	CCl_3COOH	25	$K_a=0.23$	0.64
氨水	$NH_3\cdot H_2O$	20	$K_b=1.8\times10^{-5}$	4.74
羟胺	NH_2OH	25	$K_b=9.1\times10^{-9}$	8.04
苯胺	$C_6H_5NH_3$	25	$K_b=4.6\times10^{-10}$	9.34
乙二胺	$H_2NCH_2CH_2NH_2$	25	$K_{b_1}=8.5\times10^{-5}$ $K_{b_2}=7.1\times10^{-8}$	4.07 7.15
六次甲基四胺	$(CH_2)_6N_6$	25	$K_b=1.4\times10^{-9}$	8.85
吡啶		25	$K_b=1.7\times10^{-9}$	8.77

附表2 标准电极电位 $\varphi^{\ominus}$(18 ℃~25 ℃)

半反应	电极电位/V
$Li^+ + e^- \rightleftharpoons Li$	-3.045
$K^+ + e^- \rightleftharpoons K$	-2.924
$Ba^{2+} + 2e^- \rightleftharpoons Ba$	-2.90
$Sr^{2+} + 2e^- \rightleftharpoons Sr$	-2.89
$Ca^{2+} + 2e^- \rightleftharpoons Ca$	-2.76
$Na^+ + e^- \rightleftharpoons Na$	-2.7109
$Mg^{2+} + 2e^- \rightleftharpoons Mg$	-2.375
$Al^{3+} + 3e^- \rightleftharpoons Al$	-1.706
$ZnO_2^{2-} + 2H_2O + 2e^- \rightleftharpoons Zn + 4OH^-$	-1.216
$Mn^{2+} + 2e^- \rightleftharpoons Mn$	-1.18
$Sn(OH)_6^{2-} + 2e^- \rightleftharpoons HSnO_2^- + 3OH^- + H_2O$	-0.96
$SO_4^{2-} + H_2O + 2e^- \rightleftharpoons SO_3^{2-} + 2OH^-$	-0.92
$TiO_2 + 4H^+ + 4e^- \rightleftharpoons Ti + 2H_2O$	-0.89
$2H_2O + 2e^- \rightleftharpoons H_2 + 2OH^-$	-0.828
$HSnO_2^- + H_2O + 2e^- \rightleftharpoons Sn + 3OH^-$	-0.79
$Zn^{2+} + 2e^- \rightleftharpoons Zn$	-0.7628
$Cr^{3+} + 3e^- \rightleftharpoons Cr$	-0.74
$AsO_4^{3-} + 2H_2O + 2e^- \rightleftharpoons AsO_2^- + 4OH^-$	-0.71
$S + 2e^- \rightleftharpoons S^{2-}$	-0.508
$2CO_2 + 2H^+ + 2e^- \rightleftharpoons H_2C_2O_4$	-0.49
$Cr^{3+} + e^- \rightleftharpoons Cr^{2+}$	-0.41
$Fe^{2+} + 2e^- \rightleftharpoons Fe$	-0.409
$Cd^{2+} + 2e^- \rightleftharpoons Cd$	-0.4026
$Cu_2O + H_2O + 2e^- \rightleftharpoons 2Cu + 2OH^-$	-0.361
$Co^{2+} + 2e^- \rightleftharpoons Co$	-0.28
$Ni^{2+} + 2e^- \rightleftharpoons Ni$	-0.246
$AgI + e^- \rightleftharpoons Ag + I^-$	-0.15
$Sn^{2+} + 2e^- \rightleftharpoons Sn$	-0.1364
$Pb^{2+} + 2e^- \rightleftharpoons Pb$	-0.1263
$CrO_4^{2-} + 4H_2O + 3e^- \rightleftharpoons Cr(OH)_3 + 5OH^-$	-0.12
$Ag_2S + 2H^+ + 2e^- \rightleftharpoons 2Ag + H_2S$	-0.0366
$Fe^{3+} + 3e^- \rightleftharpoons Fe$	-0.036
$2H^+ + 2e^- \rightleftharpoons H_2$	0.0000
$NO_3^- + H_2O + 2e^- \rightleftharpoons NO_2^- + 2OH^-$	0.01
$TiO^{2+} + 2H^+ + e^- \rightleftharpoons Ti^{3+} + H_2O$	0.10
$S_4O_6^{2-} + 2e^- \rightleftharpoons 2S_2O_3^{2-}$	0.09
$AgBr + e^- \rightleftharpoons Ag + Br^-$	0.10
$S + 2H^+ + 2e^- \rightleftharpoons H_2S$(水溶液)	0.141
$Sn^{4+} + 2e^- \rightleftharpoons Sn^{2+}$	0.15
$Cu^{2+} + e^- \rightleftharpoons Cu^+$	0.158
$BiOCl + 2H^+ + 3e^- \rightleftharpoons Bi + Cl^- + H_2O$	0.1583

续表

半反应	电极电位/V
$SO_4^{2-} + 4H^+ + 2e^- \rightleftharpoons H_2SO_3 + H_2O$	0.20
$AgCl + e^- \rightleftharpoons Ag + Cl^-$	0.22
$IO_3^- + 3H_2O + 6e^- \rightleftharpoons I^- + 6OH^-$	0.26
$Hg_2Cl_2 + 2e^- \rightleftharpoons 2Hg + 2Cl^-$ (0.1 mol/L NaOH)	0.268 2
$Cu^{2+} + 2e^- \rightleftharpoons Cu$	0.340 2
$VO^{2+} + 2H^+ + e^- \rightleftharpoons V^{3+} + H_2O$	0.36
$Fe(CN)_6^{3-} + e^- \rightleftharpoons Fe(CN)_6^{4-}$	0.40
$2H_2SO_3 + 2H^+ + 4e^- \rightleftharpoons S_2O_3^{2-} + 3H_2O$	0.522
$Cu^+ + e^- \rightleftharpoons Cu$	0.533 8
$I_3^- + 2e^- \rightleftharpoons 3I^-$	0.535
$I_2 + 2e^- \rightleftharpoons 2I^-$	0.56
$IO_3^- + 2H_2O + 4e^- \rightleftharpoons IO^- + 4OH^-$	0.56
$MnO_4^- + e^- \rightleftharpoons MnO_4^{2-}$	0.56
$H_3AsO_4 + 2H^+ + 2e^- \rightleftharpoons HAsO_2 + 2H_2O$	0.58
$MnO_4^- + 2H_2O + 3e^- \rightleftharpoons MnO_2 + 4OH^-$	0.682
$O_2 + 2H^+ + 2e^- \rightleftharpoons H_2O_2$	0.77
$Fe^{3+} + e^- \rightleftharpoons Fe^{2+}$	0.796 1
$Hg_2^{2+} + 2e^- \rightleftharpoons 2Hg$	0.799 4
$Ag^+ + e^- \rightleftharpoons Ag$	0.851
$2Hg^{2+} + 2e^- \rightleftharpoons Hg_2^{2+}$	0.907
$NO_3^- + 3H^+ + 2e^- \rightleftharpoons HNO_2 + H_2O$	0.94
$NO_3^- + 4H^+ + 3e^- \rightleftharpoons NO + 2H_2O$	0.96
$HNO_2 + H^+ + e^- \rightleftharpoons NO + H_2O$	0.99
$VO_2^+ + 2H^+ + e^- \rightleftharpoons VO^{2+} + H_2O$	1.00
$N_2O_4 + 4H^+ + 4e^- \rightleftharpoons 2NO + 2H_2O$	1.03
$Br_2 + 2e^- \rightleftharpoons 2Br^-$	1.03
$IO_3^- + 6H^+ + 6e^- \rightleftharpoons I^- + 3H_2O$	1.085
$IO_3^- + 6H^+ + 5e^- \rightleftharpoons 1/2 I_2 + 3H_2O$	1.195
$MnO_2 + 4H^+ + 2e^- \rightleftharpoons Mn^{2+} + 2H_2O$	1.23
$O_2 + 4H^+ + 4e^- \rightleftharpoons 2H_2O$	1.23
$Au^{3+} + 2e^- \rightleftharpoons Au^+$	1.29
$Cr_2O_7^{2-} + 14H^+ + 6e^- \rightleftharpoons 2Cr^{3+} + 7H_2O$	1.33
$Cl_2 + 2e^- \rightleftharpoons 2Cl^-$	1.358 3
$BrO_3^- + 6H^+ + 6e^- \rightleftharpoons Br^- + 3H_2O$	1.44
$Ce^{4+} + e^- \rightleftharpoons Ce^{3+}$	1.443
$ClO_3^- + 6H^+ + 6e^- \rightleftharpoons Cl^- + 3H_2O$	1.45
$PbO_2 + 4H^+ + 2e^- \rightleftharpoons Pb^{2+} + 2H_2O$	1.46
$MnO_4^- + 8H^+ + 5e^- \rightleftharpoons Mn^{2+} + 4H_2O$	1.491
$Mn^{3+} + e^- \rightleftharpoons Mn^{2+}$	1.51
$BrO_3^- + 6H^+ + 5e^- \rightleftharpoons 1/2 Br_2 + 3H_2O$	1.52
$HClO + H^+ + e^- \rightleftharpoons 1/2 Cl_2 + H_2O$	1.63
$MnO_4^- + 4H^+ + 3e^- \rightleftharpoons MnO_2 + 2H_2O$	1.679
$H_2O_2 + 2H^+ + 2e^- \rightleftharpoons 2H_2O$	1.776
$Co^{3+} + e^- \rightleftharpoons Co^{2+}$	1.842
$S_2O_8^{2-} + 2e^- \rightleftharpoons 2SO_4^{2-}$	2.00
$O_3 + 2H^+ + 2e^- \rightleftharpoons O_2 + H_2O$	2.07
$F_2 + 2e^- \rightleftharpoons 2F^-$	2.87

附表3 条件电极电位 $\varphi^{\ominus}$

半反应	$\varphi^{\ominus}/V$	介质
$Ag(II)+e^- \rightleftharpoons Ag^+$	1.927	4 mol/L HNO_3
$Ce(IV)+e^- \rightleftharpoons Ce(III)$	1.70	1 mol/L $HClO_4$
	1.61	1 mol/L HNO_3
	1.44	0.5 mol/L H_2SO_4
	1.28	1 mol/L HCl
$Co^{3+}+e^- \rightleftharpoons Co^{2+}$	1.85	4 mol/L KNO_3
$Co(乙二胺)_3^{3+}+e^- \rightleftharpoons Co(乙二胺)_3^{2+}$	−0.2	0.1 mol/L KNO_5 +0.1 mol/L 乙二胺
$Cr(III)+e^- \rightleftharpoons Cr(II)$	−0.40	5 mol/L HCl
$Cr_2O_7^{2-}+14H^++6e^- \rightleftharpoons 2Cr^{3+}+7H_2O$	1.00	1 mol/L HCl
	1.025	1 mol/L $HClO_4$
	1.08	3 mol/L HCl
	1.05	2 mol/L HCl
	1.15	4 mol/L H_2SO_4
$CrO_4^{2-}+2H_2O+3e^- \rightleftharpoons CrO_2^-+4OH^-$	−0.12	1 mol/L NaOH
$Fe(III)+e^- \rightleftharpoons Fe(II)$	0.73	1 mol/L $HClO_4$
	0.71	0.5 mol/L HCl
	0.68	1 mol/L H_2SO_4
	0.68	1 mol/L HCl
	0.46	2 mol/L H_3PO_4
	0.51	1 mol/L HCl 0.25 mol/L
$H_3AsO_4+2H^++2e^- \rightleftharpoons H_3AsO_3+H_2O$	0.557	1 mol/L HCl
	0.557	1 mol/L $HClO_4$
$Fe(EDTA)^-+e^- \rightleftharpoons Fe(EDTA)^{2-}$	0.12	0.1 mol/L EDTA pH4~6
$Fe(CN)_6^{3-}+e^- \rightleftharpoons Fe(CN)_6^{4-}$	0.48	0.01 mol/L HCl
	0.56	0.1 mol/L HCl
	0.71	1 mol/L HCl
	0.72	1 mol/L $HClO_4$
$I_2(水)+2e^- \rightleftharpoons 2I^-$	0.6276	1 mol/L H^+
$I_3^-+2e^- \rightleftharpoons 3I^-$	0.545	1 mol/L H^+
$MnO_4^-+8H^++5e^- \rightleftharpoons Mn^{2+}+4H_2O$	1.45	1 mol/L $HClO_4$
	1.27	8 mol/L H_3PO_4
$Os(VIII)+4e^- \rightleftharpoons Os(IV)$	0.79	5 mol/L HCl
$SnCl_6^{2-}+2e^- \rightleftharpoons SnCl_4^{2-}+2Cl^-$	0.14	1 mol/L HCl
$Sn^{2+}+2e^- \rightleftharpoons Sn$	−0.16	1 mol/L $HClO_4$
$Sb(V)+2e^- \rightleftharpoons Sb(III)$	0.75	3.5 mol/L HCl
$Sb(OH)_6^-+2e^- \rightleftharpoons SbO_2^-+2OH^-+2H_2O$	−0.428	3 mol/L NaOH
$SbO_2^-+2H_2O+3e^- \rightleftharpoons Sb+4OH^-$	−0.675	10 mol/L KOH
$Ti(IV)+e^- \rightleftharpoons Ti(III)$	−0.01	0.2 mol/L H_2SO_4
	0.12	2 mol/L H_2SO_4
	−0.04	1 mol/L HCl
	−0.05	1 mol/L H_3PO_4
$Pb(II)+2e^- \rightleftharpoons Pb$	−0.32	1 mol/L NaAc
	−0.14	1 mol/L $HClO_4$
$UO_m^{2+}2+4H^++2e^- \rightleftharpoons U(IV)+2H_2O$	0.41	0.5 mol/L H_2SO_4

附表4　难溶化合物的溶度积常数(18 ℃)

难溶化合物	化学式	溶度积 Ksp	温度
氢氧化铝	$Al(OH)_3$	2×10^{-32}	
溴酸银	$AgBrO_3$	5.77×10^{-5}	25 ℃
溴化银	$AgBr$	4.1×10^{-13}	
碳酸银	Ag_2CO_3	6.15×10^{-12}	25 ℃
氯化银	$AgCl$	1.56×10^{-10}	25 ℃
铬酸银	Ag_2CrO_4	9×10^{-12}	25 ℃
氢氧化银	$AgOH$	1.52×10^{-8}	20 ℃
碘化银	AgI	1.5×10^{-16}	25 ℃
硫化银	Ag_2S	1.6×10^{-49}	
硫氰酸银	$AgSCN$	4.9×10^{-13}	
碳酸钡	$BaCO_3$	8.1×10^{-9}	25 ℃
铬酸钡	$BaCrO_4$	1.6×10^{-10}	
草酸钡	$BaC_2O_4 \cdot 3\frac{1}{2}H_2O$	1.62×10^{-7}	
硫酸钡	$BaSO_4$	8.7×10^{-11}	
氢氧化铋	$Bi(OH)_3$	4.0×10^{-31}	
氢氧化铬	$Cr(OH)_3$	5.4×10^{-31}	
硫化镉	CdS	3.6×10^{-29}	
碳酸钙	$CaCO_3$	8.7×10^{-9}	25 ℃
氟化钙	CaF_2	3.4×10^{-11}	
草酸钙	$CaC_2O_4 \cdot H_2O$	1.78×10^{-9}	
硫酸钙	$CaSO_4$	2.45×10^{-5}	25 ℃
硫化钴	$CoS(\alpha)$	4×10^{-21}	
	$CoS(\beta)$	2×10^{-25}	
碘酸铜	$CuIO_3$	1.4×10^{-7}	25 ℃
草酸铜	CuC_2O_4	2.87×10^{-3}	25 ℃
硫化铜	CuS	8.5×10^{-45}	
溴化亚铜	$CuBr$	4.15×10^{-3}	(18 ℃～20 ℃)
氯化亚铜	$CuCl$	1.02×10^{-6}	(18 ℃～20 ℃)
碘化亚铜	CuI	1.1×10^{-12}	(18 ℃～20 ℃)
硫化亚铜	Cu_2S	2×10^{-47}	(16 ℃～18 ℃)
硫氰酸亚铜	$CuSCN$	4.8×10^{-15}	
氢氧化铁	$Fe(OH)_3$	3.5×10^{-38}	
氢氧化亚铁	$Fe(OH)_2$	1.0×10^{-15}	
草酸亚铁	FeC_2O_4	2.1×10^{-7}	25 ℃
硫化亚铁	FeS	3.7×10^{-19}	
硫化汞	HgS	$4\times10^{-53}\sim2\times10^{-49}$	
溴化亚汞	$HgBr$	1.3×10^{-21}	25 ℃
氯化亚汞	Hg_2Cl_2	2×10^{-13}	25 ℃
碘化亚汞	Hg_2I_2	1.2×10^{-28}	25 ℃
磷酸铵镁	$MgNH_4PO_4$	2.5×10^{-13}	12 ℃
难溶化合物	化学式	溶度积 Ksp	温度

续表

难溶化合物	化学式	浓度积 K_{sp}	温度
碳酸镁	$MgCO_3$	2.6×10^{-5}	
氟化镁	MgF_2	7.1×10^{-9}	
氢氧化镁	$Mg(OH)_2$	1.8×10^{-11}	
草酸镁	MgC_2O_4	8.57×10^{-5}	
氢氧化锰	$Mn(OH)_2$	4.5×10^{-13}	
硫化锰	MnS	1.4×10^{-15}	
氢氧化镍	$Ni(OH)_2$	6.5×10^{-18}	
碳酸铅	$PbCO_3$	3.3×10^{-14}	
铬酸铅	$PbCrO_4$	1.77×10^{-14}	
氟化铅	PbF_2	3.2×10^{-8}	
草酸铅	PbC_2O_4	2.74×10^{-11}	
氢氧化铅	$Pb(OH)_2$	1.2×10^{-15}	
硫酸铅	$PbSO_4$	1.06×10^{-8}	
硫化铅	PbS	3.4×10^{-23}	
碳酸锶	$SrCO_3$	1.6×10^{-9}	25 ℃
氟化锶	SrF_2	2.8×10^{-9}	
草酸锶	SrC_2O_4	5.61×10^{-8}	
硫酸锶	$SrSO_4$	3.81×10^{-7}	17.4 ℃
氢氧化锡	$Sn(OH)_4$	1×10^{-57}	
氢氧化亚锡	$Sn(OH)_2$	3×10^{-27}	
氢氧化钛	$TiO(OH)_2$	1×10^{-29}	
氢氧化锌	$Zn(OH)_2$	1.2×10^{-17}	18 ℃~20 ℃
草酸锌	ZnC_2O_4	1.35×10^{-9}	
硫化锌	ZnS	1.2×10^{-23}	

附表 5　常用的缓冲溶液配制

pH 值	配制方法
0	1 mol/L 盐酸
1	0.1 mol/L 盐酸
2	0.01 mol/L 盐酸
3.6	$NaAc \cdot 3H_2O$ 8 g，溶于适量的水中，加 6 mol/L HAc 134 mL，稀释至 500 mL
4.0	$NaAc \cdot 3H_2O$ 20 g，溶于适量的水中，加 6 mol/L HAc 134 mL，稀释至 500 mL
4.5	$NaAc \cdot 3H_2O$ 32 g，溶于适量的水中，加 6 mol/L HAc 68 mL，稀释至 500 mL
5.0	$NaAc \cdot 3H_2O$ 50 g，溶于适量的水中，加 6 mol/L HAc 34 mL，稀释至 500 mL
5.7	$NaAc \cdot 3H_2O$ 100 g，溶于适量的水中，加 6 mol/L HAc 13 mL，稀释至 500 mL
7	NH_4Ac 77 g，用水溶解后稀释至 500 mL
7.5	NH_4Cl 60 g，溶于适量水中，加 15 mol/L 氨水 1.4 mL，稀释至 500 mL
8.0	NH_4Cl 50 g，溶于适量水中，加 15 mol/L 氨水 3.5 mL，稀释至 500 mL
8.5	NH_4Cl 40 g，溶于适量水中，加 15 mol/L 氨水 8.8 mL，稀释至 500 mL
9.0	NH_4Cl 35 g，溶于适量水中，加 15 mol/L 氨水 24 mL，稀释至 500 mL
9.5	NH_4Cl 30 g，溶于适量水中，加 15 mol/L 氨水 65 mL，稀释至 500 mL
10.0	NH_4Cl 27 g，溶于适量水中，加 15 mol/L 氨水 197 mL，稀释至 500 mL
10.5	NH_4Cl 9 g，溶于适量水中，加 15 mol/L 氨水 175 mL，稀释至 500 mL
11	NH_4Cl 3 g，溶于适量水中，加 15 mol/L 氨水 207 mL，稀释至 500 mL
12	0.01 mol/L NaOH
13	0.1 mol/L NaOH

附表6　常用酸碱的相对密度和浓度

试剂名称	相对密度	质量分数/%	物质的量浓度/(mol·L^{-1})
盐酸	1.18~1.19	36~38	11.6~12.4
硝酸	1.39~1.40	65~68	14.4~15.2
硫酸	1.84	95~98	17.8~18.4
磷酸	1.69	85	14.6
高氯酸	1.67~1.68	70~72	11.7~12.0
氢氟酸	1.13~1.14	40	22.5
氢溴酸	1.49	47	8.6
冰醋酸	1.05	99.8(优级纯) 99.0(分析纯)	17.4
氨水	0.88~0.90	25~28	13.3~14.8

附表7　滴定分析常用指示剂

1. 酸碱指示剂

指示剂名称	变色范围pH值	颜色变化	溶液配制方法
甲基紫 （第一变色范围） （第二变色范围）	0.13~0.5 1.0~1.5	黄~绿 绿~蓝	0.1 g指示剂溶于100 mL水中
百里酚蓝 （第一变色范围）	1.2~2.8	红~黄	0.1 g指示剂溶于100 mL 20%的乙醇中
五甲氧基红	1.2~3.2	红紫~无色	0.1 g指示剂溶于100 mL 70%的乙醇中
甲基紫 （第三变色范围）	2.0~3.0	蓝~紫	0.1 g指示剂溶于100 mL水中
甲基橙	3.1~4.4	红~黄	0.1 g指示剂溶于100 mL水中
溴酚蓝	3.0~4.6	黄~蓝	0.1 g指示剂溶于100 mL 20%的乙醇中
刚果红	3.0~5.2	蓝~紫红	0.1 g指示剂溶于100 mL水中
溴甲酚绿	3.8~5.4	黄~蓝	0.1 g指示剂溶于100 mL 20%的乙醇中
甲基红	4.4~6.2	红~黄	0.1 g或0.2 g指示剂溶于100 mL 60%乙醇中
四碘荧光黄	4.5~6.5	无色~红	0.1 g指示剂溶于100 mL水中
氯酚红	5.0~6.0	黄~红	0.1 g指示剂溶于100 mL 20%的乙醇中

续表

指示剂名称	变色范围 pH 值	颜色变化	溶液配制方法
溴酚红	5.0～6.8	黄～红	0.1 g 指示剂溶于 100 mL 20％的乙醇中
对硝基苯酚	5.6～7.6	无色～黄	0.1 g 指示剂溶于 100 mL 水中
溴百里酚蓝	6.0～7.6	黄～蓝	0.1 g 指示剂溶于 100 mL 20％的乙醇中
中性红	6.8～8.0	红～亮黄	0.1 g 指示剂溶于 100 mL 60％的乙醇中
酚红	6.4～8.2	黄～红	0.05 g 或 0.1 g 指示剂溶于 100 mL 20％的乙醇中
甲酚红	7.2～8.8	亮黄～红紫	0.1 g 指示剂溶于 100 mL 50％的乙醇中
百里酚蓝（第二变色范围）	8.0～9.6	黄～蓝	0.1 g 指示剂溶于 100 mL 20％的乙醇中
酚酞	8.0～9.8	无色～红	0.1 g 或 1 g 指示剂溶于 100 mL 60％的乙醇中
百里酚酞	9.4～10.6	无色～蓝	0.1 g 指示剂溶于 100 mL 90％的乙醇中
硝胺	11.0～13.0	无色～红棕	0.1 g 指示剂溶于 100 mL 60％的乙醇中
达旦黄	12.0～13.0	黄～红	0.1 g 指示剂溶于 100 mL 水中

2. 混合指示剂

混合指示剂组成	变色点 pH	酸色	碱色	备注
甲基黄—亚甲基蓝 1 g/L 甲基黄乙醇溶液与 1 g/L 亚甲基蓝乙醇溶液以 1∶1 体积比混合	3.25	蓝紫	绿	pH＝3.4 绿色 pH＝3.2 蓝紫
甲基橙—靛蓝二磺酸 1 g/L 甲基橙水溶液与 2.5 g/L 靛蓝二磺酸水溶液以 1∶1 体积比混合	4.1	紫	黄绿	
溴甲酚绿钠—甲基橙 1 g/L 溴甲酚绿钠水溶液与 2 g/L 甲基橙水溶液以 1∶1 体积比混合	4.3	橙	蓝绿	pH＝3.5 黄色 pH＝4.0 绿黄 pH＝4.3 浅绿
溴甲酚绿—甲基红 1 g/L 溴甲酚绿乙醇溶液与 2 g/L 甲基红乙醇溶液以 3∶1 的体积比混合	5.1	暗红	绿	
甲基红—亚甲基蓝 2 g/L 甲基红乙醇溶液与 1 g/L 亚甲基蓝乙醇溶液以 1∶1 的体积比混合	5.4	红	灰绿	pH＝5.2 红 pH＝5.4 灰绿 pH＝5.6 绿色
氯酚红钠—苯胺蓝 1 g/L 氯酚红钠水溶液与 1 g/L 苯胺蓝水溶液以 1∶1 体积比混合	5.3	绿	紫	pH＝5.6 呈淡紫色
溴甲酚绿钠—氯酚红钠 1 g/L 溴甲酚绿钠水溶液与 1 g/L 氯酚红钠水溶液以 1∶1 体积比混合	6.1	黄绿	蓝紫	pH＝5.4 蓝紫 pH＝5.8 蓝色 pH＝6.0 蓝微带紫 pH＝6.2 蓝紫

续表

混合指示剂组成	变色点 pH	酸色	碱色	备注
溴甲酚紫钠—溴百里酚蓝钠 1 g/L 溴甲酚紫钠盐水溶液与 1 g/L 溴百里酚蓝钠水溶液以 1∶1 体积比混合	6.7	蓝	紫蓝	pH=6.2 黄紫 pH=6.6 紫 pH=6.8 蓝紫
中性红—亚甲基蓝 1 g/L 中性红乙醇溶液与 1 g/L 亚甲基蓝乙醇溶液以 1∶1 的体积比混合	7.0	蓝紫	绿	pH=7.0 蓝紫
中性红—溴百里酚蓝 1 g/L 中性红乙醇溶液与 1 g/L 溴百里酚蓝乙醇溶液以 1∶1 体积比混合	7.2	玫瑰	绿	pH=7.4 暗绿 pH=7.2 浅红 pH=7.0 玫瑰
溴百里酚蓝钠—酚红钠 1 g/L 溴百里酚蓝钠水溶液与 1 g/L 酚红钠水溶液以 1∶1 体积比混合	7.5	黄	紫	pH=7.2 暗绿 pH=7.4 浅紫 pH=7.6 深紫
甲酚红钠—百里酚蓝钠 1 g/L 甲酚红钠水溶液与 1 g/L 百里酚蓝钠水溶液以 1∶3 体积比混合	8.3	黄	紫	pH=8.2 玫瑰 pH=8.4 紫色
百里酚蓝—酚酞 1 g/L 百里酚蓝乙醇溶液与 1 g/L 酚酞乙醇溶液以 1∶3 体积比混合	9.0	黄	紫	从黄到绿再到紫
百里酚酞—茜素黄 1 g/L 百里酚酞乙醇溶液与 1 g/L 茜素黄乙醇溶液以 2∶1 体积比混合	10.2	黄	绿	
尼罗蓝—茜素黄 2 g/L 尼罗蓝水溶液与 1 g/L 茜素黄乙醇溶液以 2∶1 体积比混合	10.8	绿	红棕	

3. 配位滴定指示剂

指示剂名称	测定元素	颜色变化	测定条件	配制方法
酸性铬蓝 K	Ca Mg	红~蓝 红~蓝	pH=12 pH=10(氨性缓冲溶液)	1 g/L 乙醇溶液
钙指示剂	Ca	酒红~蓝	pH>12(KOH 或 NaOH)	钙指示剂与 NaCl 固体以 1∶100 的质量比混合，充分研细。
铬天青 S	Al Cu Fe(Ⅲ) Mg	紫~黄橙 蓝紫~黄 蓝~橙 红~黄	pH=4(醋酸缓冲溶液)，热 pH=6~6.5(醋酸缓冲溶液) pH=2~3 pH=10(氨性缓冲溶液)	4 g/L 水溶液

续表

指示剂名称	测定元素	颜色变化	测定条件	配制方法
铬黑T	Al	蓝~红	pH=7~8，在吡啶存在下，以Zn^{2+}回滴	1. 将1.0 g铬黑T与100.0 g NaCl混合，研细。 2. 称取0.50 g铬黑T与2.0 g盐酸羟胺，溶于乙醇，用乙醇稀释至100 mL。此溶液使用前配制
	Bi	蓝~红	pH=9~10，以Zn^{2+}回滴	
	Ca	红~蓝	pH=10，加入EDTA—Mg	
	Cd	红~蓝	pH=10(氨性缓冲溶液)	
	Mg	红~蓝	pH=10(氨性缓冲溶液)	
	Mn	红~蓝	氨性缓冲溶液，加羟胺	
	Ni	红~蓝	氨性缓冲溶液	
	Pb	红~蓝	氨性缓冲溶液，加酒石酸钾	
	Zn	红~蓝	pH=6.8~10(氨性缓冲溶液)	
紫脲酸铵	Ca	红~紫	pH>10(NaOH)，体积分数为25%乙醇溶液	紫脲酸铵与NaCl固体以1∶100的质量比混合，充分研细
	Co	黄~紫	pH=8~10(氨性缓冲溶液)	
	Cu	黄~紫	pH=7~8(氨性缓冲溶液)	
	Ni	黄~紫红	pH=8.5~11.5(氨性缓冲溶液)	
PAN	Cd	红~黄	pH=6(醋酸缓冲溶液)	2 g/L乙醇溶液
	Co	黄~红紫~黄	醋酸缓冲溶液，70 ℃~80 ℃，以Cu^{2+}离子回滴	
	Cu	红~黄	pH=10(氨性缓冲溶液)	
	Zn	粉红~黄	pH=6(醋酸缓冲溶液) pH=5~7(醋酸缓冲溶液)	
PAR	Bi	红~黄	pH=1~2(HNO_3)	0.5 g/L或2 g/L水溶液
	Cu	红~黄(绿)	pH=5~11(六次甲基四胺或氨性缓冲溶液)	
	Pb	红~黄	六次甲基四胺或氨性缓冲溶液	
邻苯二酚紫	Cd	蓝~红紫	pH=10(氨性缓冲溶液)	1 g/L水溶液
	Co	蓝~红紫	pH=8~9(氨性缓冲溶液)	
	Cu	蓝~黄绿	pH=6~7，吡啶溶液	
	Fe(Ⅲ)	黄绿~蓝	pH=6~7，在吡啶存在下，以Cu^{2+}离子回滴	
	Mg	蓝~红紫	pH=10(氨性缓冲溶液)	
	Mn	蓝~红紫	pH=9(氨性缓冲溶液)，加羟胺	
	Pb	蓝~黄	pH=5.5(六次甲基四胺)	
	Zn	蓝~红紫	pH=10(氨性缓冲溶液)	
磺基水杨酸	Fe(Ⅲ)	红紫~黄	pH=1.5~2	20 g/L水溶液
试钛灵	Fe(Ⅲ)	蓝~黄	pH=2~3(醋酸热溶液)	20 g/L水溶液
二甲酚橙	Bi	红~黄	pH=1~2(HNO_3)	5 g/L水溶液
	Cd	粉红~黄	pH=5~6(六次甲基四胺)	
	Pb	红紫~黄	pH=5~6(醋酸缓冲溶液)	
	Th(Ⅳ)	红~黄	pH=1.6~3.5(HNO_3)	
	Zn	红~黄	pH=5~6(醋酸缓冲溶液)	

4. 氧化还原指示剂

指示剂名称	变色电位 φ/V(pH=0)	颜色变化		配制方法
		氧化态	还原态	
中性红	0.24	红色	无色	0.05 g 指示剂溶于 100 mL 60%乙醇溶液中
酚藏花红	0.28	无色	红色	2 g/L 水溶液
次甲基蓝	0.36	蓝色	无色	0.5 g/L 水溶液
变胺蓝	0.59(pH=2)	无色	蓝色	0.5 g/L 水溶液
二苯胺	0.76	紫色	无色	10 g/L 浓硫酸溶液
二苯胺磺酸钠	0.85	紫红	无色	5 g/L 水溶液
邻苯氨基苯甲酸	1.08	紫红	无色	1 g 指示剂加 200 mL 5% Na_2CO_3 溶液,用水稀释至 1 000 mL
邻二氮菲—Fe(Ⅱ)(试亚铁灵)	1.06	浅蓝	红色	1.485 g 邻二氮菲,0.695 g 硫酸亚铁溶于 100 mL 水中
硝基邻二氮菲—Fe(Ⅱ)	1.25	浅蓝	紫红	1.608 g 硝基邻二氮菲,0.695 g 硫酸亚铁溶于 100 mL 水中
淀粉溶液				0.5 g 可溶性淀粉,加少量水调成糊状,在不断搅拌下注入 100 mL 沸水,微沸 1~2 min,必要时可加入 0.1 g 水杨酸防腐
甲基橙				1 g/L 水溶液

注:①淀粉溶液本身并不具有氧化还原性,但在碘量法中起指示剂作用,淀粉与 I_3^- 生成深蓝色吸附化合物,当 I_3^- 被还原时,深蓝色消失,因此蓝色的出现和消失可指示终点,通常称淀粉为氧化还原滴定中的特殊指示剂。
②在溴酸钾法中使用,用 $KBrO_3$ 标准溶液滴定至溶液有微过量的 Br_2 时,指示剂被氧化,结构被破坏,溶液褪色,即可指示终点,因颜色不能复原,所以称不可逆指示剂

5. 沉淀指示剂

指示剂名称	被测离子	滴定剂	滴定条件	颜色变化	配制方法
铬酸钾	Br^-、Cl^-	Ag^+	pH:6.5~10.5	白~橙红	5 g/L 水溶液
铁铵矾	Ag^+	SCN^-	0.1~1mol/L HNO_3 溶液中	白~浅红	80 g/L:称 8.0 g 硫酸铁铵 $[NH_4Fe(SO_4)_2 \cdot 12H_2O]$,溶于水中(加几滴硫酸),稀释至 100 mL
荧光黄	Cl^-	Ag^+	pH:7~10	黄绿~粉红	2 g/L 乙醇溶液
二氯荧光黄	Cl^-	Ag^+	pH:4~10	黄绿~红	1 g/L 水溶液
曙红	Br^-、I^-、SCN^-	Ag^+	pH:2~10	橙~玫瑰红	2 g/L 的 70%乙醇溶液
罗丹明 6G	Ag^+	Br^-	0.3 mol/L HNO_3 溶液中	橙~红紫	1 g/L 水溶液
茜素红 S	SO_4^{2-}	Ba^{2+}	pH:2~3	白~红	0.05 g/L 或 2 g/L 水溶液

附表 8 一些化合物的分子量

化合物	相对分子质量	化合物	相对分子质量
AgBr	187.78	$Ce(SO_4)_2$	332.24
AgCl	143.32	$Ce(SO_4)_2 \cdot 2(NH_4)_2SO_4 \cdot 2H_2O$	632.54
AgCN	133.84	CH_3COOH	60.05
Ag_2CrO_4	331.73	CH_3OH	32.04
AgI	234.77	$CH_3 \cdot CO \cdot CH_3$	58.08
$AgNO_3$	169.87	$C_6H_5 \cdot COOH$	122.12
AgSCN	169.95	$C_6H_4 \cdot COOH \cdot COOK$	204.23
Al_2O_3	101.96	$CH_3 \cdot COONa$	82.03
$Al_2(SO_4)_3$	342.15	C_6H_5OH	94.11
As_2O_3	197.84	$(C_9H_7N)_3H_3(PO_4 \cdot 12MoO_3)$(磷钼酸喹啉)	2 212.74
As_2O_5	229.84	CCl_4	153.81
$BaCO_3$	197.35	CO_2	44.01
BaC_2O_4	225.36	Cr_2O_3	151.99
$BaCl_2$	208.25	$Cu(C_2H_3O_2)_2 \cdot 3Cu(AsO_2)_2$	1 013.80
$BaCl_2 \cdot 2H_2O$	244.28	CuO	79.54
$BaCrO_4$	253.33	Cu_2O	143.09
BaO	153.34	CuSCN	121.62
$Ba(OH)_2$	171.36	$CuSO_4$	159.60
$BaSO_4$	233.40	$CuSO_4 \cdot 5H_2O$	249.68
$CaCO_3$	100.09	$FeCl_3$	162.21
CaC_2O_4	128.10	$FeCl_3 \cdot 6H_2O$	270.30
$CaCl_2$	110.99	FeO	71.85
$CaCl_2 \cdot H_2O$	129.00	Fe_2O_3	159.69
CaF_2	78.08	Fe_3O_4	231.54
$Ca(NO_3)_2$	164.09	$FeSO_4 \cdot H_2O$	169.96
CaO	56.08	$FeSO_4 \cdot 7H_2O$	278.01
$Ca(OH)_2$	74.09	$Fe_2(SO_4)_3$	399.87
$CaSO_4$	136.14	$FeSO_4 \cdot (NH_4)_2SO_4 \cdot 6H_2O$	392.13
$Ca_3(PO_4)_2$	310.18	$K_2Cr_2O_7$	294.19
H_3BO_3	61.83	$KHC_2O_4 \cdot H_2C_2O_4 \cdot 2H_2O$	254.19
HBr	80.91	$KHC_2O_4 \cdot H_2O$	146.14
$H_2C_4H_4O_6$(酒石酸)	150.09	KI	166.01
HCN	27.03	KIO_3	214.00
H_2CO_3	62.03	$KIO_3 \cdot HIO_3$	389.92
$H_2C_2O_4$	90.04	$KMnO_4$	158.04
$H_2C_2O_4 \cdot 2H_2O$	126.07	KNO_2	85.10
HCOOH	46.03	K_2O	92.20
HCl	36.46	KOH	56.11
$HClO_4$	100.46	HF	20.01

续表

化合物	相对分子质量	化合物	相对分子质量
HI	127.91	KSCN	97.18
HNO_2	47.01	K_2SO_4	174.26
HNO_3	63.01	$MgCO_3$	84.32
H_2O	18.02	$MgCl_2$	95.21
H_2O_2	34.02	$MgNH_4PO_4$	137.33
H_3PO_4	98.00	MgO	40.31
H_2S	34.08	$Mg_2P_2O_7$	222.60
H_2SO_3	82.08	MnO	70.94
H_2SO_4	98.08	MnO_2	86.94
$HgCl_2$	271.50	$Na_2B_4O_7$	201.22
Hg_2Cl_2	472.09	$Na_2B_4O_7 \cdot 10H_2O$	381.37
$KAl(SO_4)_2 \cdot 12H_2O$	474.38	$NaBiO_3$	279.97
$KB(C_6H_5)_4$	358.33	$NaBr$	102.90
KBr	119.01	$NaCN$	49.01
$KBrO_3$	167.01	Na_2CO_3	105.99
KCN	65.12	$Na_2C_2O_4$	134.00
K_2CO_3	138.21	$NaCl$	58.44
KCl	74.56	$NaHCO_3$	84.01
$KClO_3$	122.55	NaH_2PO_4	119.98
$KClO_4$	138.55	Na_2HPO_4	141.96
K_2CrO_4	194.20	$Na_2H_2Y \cdot 2H_2O$(EDTA 二钠盐)	372.26
NaI	149.89	$PbCrO_4$	323.18
$NaNO_2$	69.00	PbO	223.19
Na_2O	61.98	PbO_2	239.19
$NaOH$	40.01	Pb_3O_4	685.57
Na_3PO_4	163.94	$PbSO_4$	303.25
Na_2S	78.04	SO_2	64.06
$Na_2S \cdot 9H_2O$	240.18	SO_3	80.06
Na_2SO_3	126.04	Sb_2O_3	291.50
Na_2SO_4	142.04	SiF_4	104.08
$Na_2SO_4 \cdot 10H_2O$	322.20	SiO_2	60.08
$Na_2S_2O_3$	158.10	$SnCO_3$	147.63
$Na_2S_2O_3 \cdot 5H_2O$	248.18	$SnCl_2$	189.60
Na_2SiFe	188.06	SnO_2	150.69
NH_3	17.03	TiO_2	79.90
NH_4Cl	53.49	WO_3	231.85
$(NH_4)_2C_2O_4 \cdot H_2O$	142.11	$ZnCl_2$	136.29
$NH_3 \cdot H_2O$	35.05	ZnO	81.37
$NH_4Fe(SO_4)_2 \cdot 12H_2O$	482.19	$Zn_2P_2O_7$	304.70
$(NH_4)_2HPO_4$	132.05	$ZnSO_4$	161.43
$(NH_4)_3PO_4 \cdot 12MoO_3$	1 876.53	$NiC_8H_{14}O_4N_4$(丁二酮肟镍)	288.93
$(NH_4)_2SO_4$	132.14	P_2O_5	141.95

练一练参考答案

参考文献

[1] 张慧波,韩忠霄. 分析化学(理论篇)[M]. 大连:大连理工大学出版社,2006.
[2] 高职高专化学教材编写组. 分析化学[M]. 5版. 北京:高等教育出版社,2020.
[3] 韩忠霄,孙乃有. 无机及分析化学[M]. 4版. 北京:化学工业出版社,2020.
[4] 武汉大学. 分析化学[M]. 6版. 北京:高等教育出版社,2016.
[5] 华东理工大学,四川大学. 分析化学[M]. 7版. 北京:高等教育出版社,2018.
[6] 曹国庆,钟彤. 仪器分析技术[M]. 北京:化学工业出版社,2009.